James Wesley Rawles

Überleben in der Krise

Das Handbuch für unsichere Zeiten

KOPP VERLAG

Inhalt

Danksagungen

Mein aufrichtiger Dank gilt den über 135 000 Lesern von *SurvivalBlog*. Danke, dass Sie Ihr immenses Wissen und Ihre Erkenntnisse mit anderen teilen.

Ein besonderer Dank geht an meine bessere Hälfte für ihre unermüdliche Unterstützung.

Danken möchte ich auch Michael Z. Williamson und meiner Lektorin bei *Penguin Books*, Becky Cole, für ihre Geduld und ihr Adlerauge.

EINLEITUNG

EINE ÄUSSERST FRAGILE GESELLSCHAFT

Wir leben in einer Zeit relativen Wohlstands. Unser Gesundheitssystem ist hervorragend, die Regale der Lebensmittelgeschäfte biegen sich unter dem riesigen Angebot frischer Lebensmittel, und unsere Telekommunikationssysteme funktionieren blitzschnell. Wir haben günstige Transportmittel, und unsere Städte sind mit einem ausgeklügelten und recht gut instand gesetzten Netz von Straßen, Autobahnen, Schienenwegen, Kanälen, Seehäfen und Flugplätzen miteinander verbunden. Zum ersten Mal in der Geschichte der Menschheit lebt die Mehrheit der Weltbevölkerung inzwischen in Großstädten.

Doch die Schattenseiten dieses Überflusses sind Überkompliziertheit, Überspezialisierung und übermäßig lange Versorgungsketten. In den Industrienationen sind weniger als zwei Prozent der Bevölkerung in der Landwirtschaft oder in der Fischerei beschäftigt. Man bedenke das für einen Augenblick: Nur zwei Prozent von uns ernähren die restlichen 98 Prozent. Das Essen auf unserem Tisch kommt häufig aus Hunderten, wenn nicht gar Tausenden Kilometern Entfernung. Strom und Heizwärme beziehen wir normalerweise von Kraftwerken, die Hunderte Kilometer entfernt stehen. Selbst das Leitungswasser legt häufig ebenso weite Strecken zurück. In unseren Fabriken werden intelligent konstruierte Autos und Elektronikgeräte gebaut, deren Bestandteile von drei Kontinenten stammen. Wenn der Durchschnittsamerikaner von der Arbeit nach Hause kommt, stellt er in der Regel fest, dass sein Kühlschrank gut gefüllt ist, der Strom zuverlässig fließt, sein Telefon funktioniert, aus dem Hahn sauberes Wasser sprudelt, die Toilettenspülung geht, sein Lohn automatisch auf sein Bankkonto überwiesen wird, der Müll abgeholt wurde, sein Haus angenehm beheizt ist, die Fernsehunterhaltung sieben Tage die Woche rund um die Uhr läuft und seine Internetverbindung felsenfest steht. Wir haben eine gigantische Maschinerie aufgebaut, die bis jetzt, abgesehen von wenigen Störungen, bemerkenswert gut funktioniert hat. Aber vielleicht wird das nicht immer der Fall sein. Napoleon hat auf die harte Tour lernen müssen, dass lange Versorgungsketten und Kommunikationswege fragil und anfällig sind. Irgendwann könnte die große Maschinerie zum Stillstand kommen.

Lassen Sie mich nur ein Szenario beschreiben, das dazu führen könnte:

Stellen Sie sich die größte erdenkliche Grippeepidemie vor, die durch zufällige Kontakte übertragen wird – durch ein Virus, das so bösartig ist, dass es mehr als die Hälfte der infizierten Menschen dahinrafft. Und stellen Sie sich die Ausbreitung einer Krankheit vor, die so schnell vonstatten geht, dass sie in weniger als einer Woche den ganzen Globus erfasst. (Ist das Reisen in modernen Langstreckenjets nicht etwas Tolles?) Man bedenke, dass wir globale Nachrichtenmedien haben, die so erpicht auf »heiße« Meldungen sind, dass sie nicht widerstehen können und Bilder von Männern in Schutzanzügen, ausgestattet mit Atemschutzgeräten, Gummihandschuhen und Schutzbrillen, zeigen, wie sie Krankentragen, beladen mit gefüllten Leichensäcken, aus Häusern rollen. Diese Szenen werden so oft wiederholt werden, bis die Mehrheit der Stadtbewohner beschließt: »Morgen und übermorgen gehe ich bestimmt *nicht* zur Arbeit, jedenfalls so lange nicht, bis sich die Lage gebessert hat.« Doch dadurch, dass die Menschen nicht zur Arbeit gehen, werden einige wichtige Zahnräder der großen Maschinerie fehlen.

Was wird geschehen, wenn Teile der großen Maschinerie ausfallen? Im Vertriebszentrum großer Supermarktketten werden Bestellungen nicht weitergegeben. Die Vierzigtonner werden die Supermärkte nicht beliefern. Tankstellen wird das Benzin ausgehen. Manche Polizisten und Feuerwehrmänner werden nicht zur Arbeit erscheinen, nachdem sie zu dem Schluss gekommen sind, ihre Hauptaufgabe bestehe jetzt darin, ihre eigenen Familien zu beschützen. Stromleitungen werden durch Stürme beschädigt, und es wird niemand kommen, um sie zu reparieren. Das Getreide wird auf den Feldern und die Früchte werden in den Obstplantagen verfaulen, weil niemand sie ernten und abtransportieren wird, weil niemand daraus auf wundersame Weise Pop-Tarts backen und sie in die Supermarktregale stellen wird. Die große Maschinerie wird kaputt sein.

Klingt das beängstigend? Selbstverständlich, und das muss es auch. Die Auswirkungen sind gewaltig. Aber es kommt noch schlimmer: Die durchschnittliche Vorstadtfamilie hat Lebensmittelvorräte für nur etwa eine Woche in ihrer Speisekammer. Wenn wir davon ausgehen, dass die Epidemie wochen- oder gar monatelang andauert – was werden diese Familien tun, wenn die Lebensmittel ausgegangen sind und keine Aussicht besteht, dass in absehbarer Zeit neue Lieferungen eintreffen? Die Regale der Supermärkte werden gähnend leer sein. Vor die Wahl gestellt, zu Hause zu bleiben und zu verhungern oder hinauszugehen und sich möglicherweise mit der gefährlichen Grippe anzustecken, werden Millionen Amerikaner gezwungen sein, das Haus zu verlassen und Lebensmittel zu hamstern. Die ersten Ziele, die sie ansteuern, werden wahrscheinlich Restaurants, Lagerhallen und Lebensmittelgroßmärkte sein. Wenn die Krise andauert, werden nicht nur ein paar Hamsterer zum regelrechten Plündern übergehen und sich das Wenige nehmen, was ihre Nachbarn übriggelassen haben. Als Nächstes werden sie zu den Bauernhöfen in der Nähe der Stadt ziehen. Ein paar Plünderer werden sich zu sehr mobilen und gut bewaffneten Banden zusammenschließen, die mit dem Benzin, das sie anderen aus den Tanks abgesaugt haben, immer weiter aufs Land hinaus fahren.

Irgendwann wird das Glück sie verlassen, und sie werden alle an der Grippe sterben – oder an Bleivergiftung. Doch bevor die Plünderer alle tot sind, werden sie einen gewaltigen Schaden angerichtet haben. Sie müssen auf die bevorstehende Krise vorbereitet sein. Ihr Leben und das Ihrer Lieben wird davon abhängen.

Die Neue Welt und Sie

Falls es tatsächlich irgendwann zu einer Grippepandemie, einem Terrorangriff, einer massiven Geldabwertung oder irgendeiner anderen unvorstellbaren Krise kommen sollte, könnte die Lage rund um den Globus wirklich sehr schlimm werden. Man stelle sich die Auswirkungen einer Unterbrechung der Schlüsselbereiche unserer modernen technologischen Infrastruktur vor. Sie müssen dafür sorgen, dass Ihre Familie Wasser, Essen, Heizung und Strom hat. Das Gleiche gilt für die Durchsetzung von Recht und Ordnung, denn während einer Pandemie wird jeder höchstwahrscheinlich ganz auf sich allein gestellt sein.

Sie werden sich um Ihre Lebensmittel, Munition und Medikamente kümmern müssen, und zwar schleunigst. Am Wichtigsten ist jedoch, dass Sie darauf vorbereitet sein müssen, sich für drei oder vier

Monate in Sicherheit zu bringen – mit einem Minimum an Außenkontakten. Das erfordert jede Menge logistischer Vorbereitungen und viel Geld, um ohne ein regelmäßiges Einkommen die Rechnungen weiter bezahlen zu können.

Der grosse Zusammenbruch

Während dieses Buch im Sommer 2009 in Druck ging, wurden wir Zeugen einer massiven globalen Wirtschaftskrise. Künstlich niedrige Zinsraten und künstlich hohe Immobilienpreise in vielen Industrieländern haben eine weltweite Kreditblase erzeugt. Diese Blase ist im Jahr 2007 geplatzt, und jetzt werden die ganzen Auswirkungen des Zusammenbruchs der Kreditwirtschaft spürbar. Die daraus resultierende Rezession könnte sich zu einer über ein Jahrzehnt andauernden Wirtschaftskrise ausweiten.

Der Zusammenbruch des Kasinos der Kreditausfallversicherungen (CDS) ist ein Hinweis auf noch viel größere systemische Risiken. Diese exotischen Hedgefonds stellen nur einen kleinen Teil des weltweiten Derivatemarkts von mehr als 600 Billionen Dollar dar. Es gibt andere Derivate, die genauso riskant sind. Der ausgebuffte Investor Warren Buffet bezeichnete Derivate einmal als »tickende Zeitbomben«. Dem stimme ich zu.

All die schlechten Wirtschaftsnachrichten der jüngsten Zeit und das Auftreten der Schweinegrippe H1N1 stellen einige der Grundvoraussetzungen des Lebens in einer modernen Industriegesellschaft infrage. Wir müssen uns zwangsläufig fragen: Wie viel Druck hält eine Gesellschaft aus, bis sie auseinanderzubrechen beginnt? Wie sicher werden unsere Städte in einem Jahr oder in fünf Jahren sein? Werden die Regale der Supermärkte weiterhin mit einem solch gewaltigen Überfluss und einer so breiten Produktpalette bestückt sein?

Mit den in diesem Buch gegebenen Informationen können Sie sich darauf vorbereiten, für einen längeren Zeitraum unabhängig (»vom Netz abgekoppelt«) zu leben. Das Entscheidende ist die Autarkie.

Bitte beachten Sie, dass ich in diesem Buch auf einige nützliche Websites hinweise. Falls Sie zu Hause kein Internet haben, können Sie diese Seiten in den meisten öffentlichen Büchereien an den kostenlosen Internetterminals anklicken. Sollten irgendwelche dieser URLs überholt sein, suchen Sie im Web nach den neuen URLs oder nach vergleichbaren Seiten. Der Kürze halber habe ich den *SnipURL.com*-Browser genutzt, um die längeren URLs der in diesem Buch erwähnten Websites abzukürzen. Durch diese kurzen URLs werden Sie schnell und problemlos auf die genannten Websites zugreifen können.

Dieses Buch stellt eine Herausforderung dar, bietet aber auch eine Antwort: Sind Sie wirklich auf ein **Überleben in der Krise** vorbereitet? Falls nicht: Hier finden Sie alles, was Sie dazu wissen müssen.

Lesen Sie dieses Buch. Beten Sie. Dann machen Sie sich ans Werk!

Hinweise des Herausgebers

Es wurde große Mühe darauf verwandt, sicherzustellen, dass die in diesem Buch gegebenen Informationen korrekt und umfassend sind. Doch weder der Herausgeber noch der Autor sind professionelle Ratgeber oder Dienstleister für den einzelnen Leser. Die in diesem Buch enthaltenen Ideen, Maßnahmen und Vorschläge sollen keinen Ersatz für die Konsultation Ihres Hausarztes darstellen. Alle Fragen bezüglich Ihrer Gesundheit erfordern eine medizinische Überwachung. Weder der Autor noch der Herausgeber können für irgendwelche Verluste oder Schäden verantwortlich und haftbar gemacht werden, die angeblich durch irgendeine Information oder einen Vorschlag in diesem Buch entstanden sind.

Was das Thema Finanzen anbelangt, so soll dieses Werk korrekte und zuverlässige Informationen zu diesem Thema liefern. Es wird in dem Einvernehmen verkauft, dass der Herausgeber weder juristische, buchhalterische noch andere professionelle Dienste anbietet. Falls Sie juristischen Rat oder die Hilfe eines anderen Experten benötigen, sollten Sie die Dienste eines kompetenten Fachmanns in Anspruch nehmen.

Darüber hinaus können Aktivitäten im Freien grundsätzlich mit Risiken verbunden sein. Jeder, der an solchen Aktivitäten teilnimmt, ist für sein Handeln und für seine Sicherheit selbst verantwortlich. Falls Sie gesundheitliche Probleme oder Einschränkungen haben, konsultieren Sie Ihren Arzt, bevor Sie irgendwelche Aktivitäten im Freien unternehmen. Die in diesem Ratgeber enthaltenen Informationen können eine gründliche Einschätzung und vernünftige Entscheidung nicht ersetzen, die zur Reduzierung des Gefahrenpotenzials beitragen können, noch kann im Rahmen dieses Buches auf alle möglichen Gefahren und Risiken, die mit solchen Aktivitäten verbunden sind, hingewiesen werden.

Informieren Sie sich so gut wie möglich über die Freizeitaktivitäten, an denen Sie teilnehmen, rechnen Sie mit Überraschungen und seien Sie vorsichtig. So wird das Erlebnis sicherer und angenehmer sein.

Und demzufolge ist keiner der Hinweise in diesem Buch als ausdrückliche oder implizite Garantie der Eignung oder Tauglichkeit irgendeines Produkts, einer Dienstleistung oder eines Konzepts gedacht. Wenn der Leser ein in diesem Buch vorgestelltes Produkt, eine Dienstleistung oder ein Konzept nutzen möchte, sollte er zuerst einen Spezialisten oder Fachmann konsultieren, um die Eignung und Tauglichkeit für seinen individuellen Lebensstil und die Bedürfnisse seines Umfelds sicherzustellen.

Wie Sie das Überleben in der Krise sicherstellen

1

Die richtige Einstellung für das Überleben in unsicheren Zeiten

Ein sehr schlechter Tag …

Der Strom ist ausgefallen. Das ist zuerst einmal nur ein kleineres Ärgernis. Sie haben an einem Wintermorgen verschlafen, weil Ihr Wecker nicht geläutet hat. Im Haus ist es kühl, obwohl Sie eine Gasheizung haben, aber der Digitalthermostat funktioniert nicht, und weil kein Strom fließt, kann auch der Heizlüfter keine Luft durch die Röhren blasen. Dann wird Ihnen klar, dass es bei diesen nächtlichen Minusgraden und Tageshöchsttemperaturen um den Gefrierpunkt in Ihrem Haus, wenn der Strom, bis Sie von der Arbeit zurückkommen, nicht wieder fließt, sehr kalt sein wird. Sie gehen davon aus, dass gefrierender Regen ein paar Stromleitungen beschädigt haben muss.

Zum Frühstück gibt es kaltes Müsli und Orangensaft statt Rührei und heißen Kaffee. Wann wird der Strom denn nun wieder funktionieren? Sie überlegen, wie lange die Lebensmittel im Gefrierschrank wohl gefroren bleiben werden. Sie verzichten auf die Rasur, weil Sie schon spät dran sind, und weil Ihr Elektrorasierer ohne Strom sowieso nicht funktionieren würde. Dann springt Ihr Auto nicht an. Auch das Autoradio funktioniert nicht. Sie bemerken, dass einer Ihrer Nachbarn sich unter der geöffneten Motorhaube seines Autos zu schaffen macht. Durch die Kälte muss auch seine Batterie schlapp gemacht haben. Sie hören, dass in der Ferne irgendein Pick-up eine Fehlzündung hat. Zumindest ein Nachbar hat also sein Gefährt starten können.

Sie gehen ins Haus zurück und schalten Ihr Transistorradio ein. Auch das funktioniert nicht, was komisch ist, weil es sowohl mit Strom als auch mit Batterien läuft. Ihr Sohn muss die Batterien wohl gegen leere aus seiner Digitalkamera ausgetauscht haben. Schließlich ziehen Sie Ihr Reservetransistorradio aus der ramponierten Munitionskiste hervor, die Sie als Angelkasten benutzen und immer auf Ihre Ausflüge zum Fliegenfischen mitnehmen. Sie suchen die Mittelwellen- und

UKW-Frequenzen ab – man hört aber kaum mehr als die atmosphärischen Störungen. Lediglich eine Radiostation sendet. Ein hektischer Nachrichtensprecher sagt etwas von »elektromagnetischen Impulsen [EMP] in großer Höhe über dem Mittleren Westen« und berichtet, dass die Stromnetze in den gesamten Vereinigten Staaten, in Mexiko und Kanada ausgefallen sind.

Sie erschrecken, als Sie laute Schnellfeuerschüsse hören. Sie werden ganz in der Nähe abgefeuert – in Ihrer direkten Nachbarschaft. Das wird ein sehr schlechter Tag werden …

Das soeben beschriebene Szenario ist nur eines von Dutzenden, die in naher Zukunft »Das Ende der Welt, so wie wir sie kennen«, herbeiführen könnten.

Aber aus welchen Gründen sollten Sie sich darauf vorbereiten? Hier nur eine Handvoll erschreckender Möglichkeiten (in zufälliger Reihenfolge):

- Wirtschaftskrise durch Hyperinflation
- deflationäre Wirtschaftskrise
- terroristischer Angriff mit atomaren, biologischen oder chemischen Waffen
- nationalstaatlicher Angriff mit atomaren, biologischen oder chemischen Waffen
- ein Dritter Weltkrieg
- ein Ölembargo gegen die Industrienationen
- Ausnahmezustand
- Invasion
- Klimawandel
- großer Vulkanausbruch oder schweres Erdbeben
- Einschlag eines großen Asteroiden oder Kometen

Diese Hinweise mögen genügen, um klarzumachen, dass wir in einer zunehmend gefährdeten Welt mit einer fragilen und von unzähligen Faktoren abhängigen Infrastruktur leben. In den vergangenen Jahren waren wir Zeugen wachsender Terrorbedrohungen und wirtschaftlicher Instabilität. Eine Vorbereitung ist dringend zu empfehlen. In diesem Buch werde ich mich auf spezifische Kriterien für die Wahl des Wohnorts konzentrieren und, sobald Sie diesen gefunden haben –

oder sich entschließen, sich an Ort und Stelle vorzubereiten –, auf die Frage Antwort geben, welche Vorräte man anlegen und wie man sich für die Autarkie rüsten sollte. Mit der richtigen Vorbereitung können Sie Ihre Familie vor zahlreichen Bedrohungen schützen – sodass Sie nicht nur überleben, sondern es sich gut gehen lassen können.

Weil ich unerschütterlich daran glaube, dass Sie die besten Überlebenschancen haben, wenn Sie das ganze Jahr über an einem Zufluchtsort leben, beziehen sich die meisten Informationen in diesem Buch auf dieses ideale Szenario. Es mag extrem klingen, aber im Falle eines Falles werden Sie mir dankbar sein. Den idealen Zufluchtsort gibt es jedoch nicht, weil die Bedürfnisse eines jeden anders sind. Bei manchen macht es ihre Arbeit erforderlich, dass sie in der Nähe eines großen Flughafens oder einer Universität leben. Andere könnten zum Beispiel an einer chronischen Erkrankung leiden, welche die Nähe zu einer Spezialklinik erforderlich macht. Deshalb muss alles, was ich hier anspreche, auf Ihre eigenen speziellen Gegebenheiten abgestimmt werden.

Die Goldene Horde

Aufgrund der Verstädterung der amerikanischen Bevölkerung werden die Großstädte, wenn das gesamte Stromnetz im Osten oder Westen länger als eine Woche ausfällt, rasch unbewohnbar sein. Meiner Meinung nach könnte es zu einer fast unaufhaltsamen Kettenreaktion kommen:

> Stromausfälle, gefolgt vom
> Zusammenbruch der städtischen Wasserversorgung, gefolgt von
> der Unterbrechung der Lebensmittellieferung, gefolgt vom
> Zusammenbruch von Recht und Ordnung, gefolgt von
> Bränden und Plünderungen im großen Stil, gefolgt von
> massiver Abwanderung der »Goldenen Horden« aus den
> Großstädten.

Während der Lebenskomfort in den Städten rapide sinkt, wird es zu einer massiven Abwanderung aus den großen Städten und Vororten ins Hinterland kommen. Das ist das Phänomen, das mein verstorbener

Vater, Donald Rawles – von Beruf Verwalter für physikalische Forschung am *Lawrence Livermore National Laboratory* in Kalifornien –, halb im Spaß als die »Goldene Horde« bezeichnete. Natürlich spielte er damit auf die mongolischen Horden im 13. Jahrhundert an, setzte sie jedoch in den modernen Kontext. (Die Mongolenherrscher wurden aus dem »Goldenen Klan« der Temüdschin gewählt. Daher der Begriff Goldene Horde.)

Die bröckelige Fassade

Bei meinen Vorträgen zum Thema Überleben erwähne ich häufig, dass unsere Gesellschaft nur von einer bröckeligen Fassade der Zivilisation überzogen ist. Was darunter liegt ist nicht schön, und es bedarf wahrlich nicht viel, um diese Fassade abzuschleifen. Man nehme den durchschnittlichen Stadt- oder Vorstadtbewohner, lasse ihn stark frieren, ihn nass, müde, hungrig beziehungsweise durstig werden und nehme ihm seinen Fernseher, sein Bier, die Medikamente und andere Beruhigungsmittel weg – und er wird sich sehr schnell in einen Wilden verwandeln. Es ist, als schäle man eine Zwiebel – man entferne ein paar Schichten, und sie fängt an zu stinken.

Eine Denksportübung: Versetzen Sie sich in die Gedankenwelt von Otto Normalverbraucher, einem hypothetischen, aber ziemlich typischen Vorstadtbewohner. Stellen Sie ihn sich in oder nahe der Großstadt vor, in der Sie leben. Er ist für eine Krise nicht gerüstet. In seiner Speisekammer hat er weniger als einen Wochenvorrat an Lebensmitteln. Er besitzt eine Pumpgun im Kaliber 12, die er seit Jahren nicht mehr benutzt hat, der Tank seines Minivans ist gerade einmal halb voll, und er hat noch fünf oder zehn Liter Benzin in einem Kanister, den er für seinen Rasenmäher bereithält. Dann kommt es zur Katastrophe. Das Stromnetz ist zusammengebrochen, Otto hat keinen Job mehr, die Toilettenspülung funktioniert nicht, und es sprudelt kein Wasser mehr aus der Leitung. Seine Frau und die Kinder geraten in Panik. Die Regale des Supermarkts sind leer geräumt. In seiner Stadt kommt es zu ersten Unruhen. Die örtlichen Tankstellen haben kein Benzin mehr. Die Banken sind geschlossen. Mit einem Mal ist Otto verzweifelt: Wo soll er hin? Was soll er tun?

Viele werden wie Otto überlegen: »Ich muss irgendwo eine Ferienwohnung finden, oben in den Bergen, die irgendein reicher Typ nur ein paar Wochen im Jahr bewohnt.« Deshalb werden Menschenmassen in Urlaubsorte wie Lake Tahoe, Lake Arrowhead und Squaw Valley in Kalifornien einfallen; in Prescott und Sedona in Arizona; Hot Springs, Arkansas; in Vail und Steamboat Springs, Colorado; und in ländlichen Ski- und Kurorten sowie Feriengebieten an den Großen Seen und den Küsten wird es nur so von Menschen wimmeln.

Oder aber Otto überlegt: »Ich muss irgendwo hingehen, wo Lebensmittel produziert werden.« Deshalb werden Orte wie das Imperial Valley, das Willamette und das Red River Valley ähnlich überlaufen sein. So viele verzweifelte Otto Normalverbraucher werden gleichzeitig auftauchen, dass diese Gebiete zu Zonen verkommen, in denen Recht und Ordnung nicht mehr gewährleistet werden können. Das wird eine äußerst unangenehme Situation werden, und keiner wird mehr sicher sein.

Dreh- und Angelpunkt: die Stromnetze

Jedes Überlebensszenario wird ungemein dramatischer, wenn das Stromnetz länger als eine Woche ausfällt. Bedenken Sie Folgendes:

Falls die Stromnetze längerfristig nicht funktionieren …

- werden die meisten Städte ohne Trinkwasserversorgung sein.
- werden wahrscheinlich viele Flüchtlinge aus den Städten strömen.
- wird es möglicherweise zu Massenfluchten aus den Gefängnissen kommen.
- wird buchstäblich jede Kommunikation zusammenbrechen. Die Leitstellen der Telefongesellschaften haben Notstromaggregate. Dabei handelt es sich um riesige Reihen von tiefentladesicheren Zweivoltbatterien. Doch diese Batterien liefern nur etwa eine Woche lang Strom. Notstromgeneratoren wurden bei den meisten Leitstellen nicht installiert, weil keine Situation vorhergesehen wurde, in der das Stromnetz länger als 72 Stunden ausfallen könnte. (Schlechte Planung!) Deshalb werden, falls das Strom-

netz zusammenbricht, weder Festnetztelefone noch Handys und das Internet funktionieren. Brechen sowohl das Strom- als auch das Telefonnetz zusammen, wird es mit Recht und Gesetz schnell vorbei sein. Alarmanlagen, Sicherheitsbeleuchtung und Videokameras werden nicht mehr funktionieren, und es wird keine zuverlässige Möglichkeit geben, die Polizei oder Feuerwehr zu rufen und so weiter.

- wird kein Strom für Dialysegeräte oder Ventilatoren für Beatmungsgeräte zur Verfügung stehen; keine neuen Lieferungen von Sauerstoffflaschen für Menschen mit chronischen Lungenproblemen, keine Lieferungen von Insulin für Diabetiker usw. Jeder, der an einer chronischen Krankheit leidet, wird möglicherweise sterben.
- werden die meisten Heizanlagen mit Ventilatoren ausfallen, selbst wenn man den Thermostat umgehen kann. Und Pelletöfen werden überhaupt nicht funktionieren.
- wird die Gasversorgung überall, mit Ausnahme einiger kleiner Gebiete unweit von Bohrtürmen, unterbrochen sein.
- wird man den Notruf nicht mehr erreichen können, wird einem niemand Beistand leisten, und keine »Kavallerie« wird im Nu über den Hügel angeprescht kommen. Sie, Ihre Familie und Ihre Nachbarn werden mit möglicherweise auftretender Gesetzlosigkeit selbst fertig werden müssen.
- wird sich in jeder Großstadt die Hygiene zum Problem entwickeln. Buchstäblich jeder wird gezwungen sein, sich Wasser aus offenen Quellen zu beschaffen, und unterdessen werden die Nachbarn ebendiese Quellen unweigerlich verschmutzen. Wenn das Stromnetz und die städtische Wasserversorgung unterbrochen sind, funktionieren Toilettenspülungen nicht, und die meisten Stadt- und Vorstadtbewohner werden sich keine Plumpsklos oder Sickergruben buddeln. Ein Ausfall des Stromnetzes könnte sich in Großstädten innerhalb einer Woche zu einem Albtraum für die öffentliche Gesundheit entwickeln.

Versorgungsketten: Lang und anfällig

Bei Vorträgen oder Radiointerviews werde ich häufig nach Beweisen dafür gefragt, dass wir in einer fragilen Gesellschaft leben. Hier ist eines der besten Beispiele: Das *kanban* beziehungsweise »Just-in-time«-Warenwirtschaftssystem wurde in Japan entwickelt und Anfang der 1970er-Jahre in Amerika eingeführt. Heutzutage ist es in fast jeder Industriebranche zu finden. Das Konzept ist einfach: Durch enge Koordination mit Subunternehmern und Zulieferern kann ein Hersteller seinen Lagerbestand klein halten. *Kanban* ist ein Schlüsselelement der schlanken Produktion. Hersteller bestellen Posten und Bauteile nur nach Bedarf, manchmal sogar zweimal pro Woche. Firmen stellen heutzutage *Six-Sigma*-Berater und *Kaizen*-Gurus ein, sie kaufen ausgeklügelte Datenverarbeitungssysteme und engagieren zusätzliche Einkaufsleiter – und diese Ausgaben helfen ihnen am Ende tatsächlich, Geld zu sparen. Just-in-time-Lagerbestandssysteme haben mehrere Vorteile: weniger Lagerplatz, weniger in die Lagerbestände gebundenes Kapital und geringeres Risiko, dass man veraltete Bestände hat.

Der Nachteil ist, dass geringe Lagerbestände Firmen bei jeder Lieferunterbrechung verwundbar machen. Sind Transport- oder Kommunikationswege gestört, wird bei einem Zulieferer gestreikt oder hat er ein Produktionsproblem, kommen Fließbänder zum Stillstand. Nur ein einziges fehlendes Bauteil bedeutet, dass kein fertiges Produkt die Fabrik verlassen kann.

Das *kanban*-Konzept wurde auch von den amerikanischen Einzelhändlern übernommen, vor allem von den Lebensmittelhändlern. In alten Zeiten – etwa noch vor 20 Jahren – hatten Lebensmittelgeschäfte gut gefüllte Nebenräume mit vielen zusätzlichen Kisten voller Trockengüter. Doch inzwischen wurde der Nebenraum in den meisten Geschäften in einen Bereich zum Entladen der Paletten umgewandelt. Die Waren kommen von den Vertriebszentren herein, und alles geht sofort nach vorn in die Verbraucherregale. Was Sie also in den Regalen der Geschäfte sehen, ist alles, was der Laden hat. Sie bekommen nur das, was Sie sehen. Die Barkodescanner an den Kassen füttern ein kompliziertes Erfassungssystem. Wenn Frau Mustermann drei Büchsen Pastasauce kauft, löst das die Bestellung dreier Büchsen aus. Solange mit der Kommunikation und dem Transportwesen alles problemlos funktioniert, läuft das ganze System wie ein Schweizer Uhrwerk. Aber was passiert, wenn die Transportinfrastruktur unterbrochen wird?

Durch Panikkäufe können die Supermarktregale innerhalb weniger Stunden leergeräumt sein. Die wichtige Lektion all dessen ist, im Voraus gerüstet zu sein. VERTRAUEN SIE NICHT DARAUF, am Tag eines Super-GAUs oder danach irgendetwas für Ihre Familie einkaufen zu können. Legen Sie sich deshalb einen Vorrat an.

Bedenken Sie, dass es in Amerika nur etwa 15 Großunternehmen gibt, die Lebensmittel zur Langzeitlagerung herstellen, und noch weniger Firmen, die nicht-hybride Samen (alte Kulturpflanzensorten) verkaufen. Wie lange, glauben Sie, werden deren Lagerbestände wohl reichen, sobald die Nachricht kursiert, dass ein tödlicher, leicht von Mensch zu Mensch übertragbarer Grippeerreger grassiert? Derzeit sind die Preise niedrig und die Lagerbestände groß. Es ist besser, ein Jahr zu früh dran zu sein als einen Tag zu spät.

Dieses Buch wird Ihnen helfen, mit Ihren Vorbereitungen für den Fall der Fälle zu beginnen.

Wie viel Rawles steckt in Ihnen?

Bevor wir anfangen, möchte ich Ihnen ein wenig von meinem Leben erzählen. Ich bin in den 1960er-Jahren in der Gegend der Luftschutzbunker aufgewachsen. Ich wurde in Livermore, Kalifornien, geboren, Sitz des *Lawrence Livermore National Laboratory*. Da ich dort lebte, wo es landesweit eine der größten Dichten von privaten Luftschutzräumen pro Kopf gab, wurde mein Bewusstsein für globale Bedrohungen geschärft, was Auswirkungen auf meine Persönlichkeit zur Folge hatte. Ich habe meinen Bachelor in Journalismus gemacht und unbedeutendere Abschlüsse in Geschichte, Militärwissenschaft und Militärgeschichte erworben. Außerdem habe ich als Nachrichtenoffizier bei der US-Armee gedient, wo ich sowohl mit taktischen als auch mit strategischen Fragen befasst war. Als Nachrichtenoffizier hatte ich die globale geopolitische Lage sehr genau im Blick. Diese Untersuchungen führten mich zu der Erkenntnis, wie fragil jede Gesellschaft sein kann. Ich stellte fest, dass es zwar nicht häufig zu wirtschaftlichen und gesellschaftspolitischen Trendwenden kommt, doch dass sie, wenn es soweit ist, dramatische Folgen haben und sich häufig über Nacht zu ereignen scheinen. Darüber hinaus beobachtete ich, dass es meistens die Flüchtlinge waren, die zu Opfern wurden; deshalb schwor ich mir, niemals Flüchtling zu sein.

Schon als Teenager war ich zu dem Schluss gelangt, dass ich durch Training und kluge Vorbereitung meine Chancen, traumatische Zeiten zu überleben, deutlich verbessern könnte. Als Schriftsteller und Blogger wurde mir in jüngerer Zeit eine Plattform und die Gelegenheit geboten, Hunderttausende Menschen zu ermuntern, Vorbereitungen zu treffen. Ich hoffe, dass meine Veröffentlichungen auch Sie überzeugen werden, Ihre Bemühungen, sich zu rüsten, deutlich zu verstärken. Auch Sie können es entgegen aller Wahrscheinlichkeit schaffen und verhindern, dass Sie nur in einer Statistik auftauchen.

Die Personen, die meinen Blog, *SurvivalBlog.com*, lesen, bezeichnen sich häufig als Überlebenskünstler à la Rawles. Um die Überlebenskunst à la Rawles wirklich zu verstehen, muss sie von den zahlreichen selbsternannten Survival-Denkschulen unterschieden werden. Manche Experten legen zu großes Gewicht auf urtümliche Wildnis und das Überleben im Freien, während andere Hightechgeräte überbewerten. Wieder andere tun jede Planung zur Selbstverteidigung ab. Und viele verschwenden keinen einzigen Gedanken an Nächstenliebe und die Hilfe für die Nachbarn nach einer Katastrophe. Im Folgenden findet sich zusätzlich zu den bereits erwähnten Grundsätzen eine allgemeine Zusammenfassung meiner Philosophie als Überlebenskünstler:

Schwach besiedelte Gebiete sind sicherer als dicht besiedelte

Abgesehen von wenigen Ausnahmen bedeuten weniger Menschen weniger Probleme. Nach einer großen Katastrophe wird es zu einem Massenexodus aus den Großstädten kommen. Stellen Sie ihn sich wie eine Armee vor, die sich über ein Schlachtfeld verteilt: Je weiter sie sich verstreut, desto weniger effektiv ist sie. Das Quadratabstandsgesetz ist bislang nicht widerlegt worden.

Zeigen Sie Zurückhaltung, aber sichern Sie sich immer den Zugriff auf eine Waffe

Mein Vater pflegte mir häufig zu sagen: »Es ist besser, eine Waffe zu haben und sie nicht zu brauchen, als eine zu brauchen und sie nicht zu haben.« Ich ermahne meine Leser, nicht zu tödlichen Waffen zu greifen, wenn andere Möglichkeiten sicher und praktikabel sind, aber manchmal gibt es keinen zufriedenstellenden Ersatz für Blei, das gut gezielt mit hoher Geschwindigkeit abgefeuert wird.

Gemeinsam ist man stärker

Individualismus ist gut und schön, aber es braucht mehr als einen Mann, um einen Zufluchtsort zu verteidigen. Für eine effektive Verteidigung sind mindestens zwei Familien vonnöten, um die ganze Woche über rund um die Uhr für Sicherheit zu sorgen. Aber natürlich bedeutet jede zusätzliche Person, dass ein Esser mehr am Tisch sitzt. Sie werden einen Mittelweg finden müssen, wenn Sie die Größe der Gruppe an Ihrem Zufluchtsort festlegen, es sei denn, Sie haben unbeschränkte finanzielle Mittel und einen unbegrenzten Vorrat.

Es gibt das moralisch Absolute

Die grundlegende Moral der zivilisierten Welt ist in den Zehn Geboten am besten zusammengefasst. Moralischer Relativismus und säkularer Humanismus führen zu einem schwammigen Untergrund. Die Endmoräne am Fuß dieser schiefen Ebenen ist ein Schutthaufen, der entweder aus Despotismus und Plünderung oder aus Anarchie und den Abgründen der Schlechtigkeit besteht. Ich bin überzeugt, dass man sowohl einen festen Glauben als auch Freunde braucht, um gefährliche Zeiten zu überstehen.

Rassismus missachtet Vernunft

Menschen sollten als Individuen gesehen werden. Jeder, der Pauschalurteile über andere Rassen fällt, weiß nicht um die Tatsache, dass es in jeder Gruppe gute und schlechte Menschen gibt.

Fertigkeiten übertreffen Geräte, und Nützlichkeit siegt über Stil

Die moderne Welt ist voll von »Experten«, Angebern und Waffenfanatikern. Um vorbereitet zu sein, geht es nicht nur um die Anhäufung von Dingen. Man braucht praktische Fertigkeiten, und diese erwirbt man nur durch Lernen, Training und Übung. Jeder Schaukelstuhl-Überlebenskünstler, der im Besitz einer Kreditkarte ist, kann sich einen schicken Tarnanzug kaufen und einen *»M4gery«*-Stutzen, versehen mit allem möglichen Schnickschnack. Punkte in Sachen Stil sollten nicht mit echten Fähigkeiten und Nützlichkeit verwechselt werden.

Reichlich Wasser und ein guter Ackerboden sind entscheidend

Die moderne mechanisierte Landwirtschaft, die Entwässerung durch elektrische Pumpen, chemische Dünger und Pestizide können Wüsten zum Blühen bringen. Aber wenn das Stromnetz zusammenbricht, werden Wüsten und schlechtes Ackerland wieder in ihren ursprünglichen Zustand zurückverwandelt. Die besten Orte, um einen langfristigen gesellschaftlichen Kollaps zu überstehen, sind diejenigen, die einen fetten Mutterboden besitzen, auf den es im Sommer regelmäßig regnet.

Sachwerte übertreffen Begrifflichkeiten

Moderne Fiatgelder werden im Allgemeinen akzeptiert, sind aber nicht gesichert und stellen im Wesentlichen ein Nebenprodukt zinsbringender Verschuldung dar. Die modernen Währungen sind daher zur Inflation prädestiniert. Und durch Inflation sind Fiatgelder langfristig zum Zusammenbruch verdammt. Der Großteil Ihres Vermögens sollte in fruchtbares Ackerland und in andere Sachwerte wie nützliche Werkzeuge investiert werden. Nachdem Sie sich Ihre wichtigsten Ausrüstungsgüter besorgt haben, sollte alles Weitere in Silber und Gold angelegt werden.

Regierungen neigen dazu, ihre Macht auszudehnen, bis sie damit Schaden anrichten

In *SurvivalBlog* warne ich häufig vor der heimtückischen Tyrannei des Bevormundungsstaats. (In den Industrienationen herrscht der allgemeine Trend, so gut wie jeden Aspekt des täglichen Lebens zu reglementieren. Diese Reglementierungen sind inzwischen so umfassend und ärgerlich, dass der Spitzname »Gängelstaat« entwickelt wurde.) Falls der Bundesstaat, in dem Sie leben, zu repressiv wird, zögern Sie nicht, in einen anderen umzuziehen. Stimmen Sie mit den Füßen ab!

Reserven sind wertvoll

Eine häufige Feststellung meiner Leser lautet: »Zwei ist einer, und einer ist keiner.« Sie müssen darauf vorbereitet sein, während einer längeren

Zeitspanne des gesellschaftlichen Zusammenbruchs für Ihre Familie zu sorgen. Das bedeutet vor allem, einen großen Vorrat an »Bohnen, Munition und Pflaster« anzulegen. Falls der Handel durch eine Katastrophe zusammenbrechen sollte, werden Sie zumindest kurzfristig nur auf Ihren eigenen Vorrat zurückgreifen können. Je mehr Sie eingelagert haben, desto mehr werden Sie zum Tauschen und für wohltätige Zwecke übrig haben. Ebenso wichtig wie Reserven sind jedoch Eigenschaften wie Anpassungsfähigkeit und Flexibilität. Ein Überlebenskünstler à la Rawles, der wohlhabend ist, besitzt zum Beispiel höchstwahrscheinlich bis zu vier Autos: eines, das mit Benzin betrieben wird, einen Diesel, ein gasbetriebenes Fahrzeug und eines mit Elektromotor. Dieser Mann besitzt wahrscheinlich einen Notstromgenerator für drei Treibstoffe, der mit Benzin, Propan- und Erdgas läuft. Doch selbst Menschen mit bescheidenem Budget können sich eine beträchtliche Treibstoffvielseitigkeit sichern, indem sie sich bei ihrem einzigen Fahrzeug für einen Diesel entscheiden. (Mehr zu diesem Thema findet sich in Kapitel 12.)

Eine große Vorratskammer ist entscheidend

Die Lebensmittellagerung ist das Wichtigste. Selbst wenn Sie einen fantastischen Garten und Weideplatz für Ihre Selbstversorgung haben, müssen Sie sich trotzdem einen Lebensmittelvorrat anlegen, auf den Sie zurückgreifen können, falls Ihre Ernte wegen Krankheits- oder Schädlingsbefall beziehungsweise wegen Trockenheit ausfällt.

Der Gebrauch von Werkzeugen ist ohne Übung sinnlos

Der Besitz einer Waffe macht jemanden genauso wenig zum »Schützen«, wie der Besitz eines Surfbretts jemanden zum Surfer macht. Mit dem richtigen Training und etwas Übung werden Sie dem durchschnittlichen Städter jedoch meilenweit voraus sein. Kümmern Sie sich um weiterführende medizinische Ausbildung (*MedicalCorps.org*). Absolvieren Sie das beste Schießtraining, das Sie sich leisten können. Informieren Sie sich bei Ihrem örtlichen Amateurradioclub über Amateurfunksender. Lernen Sie, Gemüse im Garten zu ziehen. Erlernen Sie die Technik des Schweißens und kaufen Sie sich Ihren eigenen Gasschweißbrenner. Manche Fertigkeiten perfektioniert man nur im Laufe einiger Jahre.

Alte Techniken sind angemessene Techniken

Im Falle eines gesellschaftlichen Zusammenbruchs werden Techniken aus dem 19. Jahrhundert (oder noch frühere) – wie zum Beispiel das Schmiedehandwerk, die Tretnähmaschine oder der von einem Pferd gezogene Pflug – viel leichter wieder zu reaktivieren sein als moderne Technologien.

Wohltätigkeit ist eine moralische Pflicht

Als Christ fühle ich mich moralisch verpflichtet, anderen, denen es schlechter geht, zu helfen. Gemäß den Zedakah-Gesetzen des Alten Testaments (Wohltätigkeit und Gütigkeit) glaube ich, dass meine Verantwortung bei meiner eigenen Familie beginnt und sich kreisförmig auf meine unmittelbare Nachbarschaft, die Kirchengemeinde, die örtliche Gemeinde und darüber hinaus ausdehnt, soweit es meine Ressourcen erlauben. Meine Philosophie lautet, in Katastrophenzeiten zu geben, bis es wehtut.

Kaufen Sie Lebenssicherheit, keine Lebensversicherungen

Autarkie und Eigenständigkeit sind sehr facettenreich. Sie müssen systematisch für Wasser, Lebensmittel, Unterkunft, Treibstoff, Erste Hilfe, Kommunikationsmöglichkeiten und – falls nötig – die Mittel sorgen, um den amerikanischen Gesetzesartikel Nr. 308 durchzusetzen (Gebrauch von Schusswaffen).

Nutzen Sie technische Hilfsmittel

Nachtsichtgeräte, Alarmanlagen und die Ausrüstung für Funkkommunikation sind die wichtigsten »force multipliers«. Weil diese Geräte moderne Technologie einsetzen, kann man sich bei einem langfristigen Zusammenbruch nicht auf sie verlassen, aber kurzfristig können sie von großem Nutzen sein. Altbewährte Mittel wie Stacheldraht und Drahtseile für Straßensperren können ebenfalls nützlich sein und halten jahrzehntelang.

Investieren Sie Ihr »Schweißkapital«

Selbst wenn einige von Ihnen Millionen auf dem Konto haben, müssen Sie lernen, einiges selbst zu tun, und bereit sein, sich die Hände schmutzig zu machen. Bei einem gesellschaftlichen Zusammenbruch wird die Zahl der Arbeitskräfte dramatisch reduziert sein. Aller Wahrscheinlichkeit nach werden die einzigen zur Verfügung stehenden »qualifizierten Handwerker« für den Bau eines Schuppens, das Ausbessern eines Zauns, das Enthülsen von Getreide, die Reparatur eines Motors oder das Ausbringen der Gülle Sie und Ihre Familie sein. Ein Nebenprodukt des vergossenen Schweißes werden verbesserte Muskelbildung und Gewichtsreduktion sein.

Wählen Sie Ihre Freunde klug aus

Schließen Sie sich geschickten Machern an – nicht den Schwätzern. Machen Sie Menschen ausfindig, die Ihre Ansichten und Einstellungen teilen. Das Zusammenleben auf engem Raum mit anderen Familien führt in jedem Fall zu Reibungen, aber diese können minimiert werden, wenn man der gleichen Religionsgemeinschaft angehört und gleiche Verhaltensnormen beherzigt. Sie können sich nicht jede Fähigkeit selbst aneignen. Bilden Sie ein Team, das aus Mitgliedern mit medizinischen Kenntnissen, taktischem Geschick, Erfahrung mit Elektronik und praktischen traditionellen Fähigkeiten besteht.

Es gibt keinen Ersatz für Masse

Masse hält Gewehrkugeln auf. Masse hält Gammastrahlen auf. Masse hält Bösewichte auf oder hindert sie zumindest daran, in ein Haus einzusteigen und dessen Bewohnern Eigentum und Leben zu rauben. Sandsäcke sind billig, also kaufen Sie möglichst viele davon. Wenn Sie Ihren Zufluchtsort planen, sollten Sie sich eine mittelalterliche Burg vorstellen.

Halten Sie immer einen Plan B oder C parat

Wie auch immer Ihr Lieblingsszenario oder Ihr toller persönlicher Plan aussehen mag, Sie müssen flexibel und anpassungsfähig sein. Situationen und Umstände ändern sich. Halten Sie immer einen Notfallrucksack bereit, selbst wenn Sie das Glück haben, das ganze Jahr über an Ihrem Zufluchtsort zu leben.

Seien Sie genügsam

Ich bin in einer Familie aufgewachsen, in der die Erinnerung an unsere Pioniergeschichte und die Lektionen der Weltwirtschaftskrise aus jüngerer Zeit noch immer lebendig waren. Ein Motto unserer Familie lautet: »Brauch es auf, trag es ab, begnüge dich damit oder komm ohne aus.«

Um manche Dinge lohnt es sich zu kämpfen

Ich ermuntere meine Leser, Problemen aus dem Weg zu gehen, vor allem durch einen Umzug in sichere Gegenden, in denen es wahrscheinlich gar nicht erst zu diesen Problemen kommt. Aber vielleicht kommt irgendwann der Tag, an dem Sie Widerstand leisten müssen, um Ihre Familie und Nachbarn zu verteidigen. Und falls Sie Wert auf Ihre Freiheit legen, seien Sie bereit, dafür zu kämpfen, sowohl sich selbst als auch Ihren Nachkommen zuliebe.

Die beste Verteidigung: Leben Sie das ganze Jahr an Ihrem Zufluchtsort

Sich in letzter Minute in Sicherheit zu bringen ist eine schlechte Idee. Selbst wenn Sie 90 Prozent Ihrer Ausrüstung im Voraus an Ihren Zufluchtsort gebracht haben, besteht die Möglichkeit, dass Sie nicht heil dort ankommen. Oder Sie gelangen zu Fuß erst Tage oder Wochen zu spät dorthin, nur um festzustellen, dass Ihr Zufluchtsort von bewaffneten Hausbesetzern in Beschlag genommen wurde, die sich fröhlich aus Ihrer sorgfältig bestückten Vorratskammer bedienen. Wenn man gezwungen ist, ein Fahrzeug stehenzulassen und zu Fuß weiterzugehen, ist das im besten Fall eine riskante Angelegenheit. Ich empfehle den Lesern eindringlich, das ganze Jahr über an ihrem Zufluchtsort zu leben – selbst wenn das bedeutet, einen gut bezahlten Job in der Großstadt aufzugeben.

Am besten ist es, wenn Sie recht schnell aus dem Stadtgebiet herauskommen und dann Bundes- oder Landstraßen nehmen. All jenen, die durch die Umstände oder durch familiäre Verpflichtungen gezwungen sind, weit entfernt von ihrem gewählten Zufluchtsort zu leben, empfehle ich, die Landkarten gründlich zu studieren und dann ein paar Testfahrten mit eingeschaltetem Navigationsgerät zu unternehmen, um fünf oder mehr Notfallrouten ausfindig zu machen – einige mit großen Umwegen, um dicht bevölkerte Regionen und die zu erwartenden Flüchtlingsströme zu umgehen. Und natürlich müssen Sie immer und zu jeder Zeit ausreichend Treibstoff für die Fahrt zu Ihrem Zufluchtsort zur Verfügung haben.

Je nach Feuerschutzbestimmungen in Ihrer Stadt müssen Sie eventuell einen Teil des Treibstoffs entlang Ihrer Route bunkern (im Idealfall bei Verwandten oder Freunden). Damit einher geht das zusätzliche Problem, dass dieser gebunkerte Treibstoff regelmäßig ausgewechselt werden muss. In dieser Hinsicht eignet sich Diesel am besten, weil sich dieser Kraftstoff sicherer und viel länger lagern lässt als Benzin.

Falls irgendwann der Tag kommen sollte, zögern Sie nicht. Sie müssen die Stadt noch vor der Goldenen Horde hinter sich lassen, solange man auf den Straßen noch vorankommt. Es ist besser, übervorsichtig zu sein und im Falle, dass es ein paar Fehlalarme gibt, das Risiko einzugehen, ein paar Stunden Ihrer wohlverdienten Freizeit zu opfern, als selbstgefällig zu sein und dadurch am Ende im Stau zu stecken und die Rücklichter all derer anzustarren, die vor Ihnen losgefahren sind und nun eine endlose Schlange bilden. (Fragen Sie bloß einmal die Leute, die unmittelbar vor der Ankunft des Hurrikans *Katrina* versucht haben, aus den Städten an der Golfküste herauszukommen. Es war ein gewaltiger Verkehrsstau.)

Wenn Sie einen Zufluchtsort wählen, der mindestens 400 Kilometer von einer großen Metropolregion entfernt ist und abseits kanalisierender Gebiete oder absehbarer Flüchtlingsrouten liegt, wird sich die Wahrscheinlichkeit, ungebetene Besucher zu bekommen, drastisch reduzieren.

Nichts geschieht zufällig

Es gibt einen Grund, wieso Sie dieses Buch in den Händen halten. Nichts geschieht rein zufällig. Ich bin überzeugt, dass Sie bald bereit sein werden, sich auf ein Abenteuer einzulassen, das nicht nur zu einer besseren logistischen Vorbereitung führen wird, sondern auch dazu, dass Sie sich wertvolle Fertigkeiten aneignen werden, die Sie Ihr ganzes Leben lang werden einsetzen können. Diese Fertigkeiten werden Ihr Selbstvertrauen stärken. In Verbindung mit der Beschaffung der notwendigen Werkzeuge werden Ihnen diese Fähigkeiten helfen, echte Autarkie zu erlangen – ungeachtet der Widrigkeiten, vor die Sie eines Tages vielleicht gestellt sein werden. Wenn Sie gut gerüstet und gut trainiert sind, werden Sie darüber hinaus in der Lage sein, Ihre Fertigkeiten und ein paar übrige Vorräte mit weniger vorausblickenden Verwandten, Nachbarn und Freunden zu teilen.

2

Prioritäten: Ihre Liste der Listen

Das Wichtigste zuerst

Beim Überleben geht es nicht um Güter. Es geht dabei um Fertigkeiten. Wenn Sie Zeit und nur ein wenig Geld haben, können Sie ein vielseitiges Training in Fertigkeiten absolvieren, die auch für das Leben nach einer Katastrophe durchaus einsetzbar sind. Meiner Erfahrung nach bieten folgende Organisationen die kostengünstigsten Trainings- und Ausbildungsprogramme:

- Das Rote Kreuz, der Malteser Hilfsdienst und andere Organisationen bieten Lehrgänge in Erster Hilfe und Wiederbelebungsmaßnahmen an.
- Volkshochschulen und Erwachsenenbildung: Sie bieten Kurse in Metallverarbeitung, Autoreparaturen, Holz- und Lederverarbeitung, Töpferkunst, Backen, Gärtnern, Schweißen usw. an. Auch Internetkurse kann man dort belegen.
- Man kann Mitglied beim Deutschen Amateur-Radio-Club (DARC) werden und erhält dadurch wertvolle Informationen.
- Schützenvereine bieten die Möglichkeit, den Umgang mit Schusswaffen zu üben.
- In Hauswirtschaftsschulen kann man alles rund ums Einkochen und Einmachen lernen.
- In Handarbeitszirkeln kann man das Stricken, Spinnen und Weben erlernen.
- Es werden Kurse zum Erlernen des Kerzenziehens und der Seifenherstellung angeboten.
- Gartenbauvereine bieten Kurse und Informationsveranstaltungen an.
- In Landwirtschaftsschulen kann man alles über die Nutztierhaltung erfahren.
- Idealerweise sind Sie Reserveoffizier und nehmen regelmäßig an Reserveübungen teil.

- Freiwillige Feuerwehr: Hier muss man sich ein wenig engagieren.
- Pfadfinder: Auch Erwachsene können – ohne Mitglied zu sein – an manchen Ausbildungseinheiten teilnehmen. Bringen Sie Ihre Kinder zu den Treffen und bleiben Sie einfach. Ziehen Sie in Erwägung, Pfadfinderbetreuer zu werden.

Erstellen Sie eine »Liste der Listen«

Ihre Bevorratungsbemühungen, damit Sie und Ihre Familie für alle Fälle gerüstet sind, sollten damit beginnen, dass Sie zuerst eine Liste der Listen erstellen und dann der Priorität der Listen folgend ein extra Blatt anfertigen. (Oder in ein Tabellenprogramm eingeben, wenn Sie, wie ich, Technikfreak sind. Denken Sie aber daran, die Listen auszudrucken, damit Sie diese zur Hand haben, falls das Stromnetz zusammenbrechen sollte!)

Wichtig ist, Ihre Listen den speziellen geografischen und klimatischen Bedingungen anzupassen, aber auch die Bevölkerungsdichte und Ihre eigenen Bedürfnisse und Vorlieben oder Abneigungen zu bedenken. Jemand, der sich einen Zufluchtsort in einer Küstenregion einrichtet, wird höchstwahrscheinlich eine ganz andere Liste haben, als jemand, der in den Bergen lebt.

Der Unterschied zwischen Wünschen und Notwendigkeiten

Häufig bitten mich meine Beratungskunden um Hilfe bei der Aufstellung ihrer Einkaufslisten. Manche Dinge, die sie angeblich zur Vorbereitung kaufen, überraschen mich sehr. So erwarb zum Beispiel eine Familie, die kürzlich von Michigan nach Idaho ins Clearwater River Valley umgezogen ist, für jedes Familienmitglied ein Schneemobil. Aber jetzt wohnen sie in einem Klima, in dem in manchen Jahren gerade einmal zwei oder drei Wochen lang Schnee liegt. Die Familie wird in den meisten Jahren ihre Schneemobile auf Anhänger verladen und in die Berge fahren müssen, wenn sie diese nutzen will.

Doch die meisten meiner Beratungskunden nehmen ihre Planungen und Anschaffungen methodisch und wohlüberlegt in Angriff. Menschen, die klug sind, systematisch vorgehen und schwer arbeiten, sind in der Regel besser vorbereitet als die wenigen Reichen, die der Meinung sind, das Problem mit Geld lösen zu können. Geben Sie bei der Aufstellung des Beschaffungsplans Ihr Bestes und halten Sie sich an diesen Plan.

Übertreiben Sie nicht in einem Bereich auf Kosten eines anderen. Vorbereitet zu sein erfordert Ausgewogenheit: Lebensmittelvorräte, Ernte aus dem Garten, Vorrat an Konserven, medizinische Vorräte, Kommunikationsausrüstung, zuverlässige Fahrzeuge, Treibstoffvorrat, Kleidung für die Arbeit im Freien, Winterkleidung, Nachtsichtgeräte und so weiter. Um diese Ausgewogenheit zu gewährleisten, braucht man eine gezielte Planung und Selbstbeherrschung.

Das Wochenend-Experiment

Eine fantastische Art und Weise, um wirklich vernünftige Vorbereitungslisten zu erstellen, ist ein dreitägiges Wochenend-Experiment mit Ihrer Familie. Wenn Sie am Freitagabend von der Arbeit nach Hause kommen, schalten Sie Strom und Gas ab und drehen Sie den Haupthahn der Wasserzufuhr zu. Verbringen Sie das Wochenende unter primitiven Bedingungen. Versuchen Sie, sich nur von Ihren Lebensmittelvorräten zu ernähren und bereiten Sie das Essen auf einem Holzofen (oder einem Campingkocher) zu.

Ein solches Wochenend-Experiment wird Ihnen die Augen öffnen. Dinge, die Sie für selbstverständlich halten, werden plötzlich sehr arbeitsintensiv sein. Falsche Annahmen werden korrigiert werden, doch wenn Sie Ihren Plan umstellen und anpassen, wird sich Ihre Familie näher kommen und an Zuversicht gewinnen. Einige der vollständigsten Listen, die Sie je erstellen werden, werden diejenigen sein, die Sie im Schein einer Kerze geschrieben haben.

Ihre Liste der Listen sollte folgende umfassen:

- Wasserliste
- Liste der Lebensmittelvorräte
- Liste für die Essenszubereitung

- Persönliche Liste
- Liste für Erste Hilfe und kleine Eingriffe
- Liste für den Schutz bei chemischen oder atomaren Angriffen
- Liste für den Schutz bei biologischen Angriffen und Epidemien
- Liste für den Gartenanbau
- Liste für Hygiene
- Liste für die Nutztiere
- Liste für Jagd/Fischfang/Fallenstellen
- Liste für Energie/Beleuchtung/Batterien
- Treibstoffliste
- Brandbekämpfungsliste
- Liste für das taktische Überleben
- Sicherheit – allgemein
- Sicherheit – Waffen
- Liste für Kommunikation/Überwachung
- Werkzeugliste
- Liste für Verschiedenes
- Liste der Überlebensratgeber
- Liste für Tauschgeschäfte und Wohltätigkeit

Spezielle Empfehlungen für die Erstellung Ihrer Listen

Wasserliste (Details finden sich in Kapitel 4.)

- Nutzung des Hausfallrohrs durch Metallbleche und Fässer.
- Überlegen Sie, wie Sie aus offenen Quellen Wasser schöpfen werden. Kaufen Sie zusätzliche Behältnisse. Kaufen Sie keine großen Fässer. 20-Liter-Eimer sind das Äußerste, was die meisten Leute, ohne Rückenprobleme zu bekommen, bewegen können.
- Kaufen Sie für den Transport des Wassers für den Fall, dass Treibstoff zu kostbar ist, um verschleudert zu werden, ein paar stabile zweirädrige Gartenkarren – und bringen Sie Hartschaumräder an, die keinen Platten bekommen können. Sie werden rund um Ihren Zufluchtsort zahlreiche weitere Verwendungsmöglichkeiten für diese Karren finden, wie zum Beispiel den Transport von Heu, Feuerholz, Mist usw.

- Wasserbehandlung: Kaufen Sie schlichtes Natriumhypochlorid (Chlorbleichlauge). Es ist sehr ergiebig. Kaufen Sie zusätzlich ein paar kleine Flaschen zum Tauschen und Verschenken. Wenn Sie es sich leisten können, kaufen Sie einen Keramikwasserfilter der Firma *Berkefeld* (beispielsweise den *Big Berky*).

Liste der Lebensmittelvorräte (Details finden sich in Kapitel 5.)
Lagern Sie einen realistisch berechneten Einjahresvorrat an Lebensmitteln für Ihre Familie ein:

- Beginnen Sie damit, dass Sie die Menge an Konserven, die Sie regelmäßig verwenden, aufstocken.
- Kaufen Sie für Ihre Fluchtphase einige wenige Lebensmittel, die keinen Zusatz von Wasser brauchen, wie zum Beispiel Einmannpackungen der Bundeswehr oder Fertiggerichte.
- Legen Sie sich einen großen Vorrat an Weizen, Reis, Bohnen, Honig und Salz in für Lebensmittel geeigneten 20-Liter-Eimern an.
- Wechseln Sie Ihre Lebensmittelvorräte regelmäßig aus, verbrauchen Sie systematisch die am längsten gelagerten.
- Legen Sie zusätzliche Vorräte zum Tauschen und Verschenken an.

Liste für die Essenszubereitung

- Wenn Sie mehr Menschen unter Ihrem Dach beherbergen, werden Sie notwendigerweise eine übergroße Pfanne und einen riesigen Schmortopf brauchen. Sicher werden Sie sich einige große Wasserkessel kaufen, denn höchstwahrscheinlich werden Sie auf Ihrem Holzofen Wasser zum Baden, Spülen und für die Wäsche erhitzen müssen.
- Sie werden noch mehr Wasserkessel, Fässer und 20-Liter-Plastikeimer brauchen – zum Wasserholen, Putzen, Seifemachen und Färben von Stoffen. Außerdem sind sie fantastische Tauschobjekte oder Geschenke an Notleidende. Um meinen Mentor, Dr. Gary North, zu zitieren: »Nägel: Kauft ein ganzes Fass davon. Fässer: Kauft ein Fass davon!«
- Nicht vergessen: Abhäutemesser, Gekröseeimer, S-Haken und Fleischsägen.

Persönliche Liste

Erstellen Sie für jedes Familienmitglied eine persönliche Liste:

- Ersatzbrille
- verschreibungspflichtige und nicht verschreibungspflichtige Medikamente
- Verhütungsmittel

Fitnessliste

- Gehen Sie regelmäßig zum Zahnarzt.
- Nutzen Sie die Zeit für nicht dringend erforderliche medizinische Eingriffe.
- Trainieren Sie sich überflüssige Pfunde ab.
- Halten Sie sich in Form.
- Sorgen Sie für Kraft und Gesundheit – das ist vor allem angesichts der schweren körperlichen Arbeit bei der Selbstversorgung wichtig.
- Dinge, die »trösten« (Bücher, Spiele, CDs, Schokolade etc.), um sehr stressreiche Zeiten zu überstehen.

Liste für Erste Hilfe/kleine Eingriffe (Details finden sich in Kapitel 8.)

Bei der Zusammenstellung dieser Liste sollten Sie davon ausgehen, dass es in Ihrem Viertel mehrere Monate lang keinen Strom gibt, dass viel offenes Feuer genutzt wird und dass Wachposten in wechselnden Schichten den Elementen ausgesetzt Dienst schieben. Dann stellen Sie sich vor, dass Äxte, Kettensägen und Traktoren von Ungeübten benutzt werden, und dass die Wahrscheinlichkeit von Schusswunden zunimmt. Zu all dem fügen Sie noch die Möglichkeit hinzu, dass keine Ärzte oder Hightech-Diagnosegeräte zur Verfügung stehen.

- Schenken Sie der Erste-Hilfe-Ausrüstung für die Behandlung von Brandwunden große Beachtung.
- Vergessen Sie die Do-it-yourself-Zahnheilkunde nicht. (Nelkenöl, Material für provisorische Füllungen, Werkzeuge zum Ziehen von Zähnen usw.)
- Kaufen Sie eine komplette Ausrüstung für kleine Eingriffe, einschließlich kostengünstiger Instrumente aus pakistanischem Edelstahl, selbst wenn Sie noch gar nicht wissen, wie man diese

benutzt. Vielleicht werden Sie es lernen müssen oder die Chance haben, sie jemandem, der Erfahrung mit diesen Instrumenten hat, in die Hand zu drücken.

Liste für den Schutz bei chemischen und atomaren Angriffen

- Dosimeter, Mittelwertmesser und Ladegerät
- Strahlungsmessgerät (Geigerzähler)
- Rollen mit Plastikplanen (zur Isolierung der Luftzufuhr am Eingang von Luftfiltern und zur Abdeckung von Fensterrahmen für den Fall, dass Fensterscheiben aufgrund von Druckwellen zu Bruch gegangen sind)
- Klebeband
- Schwebstofffilter (inklusive Vorrat) für Ihren Zufluchtsort
- Kaliumjodidtabletten (KIO_3), um Schilddrüsenschäden vorzubeugen
- Duschanlage im Freien direkt vor dem Eingang zu Ihrem Schutzraum

Liste für den Schutz bei biologischen Angriffen und Epidemien (Details finden sich in Anhang B.)

- Desinfektionsmittel allgemein
- Handdesinfektionsmittel
- Atemschutzmasken
- Inhalator
- Schleimlöser
- Antibiotische und antivirale Medikamente

Liste für den Gartenanbau (Details finden sich in Kapitel 7.)

- Ein wichtiger Posten auf Ihrer Liste für den Gartenanbau ist ein sehr hoher Zaun, der Kaninchen und Rotwild abhält. Gegenwärtig wäre ein Raubzug von Rotwild in Ihrem Garten wahrscheinlich nur ein Ärgernis. Nach einem Super-GAU könnte dieser Zaun ausschlaggebend sein, ob Sie genügend zu essen haben oder verhungern.
- Mutterboden/Zusätze/Dünger
- Gartenwerkzeuge und Vorräte zum Tausch/für Wohltätigkeit
- Nicht-hybride (frei bestäubte) Samen, die sich zur langfristigen Lagerung eignen. Samen nicht-hybrider Kulturpflanzensorten,

eigens für verschiedene Klimazonen maßgeschneidert, erhält man bei *The Ark Institute* (*www.arkinstitute.com*).

- Kräuter: Beginnen Sie mit Heilkräutern wie zum Beispiel Aloe vera (gegen Verbrennungen), Echinacea (Purpursonnenhut), Baldrian usw.

Liste für Hygiene und Gesundheitsvorsorge

- Säcke mit Kalkpulver für das Klohäuschen
- Große Mengen an Toilettenpapier
- Seife in großer Menge (Handseife, Spül-, Wasch-, Reinigungsmittel usw.). Ich habe jahrelang, zumeist auf Rucksackreisen, Olivenseife in kleinen Plastikflaschen benutzt. Davon reicht eine kleine Menge sehr lang.
- Flüssiglauge zur Seifenherstellung
- Monatshygiene
- Zahnpasta (oder Zahnpulver)
- Zahnseide
- Desinfektionsspülung
- Sonnencreme

Liste für die Nutztiere

- Huffeile, Hufzange, Hufkratzer, Pferdebürsten, Werkzeug zum Schafe scheren, blutstillendes Mittel, Wollkämme
- Schemel zum Melken von Ziegen, Zitzendesinfektionslösung, Mittel zur Euterreinigung, Bag Balm (Heilsalbe), Kastrierzange und Verbandszeug
- Fliegenspray, Nagelknipser (verschiedene Größen), Kopertox-Salbe
- Gurte, Leinen, Halsbänder, Stricke
- Heuhaken, Heugabel, Mistschaufel, Futtereimer, große Mengen Getreide und Müslifutter (lagern Sie dieses in alten verzinkten Blechdosen mit gut schließendem Deckel, um die Mäuse fernzuhalten)
- Verschiedenes Zaum- und Sattelzeug, Sattlerwerkzeug für Reparaturen usw.
- Falls der Mutterboden in Ihrer Gegend selenarm ist (erkundigen Sie sich bei Ihrer Landwirtschaftsbehörde), dann beschaffen Sie sich mit Selen angereicherte Salzblöcke anstatt der einfachen

weißen Salzlecke – zumindest bei denen, die Sie ausschließlich für Ihr Vieh bevorraten.

Liste für das Jagen/Angeln/Fallenstellen

- Bruce Hemming, genannt »Buckshot«, hat eine Reihe ausgezeichneter Videos über das Fallenstellen und den Bau provisorischer Fallen gedreht.
- Nachtsichtgerät, Ersatzteile, Pflegebedarf und Batterievorrat
- Salz; unmittelbar nach einer Katastrophe sollten Sie nicht auf die Jagd gehen, das wäre zwecklos. Locken Sie das Wild zu sich. Kaufen Sie mindestens 20 Salzblöcke.
- Verkaufen Sie Ihre Ausrüstung fürs Fliegenfischen (alles, bis auf ein paar Fliegen vielleicht) und kaufen Sie sich eine praktische Ausrüstung mit Spinnrolle.
- Weitere Ausrüstungsgegenstände könnten als Tauschobjekte nützlich sein, allerdings wohl nur in einer sehr lange anhaltenden Krise.
- Kaufen Sie ein paar Froschspeere, falls es in Ihrer Gegend Ochsenfrösche gibt. Und besorgen Sie sich ein paar Krebsfallen, sollten in Ihrer Region Krebse vorkommen.
- Lernen Sie, eine Langleine und Fischfallen herzustellen, um nach einer Katastrophe ohne viel Arbeit zu fischen.

Liste für Energie/Beleuchtung/Batterien (Details finden sich in Kapitel 6.)

- Im Falle eines Zusammenbruchs des Stromnetzes könnte Ihr Haus, wenn Sie die einzige Familie in der Gegend sind, die Strom hat, in der Nacht geradezu zu Plünderungen einladen. Planen Sie voraus und kaufen Sie Material zum Verdunkeln Ihrer Fenster oder verwenden Sie absolut lichtundurchlässige Vorhänge.
- Kaufen Sie, falls möglich, Nickel-Metallhybrid-Akkus (LSD-NiMH), die eine geringe Selbstentladung haben.
- Falls in Ihrem Haus Geräte stehen, die mit Propangas betrieben werden, besorgen Sie sich einen »Drei-Brennstoff-Generator« – mit einem Vergaser, der mit Benzin, Propan- und Erdgas betrieben werden kann. Falls Sie Ihr Haus mit Heizöl beheizen, sollten Sie sich einen Dieselgenerator besorgen. Und planen Sie

ein, sich mindestens einen Diesel-Pick-up beziehungsweise -traktor zuzulegen.
- Kerosinlampen; jede Menge Ersatzdochte, Glühstrümpfe und Lampenzylinder.

Treibstoffliste
- Kaufen Sie die größten Propan-, Heizöl-, Gas- oder Dieseltanks, die bei Ihnen zulässig sind und die Sie sich leisten können. Sorgen Sie dafür, dass diese immer mindestens zwei Drittel gefüllt sind.
- Aus Gründen der Unauffälligkeit, der Brandgefahr und der Kugelsicherheit sind unterirdische Tanks vorzuziehen, falls die örtlichen Wasserschutzbestimmungen das zulassen. Kaufen Sie auf keinen Fall einen überirdischen Treibstofftank, der von einer öffentlichen Straße oder einem Schifffahrtsweg aus zu sehen wäre.
- Legen Sie einen großen Treibstoffvorrat an. Vergessen Sie nicht, reichlich Kerosin zu besorgen.
- Legen Sie sich einen Vorrat an Feuerholz oder Kohle an.
- Besorgen Sie sich die beste Kettensäge, die Sie sich leisten können. Ich bevorzuge jene der Firmen Stihl oder *Husqvarna*, aber vielleicht wollen Sie lieber ein Produkt aus Ihrer Region kaufen, um leichteren Zugang zu Ersatzteilen zu haben. Falls es Ihr Budget zulässt, kaufen Sie zwei Kettensägen des gleichen Modells. Erwerben Sie Ersatzketten, wichtige Ersatzteile und jede Menge Zweitaktöl.
- Besorgen Sie sich eine kettensägensichere Kevlar-Hose. Die sind zwar teuer, aber Sie könnte Ihnen vielleicht die Fahrt zur Notaufnahme ersparen. Tragen Sie immer Handschuhe, Schutzbrille und Ohrschützer. Setzen Sie einen Schutzhelm auf, wenn Sie Bäume fällen.

Brandschutzliste
- Sie sollten mit unkontrollierbaren Busch- und Hausbränden rechnen, aber auch mit einer erhöhten Brandgefahr, wenn Ungeübte, die gerade bei Ihrem Zufluchtsort angekommen sind, mit Holzöfen und Kerosinlampen hantieren.
- Rüsten Sie Ihren Zufluchtsort mit einem feuersicheren Metalldach aus.

- Verlegen Sie eine Wasserleitung von fünf Zentimetern Durchmesser von Ihrem durch Gefälle und Schwerkraft gefüllten Wassertank, um mehr Wasser zur Brandbekämpfung zur Verfügung zu haben.
- Löschausrüstung mit einem verstellbaren Schwallsprühkopf
- Rauch- und Kohlenmonoxidmelder

Liste für das taktische Überleben

- Ersetzen Sie Ihre Kleidung nach und nach durch robuste erdfarbene Sachen.
- Färbemittel. Legen Sie sich einen Vorrat an grünem und braunem Stofffärbemittel an. Damit können Sie die meisten hellen Stoffe ganz schnell in halbwegs unauffällige Kleidung verwandeln.
- Fünf Zentimeter breite Sackleinenstreifen in Grün und Braun. Diesen Sackleinen erhält man in großen Rollen von *Numrich Gun Parts Corporation*. Selbst wenn Sie jetzt keine Zeit haben, decken Sie sich damit ein, sodass Sie sich nach einer Katastrophe daraus Tarnanzüge anfertigen können.
- Bewahren Sie Weinkorken auf. Mit angebrannten Korken kann man sich schnell und kostengünstig Tarnzeichnung auf das Gesicht malen.
- Ausrüstung gegen kaltes und schlechtes Wetter – kaufen Sie viel, denn Sie werden viele Arbeiten im Freien verrichten, jagen und Wache stehen müssen.
- Vergessen Sie Ponchos und Gamaschen nicht.
- Mückenschutz
- Synthetische doppelschichtige Modularschlafsäcke für jede Person an Ihrem Zufluchtsort, plus ein paar zusätzliche. Die sich den Temperaturen anpassenden Schlafsäcke von *Wiggy's* aus Grand Junction, Colorado, sind sehr zu empfehlen.
- Nachtsichtgeräte und Infrarotscheinwerfer für Ihren Zufluchtsort
- Taschenlampen und Stiftleuchten mit gedämpftem Licht
- Disziplin hinsichtlich Lärm, Licht und Müll

Sicherheit – allgemein

- Schlösser, Alarmanlagen, äußere Hindernisse: Zäune, Gatter,

Straßenabsperrkabel (1,5 Zentimeter Durchmesser oder stärker), Rosenbüsche, »Zierteiche« (Graben), Schutz vor Geschossen (für Menschen und Wohnsitz), Graben beziehungsweise Böschungen gegen Fahrzeuge, »Betonpflanztröge« gegen Fahrzeuge, Stacheldraht usw.

- Elektronische *Starlight*-Restlichtverstärker-Zielfernrohre sind für die Sicherheit an Ihrem Zufluchtsort von entscheidender Bedeutung. Ein Nachtsichtzielfernrohr (oder eine -brille bzw. ein -monokular) verstärkt schwaches Umgebungslicht um das bis zu 100 000-Fache und verwandelt die Dunkelheit in Tageslicht – allerdings grün und verschwommen.
- Genaue Landkarten und Abschnittsskizzen. Falls Sie in der Provinz leben, suchen Sie über *Googlemaps* Satellitenaufnahmen Ihres Wohnorts, drucken sie aus und fügen Sie diese Aufnahmen mit Ihrem Wohnsitz in der Mitte zusammen. Kleben Sie diese Riesenkarte auf ein übergroßes Landkartenbrett. Zeichnen Sie die Eigentumsgrenzen und die Namen der Besitzer aller Ihrer Nachbargrundstücke in einem Umkreis von mindestens acht Kilometern ein. Erkundigen Sie sich bei Ihrem Bezirksamt nach den Grundstücksgrenzen und den Namen der aktuellen Eigentümer. Studieren und prägen Sie sich das Terrain und die Namen der Nachbarn ein. Erstellen Sie eine Liste der Telefonnummern und E-Mail-Adressen für alle auf der Landkarte angegebenen Namen, einschließlich der Kontaktnummern von Stadt- und Bezirksämtern, und befestigen Sie die Liste an dem Landkartenbrett.

Sicherheit – Waffen (Details finden sich in Kapitel 11.)

- Waffen, Munition
- Westen, Gurte
- Augen- und Ohrenschutz
- Putzzeug, Transportkoffer, Zielfernrohre, Magazine, Ersatzteile, Reparaturwerkzeuge, Schießscheiben, Schießscheibenhalter usw.
- Für jedes Gewehr und jede Pistole sollten Sie mindestens sechs hochwertige Ersatzmagazine des Originalherstellers auf Lager haben.

Liste für Kommunikation/Überwachung (Details finden sich in Kapitel 9.)

- Bei der Auswahl von Funkgeräten sollten Sie nur Modelle kaufen, die mit Zwölf-Volt-Gleichstrombatterien oder wiederaufladbaren Nickel-Metallhybrid-Akkusätzen funktionieren (die Sie durch das Zwölf-Volt-Gleichstromaggregat an Ihrem Zufluchtsort wieder aufladen können, ohne einen Wechselrichter zu benötigen).
- Ein weiteres Ziel sollte es sein, zusätzliche Funkgeräte von jedem Modell zu kaufen, falls Sie sich diese leisten können. Bewahren Sie diese Ersatzgeräte in verschlossenen Metallboxen auf, um sie vor elektromagnetischen Impulsen zu schützen.
- Falls Sie in einer Region weit im Landesinneren wohnen, empfehle ich den Kauf von zwei oder mehr Weltempfängern, die mit Zwölf-Volt-Gleichstrom funktionieren. Möglicherweise werden diese Frequenzen in Ihrer Gegend nicht genutzt, sodass Sie einen privaten Frequenzbereich zur Verfügung haben.

Werkzeugliste

- Gartenwerkzeuge
- Autoreparaturwerkzeuge
- Ausrüstung zum Schweißen sowie Ersatzteile
- Bolzenschneider – das unverzichtbare »Universalwerkzeug«
- Werkzeuge zur Holzbearbeitung
- Büchsenmacherwerkzeuge
- Legen Sie Wert auf handbetriebene Werkzeuge
- Schleifrad, das mit Kurbel oder Pedal betrieben wird
- Jede Menge erdfarbener Ersatzarbeitshandschuhe

Liste für Verschiedenes

Schreiben Sie systematisch die Dinge auf, die Sie regelmäßig benutzen oder die Ihnen fehlen würden, falls es Ihren örtlichen Eisenwarenladen nicht mehr geben sollte: Draht in verschiedenen Stärken, Klebeband, verstärktes Umreifungsband, Ketten, Nägel, Muttern und Schrauben, Dichtmaterial, Schleifmittel, Schnüre, Leim, Sekundenkleber usw.

Liste der Überlebensratgeber (Details finden sich in Anhang A.)
Sie sollten sich vermutlich jedes der Bücher besorgen, die ich auf der Literaturseite in meinem Blog empfehle.

Liste für Tauschgeschäfte und Wohltätigkeit (Details finden sich in Kapitel 13.)
Für Tauschgeschäfte sollten Sie Dinge kaufen, die haltbar und unverderblich sind und entweder in kleinen Verpackungen angeboten werden oder leicht aufteilbar sind. Konzentrieren Sie sich auf Sachen, die andere Menschen wahrscheinlich vergessen oder von denen sie wenig Vorrat haben.

- Munition
- Monatshygiene
- Salz. Kaufen Sie jede Menge Salzlecksteine und Pfundpackungen jodhaltiges Speisesalz.
- Zweitaktöl
- Benzinstabilisator
- Antibakterieller Dieselzusatz
- 50-Pfund-Säcke Kalk für die Klohäuschen
- Kleine Flaschen Waffenreiniger und Geschossfett
- Wasserdichte Seesäcke in Erdfarben (»Trockensäcke« für Wildwasserfahrten)
- Thermosocken
- Weitgehend wasserfeste Streichhölzer aus Militärbeständen
- Westen und Gurtzeug: Auf einmal werden viele Leute Pistolengürtel, Holster, Magazinbeutel usw. brauchen.
- Zehn-Cent-Silbermünzen aus der Zeit vor 1965 (ab diesem Jahr wurden die Münzen aus Kupfer gefertigt)
- Fünf-Liter-Kanister Kerosin
- Rollen olivfarbener Fallschirmschnur
- Rollen olivfarbenen Klebebands
- Spulen monofiler Angelschnur
- Rollen mit zehn Millimeter starker Plastikfolie für die Abdeckung von Fenstern und zum Isolieren undichter Stellen bzw. von Luftzwischenräumen bei Verstrahlungsszenarien usw.
- Sturmstreichhölzer. Tauchen Sie die Köpfe in Paraffin, um sie wasserfest zu machen.
- Spielkarten

- Gewürze. Suchen Sie im Internet nach Großpackungen zu vernünftigen Preisen.
- Stricke und Schnüre
- Nähutensilien
- Kerzenwachs und Dochte
- Schließlich alle Dinge, die für einen Heimbetrieb notwendig sind. In Erwägung ziehen könnten Sie Lederverarbeitung, die Reparatur von Kleingeräten, Waffenreparaturen, Schlosserdienste usw. Jede Familie sollte zumindest ein Unternehmen zu Hause betreiben (besser zwei), auf das sie sich im Fall eines wirtschaftlichen Zusammenbruchs stützen kann.
- Lagern Sie zusätzliche Gegenstände ein, die Sie an Flüchtlinge verschenken können.

Im Laufe der Zeit werden Sie die Gelegenheit haben, Ihre Listen zu erweitern und zu vervollständigen. Aber verheddern Sie sich nicht in den Planungen. Es besteht die Gefahr, endlos zu planen und nichts zu bewerkstelligen.

3

Der Zufluchtsort

Ihre erste grosse Entscheidung: ein demografisches Dilemma

Die wahrscheinlich wichtigste Entscheidung Ihrer Vorbereitungen auf eine Krise ist der Standort Ihres Zufluchtsorts. Die beste Wahl ist ein geeigneter sicherer Hafen – ein Zufluchtsort, an dem eine Familie überleben kann. Ein solcher Rückzugsort ist nicht einfach »eine Hütte in den Bergen«. Er ist vielmehr eine sorgfältig vorbereitete und logistisch gut geplante Festung, die verteidigt werden kann. Ein richtiger Zufluchtsort ist in der Tat eine moderne Burg, die ihre Bewohner versorgen und vor jeder Gefahr von außen schützen kann. Sie werden Ihre Optionen sorgfältig abwägen müssen, wenn Sie entscheiden, ob Sie aus Ihrem jetzigen Zuhause Ihren Zufluchtsort machen wollen oder ob Sie einen Umzug in Erwägung ziehen sollten. Mir ist klar, dass das extrem klingen mag, aber das Ziel meines Buches besteht darin, Ihnen und Ihrer Familie die größtmögliche Überlebenschance zu bieten, sollte der schlimmste Fall eintreten.

Im Idealfall befindet sich ein Zufluchtsort in einer Region, für die die meisten oder alle der folgenden Merkmale gilt:

- eine lange Vegetationszeit
- geografische Abgeschiedenheit von großen Bevölkerungszentren
- das ganze Jahr über ausreichend Niederschlag und Oberflächenwasser
- guter Mutterboden
- eine vielfältige Wirtschaft und Landwirtschaft
- abseits von Autobahnen und verkehrsreichen Gebieten gelegen
- niedrige Steuern (gilt nicht für Deutschland)
- Bezirksregierung, die sich nicht in alles einmischt (gilt nicht für Deutschland)
- lockere Baugesetze und kostengünstige Baugenehmigungen
- lockere Waffengesetze (gilt nicht für Deutschland)
- keine hohen Risiken von Erdbeben, Hurrikans oder Tornados

- keine Überschwemmungsgefahr
- keine Gefahr von Flutwellen (mindestens 30 Meter über Meereshöhe)
- minimale Waldbrandgefahr
- ein auf Autarkie ausgerichteter Lebensstil
- örtlich große Vorkommen an Holz oder Kohle
- keine Beschränkungen der Haltung von Nutztieren
- Terrain, das verteidigt werden kann
- kein Gefängnis oder größere psychiatrische Einrichtungen in der Nähe
- kostengünstige Versicherungsprämien (Hausrat, Auto, Krankenkasse)
- abseits großer Ziele für Nuklearangriffe

Diese Liste sollte Ihnen bei der Eingrenzung Ihrer Suche nach möglichen Zufluchtsregionen helfen. Außerdem sollten Sie im Hinterkopf behalten, dass in unruhigen Zeiten weniger Menschen weniger Probleme bedeuten. Im Fall sozialer Unruhen, Aufstände, Plünderungen etc. nach einer Katastrophe verringert sich die Gefahr, gesetzlosen Aufständischen und Plünderern zu begegnen, statistisch um ein Vielfaches, wenn man westlich vom Missouri lebt. Werfen Sie einen Blick auf die Karte der Bevölkerungsdichte der Vereinigten Staaten oder auf Satellitennachtaufnahmen der Erde – über das Internet einzusehen unter *snipurl.com/hokhx*. Der Unterschied der Bevölkerungsdichte im Westen der USA ist augenfällig.

Amerikaner leben in einer stark urbanisierten Gesellschaft. Etwa 90 Prozent der Bevölkerung wohnen auf fünf Prozent der Landfläche zusammengedrängt. Und diese Zonen erstrecken sich in einem hundert Kilometer breiten Streifen entlang der Küstenlinie. Doch im Westen gibt es große Landstriche mit einer Bevölkerungsdichte von weniger als zehn Menschen pro Quadratmeile (2,59 Quadratkilometer) – vor allem in der Region des Großen Beckens, das sich von den Osthängen der Sierra Nevada bis nach Utah und dem Osten Oregons erstreckt. Die durchschnittliche Bevölkerungsdichte in dieser Region beträgt weniger als zwei Menschen pro Quadratmeile. Es handelt sich also um ein weitgehend menschenleeres Gebiet der Vereinigten Staaten.

Falls Sie Bewohner einer Großstadt an der Ostküste sind, könnten Sie zur Schlussfolgerung gelangen, dass Sie sich eine »Hütte im Hinterland des Bundesstaates New York« kaufen müssen oder ein »Backsteinhaus in den Pine Barrens von New Jersey«, aber das wäre ein Fehler. Ein ländliches Gebiet, das innerhalb einer dicht bevölkerten Region liegt, ist nicht wirklich ländlich. Ihm fehlt die Abgeschiedenheit zum Grundproblem – der Bevölkerung. Sie werden mindestens eine Tankfüllung von den Großstädten entfernt sein müssen – vorzugsweise nicht weniger als 500 Kilometer, falls möglich.

Die Bundesstaaten im Nordosten sind für ihre Stromgewinnung zu 47 Prozent von Atomkraftwerken abhängig. (Dies gilt fast in gleichem Maße für Südkalifornien.) Das ist eine untragbare Abhängigkeit von Hochtechnologie, insbesondere in Anbetracht zunehmender terroristischer Bedrohung. Außerdem müssen Sie in Erwägung ziehen, dass buchstäblich alle östlichen Bundesstaaten in Windrichtung großer atomarer Angriffsziele liegen – vor allem der US-amerikanischen Atomraketensilos in Nord- und Süddakota, Wyoming und Colorado. Falls Sie aus irgendwelchen Gründen im Nordosten bleiben müssen, dann sollten Sie New Hampshire oder Vermont in Betracht ziehen. In diesen beiden Staaten gelten lockere Waffengesetze, und der Lebensstil ist in beiden eher auf Selbstständigkeit ausgerichtet. Aber wenn Sie keinen wirklich zwingenden Grund haben, im Osten zu bleiben, empfehle ich Ihnen dringend, in den Westen zu gehen!

Als Beispiel der geringen Bevölkerungsdichte im Westen pflege ich das Idaho County in Idaho anzuführen: Dieser Bezirk misst 22 Quadratkilometer – mehr als Connecticut und Rhode Island zusammen. Aber er zählt nur 15 400 Bewohner. Und von diesen wohnen etwa 3300 in Grangeville, der Bezirkshauptstadt. Und wer lebt im Rest des Bezirks? So gut wie keine Menschenseele. Hier gibt es viel mehr Hirsche und Elche als Menschen. Die Bevölkerungsdichte des Bezirks beträgt 1,8 Personen auf 259 Hektar. Das County besitzt mehr als drei Millionen Morgen Nationalforst, Landschaftsschutzgebiete und ausgewiesene Naturschutzgebiete. *Das* nenne ich Ellenbogenfreiheit!

Kanalisierung und Flüchtlingsströme

Die meisten Hauptausfallstraßen aus Großstädten werden im Falle eines plötzlichen Massenexodus sehr gefährliche Orte sein. Stellen Sie sich die Lage nach einer Katastrophe in Kleinstädten zu beiden Seiten des Snoqualmie-Passes in Washington vor oder die Interstate 80 über den Donner-Pass in Kalifornien oder aber entlang der Schlucht des Columbia Rivers (der Oregon von Washington trennt) beziehungsweise buchstäblich jede Autobahnstrecke im Umkreis von 250 Kilometern um eine Metropolregion. Diese kanalisierten Gebiete (von Planspielorganisatoren der Militärpolizei auch »Flüchtlingsdrift« genannt) sollten gezielt gemieden werden.

Im Gegenzug gibt es Gebiete zwischen Flüchtlingswegen, die von Flüchtlingen und Plünderern aufgrund schlechter Zugänglichkeit wahrscheinlich umgangen werden (weil sie nur über schmale, kurvenreiche Bergstraßen erreichbar sind, weil es Wasserhindernisse oder Schluchten etc. gibt). Manche dieser gemiedenen Zonen könnten recht nahe bei Stadtgebieten liegen. Es ist ein gefährliches Spiel, aber falls Sie unweit einer Großstadt leben müssen, schlage ich vor, dass Sie für Ihren Zufluchtsort beziehungsweise Ihr Zuhause sorgfältig nach einer dieser weitgehend gemiedenen Zonen Ausschau halten.

Hohe Treibstoffkosten und Zufluchtsorte

Die deutliche Erhöhung der Treibstoffpreise, die wir in den vergangenen Jahren erlebt haben, wird die Art und Weise, wie Sie Ihren Zufluchtsort und dessen Lage einschätzen, wahrscheinlich verändern. Abgelegene Grundstücke werden einem noch abgelegener erscheinen, wenn der Benzinpreis auf über fünf Dollar pro Gallone steigt. Falls Sie im Ruhestand, selbstständig oder Telearbeiter sind, werden die Auswirkungen für Sie bei Weitem nicht so stark sein. Steigt der Spritpreis, so brauchen Sie nur Ihren Lebensstil anzupassen und weniger häufig zum Einkaufen in die Stadt zu fahren. Müssen Sie dagegen jeden Tag zur Arbeit in die Stadt pendeln, könnten die Auswirkungen gravierend sein.

Falls Sie sich noch kein Haus als Zufluchtsort gekauft haben, könnten die erhöhten Spritkosten eine wichtige Rolle bei Ihrer Standortwahl spielen. Wenn Sie sich ganz gezielt auf die Suche machen, könnten Sie vielleicht ein Stück Land mit eigenem geringen Erdgasvorkommen oder einer überirdischen Kohleschicht ausfindig machen. Eine andere Möglichkeit ist, ein Grundstück an einem das ganze Jahr über

Wasser führenden Bach und genügend Gefälle zu suchen, das den Bau eines Miniwasserkraftwerks ermöglicht. Sie sollten in Erwägung ziehen, einen Zufluchtsort zu erwerben, der nahe bei einer Gemeinde in einer Gemüseanbauregion liegt – einen Ort, der aller Wahrscheinlichkeit nach im Fall chronischer Benzin- und Dieselknappheit autark sein wird. Selbstverständlich gibt es Sicherheitsabwägungen, deshalb wird eine solche Entscheidung von großer Tragweite sein.

Niederschlag und Vegetationsperiode als Kriterien für die Wahl des Zufluchtsorts

Den Lesern habe ich immer empfohlen, vor einem Umzug die jeweiligen Mikroklimata eingehend zu studieren. Beginnen Sie mit den bundesstaatlichen und regionalen Aufzeichnungen der Klimadaten und der Websites, dann führen Sie gründliche Klima- und Bodenuntersuchungen durch und nutzen dafür behördliche Daten und verschiedene Internetquellen.

Meine allgemeine Empfehlung lautet, Gegenden zu meiden, die eine Bewässerung erfordern, mit Ausnahme der sehr wenigen Regionen, die mit einer durchgehenden, auf Gefälle und Schwerkraft basierenden Bewässerungsinfrastruktur ausgestattet sind. Sollte die Stromversorgung zusammenbrechen, werden viele Teile im Westen der Vereinigten Staaten sich rasch in Wüsten zurückentwickeln. Daher ziehe ich Gegenden mit regelmäßigen Niederschlägen oder Trockenfarmsystem vor, wo die Feldfrüchte mit den regelmäßigen Niederschlägen im Frühling und Sommer angepflanzt werden können. Aber da liegt auch der Hund begraben: Viele dieser Regionen sind dicht besiedelt und könnten im Falle eines großen gesellschaftlichen Zusammenbruchs unsicher sein. Deshalb werden Ihre Wahlmöglichkeiten immer weiter eingeschränkt.

Achten Sie, wenn Sie auf der Suche nach einem möglichen Grundstück für Ihren Zufluchtsort umherfahren, auf die örtliche Vegetation an nicht bewässerten Hügeln. Wenn der Strom ausfällt, bekommen Sie das, was Sie sehen.

Die Vor- und Nachteile von städtischen und ländlichen Zufluchtsorten

Es gibt zwei verschiedene Arten fester Standorte von Zufluchtsorten: »städtische« und »abgelegene«. Erstere sind zumindest teilweise von der örtlichen Infrastruktur abhängig, während die zweiten darauf ausgerichtet sind, ein fast völlig autarkes und unabhängiges Leben zu ermöglichen. Abgelegene Zufluchtsorte werden häufig als »abgeschieden« bezeichnet.

Nicht jeder Mensch ist dafür geschaffen, die Aufgaben in Angriff zu nehmen, die mit einer autarken Lebensweise verbunden sind. Fortgeschrittenes Alter, körperliche Beeinträchtigungen, das Fehlen vertrauenswürdiger Familienmitglieder oder Freunde sowie chronische Erkrankungen könnten völlige Autarkie grundsätzlich ausschließen. Sollte das bei Ihnen der Fall sein, dann werden Sie sich wahrscheinlich lieber einen unauffälligen Zufluchtsort in der Stadt als eine abgeschiedene »Festung« einrichten wollen.

Falls Sie sich für einen städtischen Zufluchtsort entscheiden, wählen Sie sorgfältig eine Stadt mit geringer Bevölkerung aus – zwischen 1000 und 3000 Einwohnern, falls sie eine durchgängig auf Gefälle und Schwerkraft basierende Wasserversorgung besitzt, oder zwischen 200 und 1000 Einwohnern, falls die Wasserversorgung vom Stromnetz abhängig ist. Eine Einwohnerzahl von über 1000 stellt zusätzliche Probleme für die Abwasser- und Abfallentsorgung dar. In Städten von über 3000 Einwohnern fehlt es am Gemeinschaftssinn, und einem Ort mit weniger als 200 Bewohnern mangelt es an einer ausgewogenen Mischung von Fähigkeiten und dem erforderlichen Menschenpotenzial, um im schlimmsten Fall eine angemessene Verteidigung zu organisieren. Ab einer Schwelle von etwa 3000 Einwohnern könnte dagegen jeder auf sich allein gestellt sein. Deshalb ist es am besten, größere Städte zu meiden.

Der inzwischen verstorbene Mel Tappan vertrat die kluge Ansicht, dass Ihr Haus, wenn es am Stadtrand am Ende einer Sackgasse ohne unmittelbare Nachbarn steht, sich genauso gut zehn oder 15 Kilometer außerhalb der Stadt befinden könnte – weil es psychologisch außerhalb des unsichtbaren Schutzrings ist, der »innerstädtisch« beinhaltet. Falls Sie in der Stadt leben, werden Sie von dem profitieren, was ich als »nachbarschaftliches Ausschauhalten nach Steroiden« bezeichne. Stellen Sie sicher, dass Ihr Zufluchtsort sich entweder wirklich in der Stadt befindet oder weit außerhalb. Ein Grundstück, das dazwischenliegt, wird keinen der Vorzüge genießen, aber alle Nachteile aufweisen.

Tappan befürwortete das Konzept, den Zufluchtsort in einer Kleinstadt zu errichten – einen Minibauernhof zu besitzen, der sich physisch wie psychologisch innerhalb einer existierenden kleinen Gemeinde befindet. Dieser Ansatz hat mehrere Vorteile. Bevor Sie Ihre Entscheidung treffen, bedenken Sie die folgenden Listen von Pro und Kontra.

Vorzüge von innerstädtischen Zufluchtsorten:

- Vorteile bei einem sich langsam aufbauenden Szenario oder einer Wirtschaftskrise bei noch funktionierendem Stromnetz, während der die Arbeitsplätze in der örtlichen Landwirtschaft und Industrie noch erhalten bleiben.
- Sie werden ein Mitglied der Gemeinschaft sein.
- Sie werden von den örtlichen Sicherheitsmaßnahmen profitieren.
- Freier Zugang zur örtlichen Tauschwirtschaft
- Freier Zugang zum Handwerk und zu medizinischen Einrichtungen vor Ort

Nachteile von städtischen Zufluchtsorten

- Die Privatsphäre ist sehr begrenzt. Der Transport von sperrigen Gütern muss zu ungewöhnlichen Uhrzeiten vorgenommen werden, um nicht die Aufmerksamkeit von Nachbarn zu wecken.
- Treibstoffbevorratung ist ernsthaft eingeschränkt. (Studieren Sie die örtlichen Verordnungen zur Treibstofflagerung, bevor Sie sich ein Haus kaufen.)
- Schlechte Hygieneverhältnisse im Falle eines Zusammenbruchs des Stromnetzes, es sei denn, Ihre Stadt hat eine komplett auf Gefälle und Schwerkraft basierende Wasserversorgung.
- Sie können Ihre Waffen nicht auf Ihrem Grundstück testen und einschießen.
- Sie können keine ausgeklügelte Antennenanlage aufbauen, weil Ihr Haus sonst völlig fehl am Platz wirken würde.
- Wahrscheinlich können Sie auf Ihrem eigenen Land nicht jagen, mit Ausnahme vielleicht Kleinwild und Schädlinge, und auch dann nur mit einem Luftgewehr.

- Sie können keine Nutztiere halten, mit Ausnahme einiger Kaninchen vielleicht. (Studieren Sie die örtlichen Verordnungen, bevor Sie sich ein Haus kaufen.)
- Sie können Ihren Zufluchtsort nicht mit wirksamen Barrieren gegen Geschosse und Fahrzeuge ausrüsten.
- Es besteht eine größere Gefahr übertragbarer Krankheiten.
- Es besteht eine größere Gefahr von Diebstählen.
- Es besteht eine größere Gefahr, dass Ihre Vorräte konfisziert werden.

Vorteile abgelegener Zufluchtsorte:
- Mehr Platz für den Gemüse- und Getreideanbau, mehr Weideland
- Niedrigere Grundstücks- und Häuserpreise
- Besser im Fall eines vollkommenen Zusammenbruchs des Stromnetzes, wonach buchstäblich jedermann arbeitslos sein wird.
- Sie können jede Menge Vorräte einlagern, ohne Angst vor den wachsamen Augen neugieriger Nachbarn haben zu müssen.
- Sie können Waffen auf Ihrem Gelände testen und einschießen.
- Sie können auch eine ungewöhnliche Architektur wählen (zum Beispiel unter die Erde bauen).
- Sie können eine umfangreichere Antennenanlage errichten und andere Dinge anbringen, die in der Stadt seltsam wirken würden.
- Bessere Hygieneverhältnisse im Fall eines Zusammenbruchs des Stromnetzes
- Sie können auf Ihrem Land jagen.
- Sie können Ihr eigenes Feuerholz fällen.
- Sie können Nutztiere halten.
- Sie können Barrieren gegen Geschosse und Fahrzeuge errichten.
- Ein von einem Hund bewachter Maschendrahtzaun um Ihr Grundstück wird nicht fehl am Platz wirken.
- Buchstäblich unbegrenzte Treibstofflagermöglichkeiten. (Studieren Sie die Vorschriften Ihres Bezirks und Bundesstaates, bevor Sie große Benzin-, Diesel-, Heizöl- und Propantanks bestellen.)
- Viel geringeres Risiko, sich an übertragbaren Krankheiten anzustecken.

Nachteile abgelegener Zufluchtsorte:

- Von nur einer Familie schwer zu unterhalten und zu verteidigen
- Man kann sich nicht auf die Hilfe von Nachbarn oder Gesetzeshütern verlassen, falls Ihr Haus von Plünderern angegriffen wird. Sollte es zu einem Brand oder einem medizinischen Notfall kommen, werden Sie höchstwahrscheinlich ganz auf sich allein gestellt sein und diese Situationen selbst meistern müssen.
- Kein Zugang zum täglichen Tauschhandel bzw. Wirtschaftsverkehr
- Eine längere Fahrt zur Arbeit, zum Einkaufen, zur Kirche

Eine sorgfältige Analyse dieser Listen sollte Sie in die Lage versetzen zu entscheiden, welcher Ansatz für Sie angesichts Ihrer familiären Situation, Ihrer Lebensphase und Ihrer eigenen Einschätzung der möglichen Ernsthaftigkeit künftiger Ereignisse der richtige ist. Beten Sie um die richtige Entscheidung und lassen Sie sich die Sache durch den Kopf gehen, bevor Sie einen Entschluss von solcher Tragweite fällen.

Die besten Zufluchtsorte

Ein Zufluchtsort in einer hügeligen oder bergigen Region ist im Katastrophenfall einem in der Ebene vorzuziehen. Warum? In der Ebene gelegene Städte haben einfach zu viele Zufahrtsmöglichkeiten für Fahrzeuge, und mehr Zufahrtsmöglichkeiten bedeuten mehr potenzielle Eindringlinge. In den Bergen oder an Schluchten gelegene Orte haben, bedingt durch das Terrain, im Vergleich nur ein paar wenige Zufahrtspunkte.

Wenn Sie nach einem Haus suchen, das sich als Zufluchtsort eignet, halten Sie nach einem gemauerten Haus mit einem feuerfesten Dach auf einem übergroßen Grundstück Ausschau – oder nach einem Haus in Holzrahmenbauweise, falls Sie in einer Erdbebenregion leben. Kaufen Sie ein Haus, im Idealfall ganz unterkellert, mit mindestens einem Schlafzimmer mehr, als Sie derzeit brauchen. (Einschränkung: Ein Keller ist nur dann sinnvoll, wenn der örtliche Grundwasserspiegel das Trockenhalten ohne Hilfe einer elektrischen Sumpfpumpe erlaubt. Der Keller muss »trocken und dicht« sein.)

Die folgenden Kapitel dieses Buches werden eingehender auf die wesentlichen Punkte zum Überleben nach einem Super-GAU eingehen, aber hier finden Sie eine kurze Zusammenfassung dessen, was Sie an Ihrem Zufluchtsort werden tun müssen:

- Schaffen Sie sich einen Vorrat von Ersatzwerkzeugen, robuster Kleidung, Lebensmitteln, Waffen, Tarnausrüstung und Gütern des täglichen Bedarfs für Familie und Freunde an, die mit Sicherheit am Tag nach der Katastrophe auf Ihrer Türschwelle auftauchen werden.
- Legen Sie sich einen übergroßen Gemüsegarten an, vorzugsweise so, dass er von der Straße aus nicht einsehbar ist. Pflanzen Sie rund um den Garten Blumenbeete und ein paar hohe blühende Büsche, damit er auf den oberflächlichen Betrachter eher wie ein Zier- als ein Gemüsegarten wirkt.
- Schaffen Sie sich einen großen, ruhigen, böse aussehenden (aber gehorsamen) Wachhund an. Ich bevorzuge Airdales (die größten Terrier) und Rhodesian Ridgebacks. Beides sind recht große Rassen mit treuem Wesen und ausgeprägtem Revierverhalten.
- Pflanzen Sie unter jedes Fenster Rosenbüsche oder mit Stacheln bewehrte Bougainvillea-Ranken. Rosenbüsche und Kletterpflanzen können auf vielfältige Weise zum Schutz Ihres Hauses eingesetzt werden. Sie werden Teppichreste oder schwere Decken bereithalten müssen, damit Ihre Familienmitglieder im Falle eines Brandes oder von Hausfriedensbruch die Schlafzimmerfenster als Fluchtwege nutzen können.
- Kaufen Sie Schutzdraht (NATO-Draht aus Armeerestbeständen oder Stacheldraht für den zivilen Gebrauch). Lagern sie ihn diskret und außer Sichtweite in Ihrer Garage und holen Sie ihn nur im Fall eines echten Worst-Case-Szenarios hervor, in dem die Stadt verbarrikadiert werden muss. Wenn Sie diesen Draht dem örtlichen Sicherheitskomitee spenden, werden Sie als vorausdenkender Lebensretter betrachtet werden, nicht etwa als Spinner.
- Ersetzen Sie alle Außentüren durch stabile Stahltüren in Stahlrahmen. Falls Ihr Haus eine direkte Verbindung zur Garage hat, achten Sie besonders darauf, diese Verbindungstür zu verstärken. Verwandeln Sie Ihre Garage in ein Minilagerhaus mit jeder Menge Schwerlastregalen.

- Kaufen Sie sich Fahrzeuge, die im Alltagsleben nicht besonders auffallen, aber im Katastrophenfall ungeheuer praktisch sein werden. (Weitere Details finden sich in Kapitel 12.)
- Kaufen Sie sich einen einfachen Campingaufbau, der im Notfall schnell entfernt werden kann. Seilwinden vorn und hinten mögen ja cool aussehen, aber sie sind weder das Gewicht noch die Ausgaben wert. Ihnen ist mehr gedient, wenn Sie Geld für strapazierfähige Stoßstangen ausgeben. Zu den empfehlenswerten Stoßstangenumrüstungen zählen: große Sturzbügel vorn, eine abnehmbare Kabelschneiderstange, die so hoch ist wie die Kabine Ihres Trucks, und zehn oder mehr stabile Befestigungshaken (für vorn, in der Mitte hinten sowie an allen vier Ecken). Kaufen Sie zwei oder drei Mehrzweckseilzüge und ein paar über einen Meter hohe Hi-Lift-Wagenheber. Führen Sie zwei auf Felgen gezogene, aufgepumpte Ersatzreifen mit. Damit und mit Schaufeln, einer Spitzhacke, einer Axt, ein paar stabilen Abschleppseilen, ein paar kürzeren Spanngurten sowie einem guten Bolzenschneider werden Sie buchstäblich jedes Hindernis überwinden, vorausgesetzt Sie haben genügend Zeit.
- Berechnen Sie die Treibstoffmenge, die Sie brauchen, um auf der langsamsten Route mit maximaler Beladung zu Ihrem Zufluchtsort zu gelangen. Fügen Sie zur Sicherheit zehn Prozent hinzu und achten Sie darauf, dass Sie diese Menge Treibstoff immer parat haben. Ungeachtet des Fassungsvermögens Ihres Fahrzeugtanks kaufen Sie mindestens sechs Kanister für die Aufbewahrung zu Hause. (Studieren Sie zuerst die örtlichen Feuerschutzbestimmungen.) Verbrauchen Sie den Treibstoff regelmäßig, aber füllen Sie diese Kanister stets wieder auf.
- Falls niemand dauerhaft an Ihrem Zufluchtsort lebt, der besonders vertrauensvoll ist und ihn sichern kann, kaufen Sie einen Stahlcontainer von sieben Metern Länge oder mehr und lassen Sie einen zusätzlichen Schlossriegel anschweißen. Im Idealfall sollte Ihr Autoanhänger auf Ihre Bedürfnisse zugeschnitten (oder umgebaut) sein, damit Sie die gleichen Felgen und Reifen nutzen können wie bei Ihrem Alltagsfahrzeug. Dadurch haben Sie, mit den beiden Zusatzreifen in Ihrem Fahrzeug und noch einem weiteren vorn an Ihrem Anhänger, drei Ersatzreifen entweder für den Anhänger oder für Ihren Pick-up zur Verfügung.

- Besonders wichtig: Lagern Sie im Voraus den größten Teil Ihrer Ausrüstung, Waffen und Lebensmittel an Ihrem Zufluchtsort ein! Achten Sie darauf, auch dort reichlich Treibstoff zu lagern. Kaufen Sie sich einen Kleinanhänger, aber lassen Sie diesen an Ihrem Zufluchtsort stehen, um ihn für die Holz- und Heubeschaffung zu nutzen oder für den Fall, dass Sie ein zweites Mal fliehen müssen. Vielleicht können Sie nur eine Fahrt aus der Großstadt heraus unternehmen, und wenn Sie sich mit einem Anhänger durch dichten Verkehr oder auf verschneiten oder schlammigen Straßen herumquälen, könnte das zu Ihrer persönlichen Katastrophe in der Katastrophe führen.

Ihre Überlebensgemeinschaft

Ich habe beobachtet, dass Überlebenskünstler zwei Denkrichtungen zuzuordnen sind: die Einzelgänger und jene, die gemeinschaftsorientiert sind. Die Einzelgänger ziehen es vor, in der Wildnis unterzutauchen – irgendwo in Deckung zu gehen, bis die Dinge in der Zivilisation wieder in Ordnung gebracht sind. Meiner Meinung nach ist das ein naiver und egoistischer Ansatzpunkt zur Vorbereitung. Es ist nicht realistisch, davon auszugehen, dass Sie ein abgeschiedenes Grundstück auf dem Land finden können, auf dem Sie über eine längere Zeitspanne hinweg keinen Kontakt zu Außenstehenden haben werden. Wir leben im Zeitalter von *Google Earth*, in dem es nur noch sehr wenige echte Geheimverstecke gibt. Nicht einmal Mel Gibson konnte sich absolute Privatsphäre erkaufen. Seine Privatinsel auf den Fidschis wurde »geoutet«. Selbst wenn Sie abgeschieden und ohne Stromanbindung leben, sobald eine Straße zu Ihrem Haus führt, wird irgendjemand Sie am Ende entdecken.

Außerdem sollten Sie sich jede Vorstellung, Sie könnten einen Rucksack schultern und in einem nahen Nationalpark verschwinden, um dort »von dem zu leben, was die Erde hergibt«, abschminken. Das kann nur in einer Katastrophe enden. Zu viele Dinge können schieflaufen: Sie werden sich nicht ausreichend vor Wind und Wetter schützen können. Sie werden nicht in der Lage sein, genügend Lebensmittelvorräte mitzunehmen. Sobald Ihr einziges Gewehr, Ihre einzige Pistole oder Ihre einzige Axt einmal verloren- oder kaputtgegangen ist, werden

Sie angreifbar sein und nicht für Ihre Nahrung und Selbstverteidigung sorgen können. Jede Krankheit oder Verletzung könnte lebensbedrohlich werden. Sogar das Einbrechen in einen Fluss mitten im Winter könnte Sie das Leben kosten. Außerdem sollten Sie in Erwägung ziehen, wie viele Tausend Städter wahrscheinlich versuchen werden, das Gleiche zu tun. Selbst wenn es Ihnen gelingen sollte, Zusammenstöße mit ihnen zu vermeiden, werden diese zeitgleich nach Essbarem suchenden Horden von Menschen den Wildbestand in vielen Regionen rasch dezimieren. Tarzan zu spielen, wird aus zahlreichen Gründen einfach nicht funktionieren. Also vergessen Sie die Rucksackvariante und greifen Sie darauf nur zurück, wenn alle Stricke reißen.

Falls Sie einen abgeschiedenen Zufluchtsort einrichten wollen, sollten Sie planen, sich mit anderen Familien zusammenzutun, um die doppelte oder dreifache Personenzahl und damit das Einsatzpotenzial zu erreichen, das notwendig ist, um rund um die Uhr, sieben Tage die Woche für Sicherheit zu sorgen, falls tatsächlich der schlimmste Fall mit komplettem Zusammenbruch von Recht und Ordnung eintreten sollte. Eine Familie allein kann nicht für Sicherheit sorgen und zugleich die vielen Arbeiten erledigen, die erforderlich sind, um einen autarken Zufluchtsort zu führen – vor allem im Sommer und Herbst, wenn die Ernte eingebracht und eingelagert werden muss. Die körperlichen und emotionalen Strapazen, wenn man rund um die Uhr Wachdienst schieben muss, würden die meisten Menschen nach wenigen Wochen zusammenbrechen lassen. Als ehemaliger Offizier der US-Armee kann ich nur bestätigen, wie kräftezehrend lang anhaltende Operationen sind – selbst für körperlich sehr belastbare Soldaten in den Zwanzigern. Geringere Sicherheitsvorkehrungen werden Ihren Zufluchtsort jedoch der Gefahr aussetzen, überlaufen zu werden. Um einen abgeschiedenen Zufluchtsort zu bemannen, braucht man als absolutes Minimum vier Erwachsene, im Idealfall sechs. (In der Regel handelt es sich um drei Paare und deren Kinder.) Das bedeutet, dass man sich ein voll unterkellertes Haus mit fünf oder sechs Schlafzimmern kaufen muss.

Die meisten von uns werden Zufluchtsorte an einer erkennbaren Straße haben, und es wird Nachbarn geben. Das Vorhandensein von Nachbarn verlangt im Allgemeinen, dass man sich auch nachbarschaftlich verhält. Aus der Perspektive des Vorbereitetseins auf eine Katastrophe ist der sich möglicherweise entwickelnde Gemeinschaftssinn einer der positiven Aspekte. Seit Langem spreche ich mich dafür aus, fest vereinbarte kleine Gemeinschaften Gleichgesinnter zu bilden. Wenn Sie sich also auf eine Katastrophe vorbereiten, lassen Sie sich Zeit, darüber nachzudenken, wen Sie in Ihrem Team haben wollen.

In der Grossstadt in Deckung gehen?

Im Laufe der Jahre bin ich häufig gefragt worden, ob es denn möglich sei, einen allgemeinen gesellschaftlichen Zusammenbruch zu überstehen, indem man sich in einer Metropolregion versteckt hält. Ehrlich gesagt, ich halte das nicht für realistisch. Ihre Überlebenschancen stünden wahrscheinlich schlecht – auf jeden Fall wesentlich schlechter, als wenn Sie bei Ausbruch der Krise in einer gering bevölkerten Gegend Zuflucht suchen. Bei einem kompletten gesellschaftlichen Zusammenbruch wird es mit Sicherheit ein paar Stadtbewohner geben, die an Ort und Stelle bleiben und dank ihrer Gewitztheit und jeder Menge glücklicher Fügungen überleben, aber die überwiegende Mehrzahl würde ums Leben kommen. Ich würde ein solches Risiko nicht eingehen wollen. Hier sind ein paar Fakten, die Sie bedenken sollten, falls Sie in Erwägung ziehen, sich in einem Stadtgebiet einen Unterschlupf zu suchen:

Wasser

Selbst bei extremer Sparsamkeit werden Sie täglich mindestens knapp fünf Liter Wasser brauchen. Diese fünf Liter bedeuten gerade einmal genug Wasser zum Trinken und Kochen für einen Erwachsenen – nichts fürs Waschen. Sollte Ihnen das Wasser ausgehen, werden Sie gezwungen sein, hinauszugehen und sich auf die Suche danach zu machen, wodurch Sie sich großer Gefahr aussetzen. Und selbst wenn Sie Wasser finden, werden Sie es mit Chlor, Jod (wie zum Beispiel *Polar pure* – das derzeit schwer erhältlich ist) oder einem hochwertigen Wasserfilter wie zum Beispiel einem *Katadyn Pocket* aufbereiten müssen.

Lebensmittel

Um zu überleben, werden Sie große Mengen Lebensmittel brauchen. Berechnen Sie den tatsächlichen Tagesbedarf und die Kosten für einen Lebensmittelvorrat für sechs Monate mit ausreichend Abwechslung und Kaloriengehalt. Weitere Details finden sich in Kapitel 5. Vergessen Sie Vitaminzusätze nicht, um den Mangel an frischem Obst und Gemüse auszugleichen. Das Ziehen von Sprossen ist eine gute Möglichkeit, um für Vitamine und Mineralien zu sorgen, außerdem sind sie verdauungsfördernd.

Hygiene

Ohne Toiletten mit Wasserspülung werden die Leute in den Nachbarwohnungen ihr ungeklärtes Abwasser wahrscheinlich aus dem Fenster kippen, was sich zu einem Albtraum für die öffentliche Gesundheit entwickeln wird. Da Sie die anderen wohl nicht auf Ihre Anwesenheit aufmerksam machen wollen, indem Sie Ihr Fenster öffnen, und da der Abwassertank Ihres Apartmenthauses gewiss nach kurzer Zeit voll sein wird, werden Sie sich etwas ausdenken müssen, wie Sie Ihr Abwasser in Ihrer Wohnung lagern können. Ich empfehle Fünf-Liter-Eimer und einen großen Kalkvorrat, um den Geruch zu minimieren, bis jeder Eimer verschlossen wird. Da Ihnen kein Wasser zum Waschen zur Verfügung stehen wird, sollten Sie sich auch einen Vorrat an Babyfeuchttüchern anlegen.

Heizung

Mitten im Winter könnten Sie in Ihrer Wohnung ohne zusätzliche Wärmequelle erfrieren. Ein kleiner Heizlüfter oder nur ein paar Kerzen können die Raumtemperatur über dem Gefrierpunkt halten. Ich empfehle dringend den Einbau eines guten Holz- oder Kohleofens. Doch selbst die Bewohner von Apartments können bei ordentlicher Belüftung einen Kerosinofen (beispielsweise von *Kero-Sun*) nutzen.

Belüftung

Falls Sie irgendeine Art von offener Flamme verwenden, werden Sie für zusätzliche Belüftung sorgen müssen. Andernfalls könnten Sie an Sauerstoffmangel oder einer langsamen Kohlenmonoxidvergiftung sterben. Leider kann der zusätzliche Belüftungsbedarf zur Vorbeugung gegen diese Risiken ein Sicherheitsproblem darstellen – weil durch die Belüftung Essens- oder Brennstoffgerüche nach draußen transportiert werden, weil eine Lichtquelle entsteht, die von außen gesehen werden kann, und weil diese Belüftung von Dieben als Einstiegsstelle genutzt werden kann.

Sicherheit

Der Hauptzugang für Übeltäter wird in der Regel Ihre Wohnungstür sein. Aller Wahrscheinlichkeit nach werden Sie eine herkömmliche Tür aus Massivholz haben. Das Beste ist, Holzeingangstüren durch Stahltüren zu ersetzen. Die Verstärkung einer Holztür wird nicht ausreichen. Darüber hinaus sind Fenster mit Zugang zu einer Feuerleiter oder einem Balkon ebenfalls Einstiegsstellen für Bösewichte. Wie könnten Sie eine große Fensterfläche effektiv verbarrikadieren?

Falls Sie in einer Erdgeschosswohnung oder in einem älteren Mietshaus mit Feuerleitern aus Metall leben, empfehle ich Ihnen, baldmöglichst in eine Wohnung im dritten, vierten oder fünften Stockwerk in einem modernen Apartmenthaus in Betonbauweise umzuziehen, vorzugsweise ohne Balkone, mit Eingangstüren aus Stahl und einer innen verlaufenden Feuertreppe.

Selbstverteidigung

Sie werden sich zur Abwehr von Eindringlingen und zur Selbstverteidigung, wenn Sie irgendwann doch gezwungen sind, Ihre Wohnung zu verlassen, gut bewaffnen müssen. Darüber hinaus sollten Sie sich mit mindestens zwei anderen bewaffneten und geübten Erwachsenen zu einem Team zusammenschließen. Informieren Sie sich über die örtlichen Bestimmungen zu großen Pfefferspraydosen. Diese werden vor allem als Abwehrmittel gegen Bären unter Markennamen wie *Guard Alaska* oder *17% Streetwise* verkauft. Falls diese in Ihrem Bundesstaat tatsächlich zugelassen sein sollten, kaufen Sie sich ein paar der großen Ein-Pfund-Spraydosen, überprüfen Sie aber zuerst, dass diese mindestens zwölf Prozent des Wirkstoffs Oleoresin Capsicum (OC) enthalten.

Wenn Sie die Erlaubnis zum Besitz einer Schusswaffe erhalten, empfehle ich Ihnen, dass Sie sich eine Pumpgun im Kaliber 12 von *Remington*, *Winchester* oder *Mossberg* mit montierter *Surefire*-Taschenlampe kaufen. Die beste Munition zur Verteidigung in städtischem Umfeld, wo das Durchschlagen (in angrenzende Wohnungen) ein Thema ist, ist grober Schrot (#4 buckshot von 6 mm, nicht zu verwechseln mit dem viel feineren #4 birdshot von 3,3 mm). Doch wenn es zu schwierig ist, sich einen Waffenschein zu besorgen, gibt es selbst in den Waffengesetzen von New York City eine nette Ausnahme für Vorderlader und antike Waffen, die vor 1894 hergestellt wurden und

Patronenlager haben, für die kommerziell keine Patronen mehr produziert werden. Es ist nicht schwierig, ein *Winchester*-Gewehr Modell 1876 oder Modell 1886 in einem Seriennummernbereich zu finden, das als vor 1894 hergestellt ausgewiesen ist. Damit werden Sie nur Patronen im Kaliber .40-65 und .45-90 benutzen können. Und Sie werden Ihren Vorrat an Munition nach Ihren Wünschen beladen können. Achten Sie darauf, Gewehre in gutem mechanischem Zustand und mit ausgezeichneten Läufen auszuwählen.

Als antike Handfeuerwaffe würde ich einen *Smith-&-Wesson*-Selbstspanner-top-break-Revolver im Kaliber .44 *S&W Russian* mit besonders schwacher Ladung empfehlen.

Das Wichtigste ist, den Umgang mit Schusswaffen in einem seriösen Verein zu erlernen.

Brandmeldung und Fluchtwege

Ein batteriebetriebener Feuermelder ist ein absolutes Muss. Auch wenn Sie selbst mit Kerzen, Laternen und Kochherd vorsichtig umgehen, kann es sein, dass das bei Ihren Nachbarn nicht der Fall ist. Es besteht durchaus die Gefahr, dass in Ihrem Mietshaus Feuer ausbricht, sei es versehentlich oder durch Brandstiftung. Deshalb brauchen Sie einen gepackten Notfallrucksack, den Sie sofort griffbereit haben.

Zwar sind kommerziell hergestellte Brandfluchthauben oder Gasmasken aus Militärbeständen kaum ein angemessener Ersatz für die Atemschutzgeräte mit Pressluftatmer der Feuerwehrmänner, doch sie können Ihnen vielleicht die Möglichkeit zur rechtzeitigen Flucht aus Ihrem Gebäude bieten.

Brennstoffvorrat

Beim Lagern großer Brennstoffmengen gibt es drei problematische Aspekte: 1) Sicherheit (Feuergefahr); 2) Unauffälligkeit (Gerüche, die Diebe anlocken könnten); und 3) Gesetzmäßigkeit. Die Feuerschutzbestimmungen der meisten Städte gestatten die Lagerung des Bedarfs für höchstens eine Woche und verbieten grundsätzlich die Aufbewahrung von mehr als einem kleinen Kanister Kerosin oder gereinigtem Benzin. Im Hinblick sowohl auf die Sicherheit als auch auf die Verminderung verräterischer Gerüche ist Propangas somit wahrscheinlich die beste Lösung. Aber Sie müssen sowohl Ihre örtlichen Feuerschutzbestimmungen als auch die Vorgaben in Ihrem Mietvertrag studieren, um das Maximum der zulässigen Vorratsmenge zu bestimmen.

Aller Wahrscheinlichkeit nach gibt es keine Beschränkungen bezüglich der Anzahl von Kerzen, die gelagert werden dürfen. Sollte dies der Fall sein, dann legen Sie sich einen großen Vorrat an unparfümierten Kerzen im Glas mit langer Brenndauer (also mit hohem Stearinanteil) an. Ich empfehle die großen Votivkerzen in klaren Glasgefäßen, die man oft auf Friedhöfen sieht. Darüber können Sie sogar einzelne Essensportionen erhitzen, wenn Sie aus starkem Draht einen Ständer mit breitem Fuß bauen. Halten Sie bei Discountern und bei Räumungsverkäufen nach diesen Kerzen Ausschau.

Essensgerüche

Nicht nur gelagerter Brennstoff, auch die Zubereitung des Essens wird zu Gerüchen führen. Ich empfehle Ihnen, nur möglichst schwach gewürzte Gerichte einzulagern. In einer Situation, in der Sie von hungernden Menschen umgeben sind, kann allein schon das Braten in Fett oder das Erhitzen einer Dose mit würzigem Chili con Carne Ihr Todesurteil sein.

Brandbekämpfung

Kaufen Sie sich mindestens zwei große chemische (ABC-) Mehrzweckfeuerlöscher.

Disziplin im Hinblick auf Lärm und Beleuchtung

Wenn Sie Lärm machen oder irgendeine Lichtquelle in Ihrer Wohnung haben, könnte dies Ihre Anwesenheit verraten. Bei einem anhaltenden Stromausfall werden Plünderer innerhalb weniger Wochen herausfinden, wer Laternen oder große Vorräte an Kerzen beziehungsweise Taschenlampenbatterien besitzt. Und ich prophezeie Ihnen, dass es die immer noch hell erleuchteten Wohnungen sein werden, die auszurauben als lohnenswert erachtet werden. Wenn Sie also eine Lichtquelle nutzen möchten, müssen Sie sämtliche Fenster systematisch verdunkeln. Doch diese Bemühungen werden leider in direktem Konflikt mit Ihrem Bedürfnis nach Belüftung aufgrund des Kochens und Heizens stehen.

Wärme

Aufgrund der zuvor erwähnten Beschränkungen der Brennstofflagerung wird es wahrscheinlich unmöglich sein, Ihre Wohnung mehr als ein paar Tage zu heizen. Kaufen Sie sich deshalb einen für Expeditionen geeigneten Schlafsack – vorzugsweise ein temperaturflexibles Zweisacksystem von *Wiggy's* (FTRSS). Um Ihre Überlebenschancen zu erhöhen, sollten Sie sich einen kleinen Raum im Raum bauen, um die Wärme zu speichern – vielleicht unter einem großen Esszimmertisch oder indem Sie in Ihrer Wohnung ein Campingzelt aufstellen. Selbst wenn die Temperaturen im Rest Ihrer Wohnung auf null bis minus fünf Grad Celsius sinken sollten, wird allein Ihre Körperwärme Ihren Miniraum auf fünf bis zehn Grad Celsius halten. Zur besseren Wärmespeicherung sollte Ihr Miniraum mit zwei Schichten Rettungsdecken umhüllt werden.

Sport

Trainieren Sie Ihre Muskeln, während Sie sich versteckt halten. Besorgen Sie sich geräuschlose Übungsgeräte wie beispielsweise eine Stange für Klimmzüge und ein paar lange Gymnastikgummibänder. Falls es Ihr Budget zulässt, könnten Sie sich auch Ihren eigenen, leisen fahrradbetriebenen Generator kaufen oder bauen (*snipurl.com/hotd5*). Das würde sowohl der Fitness dienen als auch die Batterien aufladen.

Geistige Gesundheit

Es wäre eine enorme Herausforderung, sich für eine längere Zeitspanne allein versteckt zu halten, sowohl körperlich als auch mental. Gesetzt den Fall, Sie könnten die zuvor erwähnten Probleme alle irgendwie lösen – Sie müssen auch planen, sich geistig gesund zu halten. Schaffen Sie sich jede Menge Lesestoff an.

Betrachtet man die lange Liste der Abhängigkeiten und Schwierigkeiten, wird es sehr unattraktiv, im schlimmsten Katastrophenfall an Ort und Stelle zu bleiben. Unter weniger bedrohlichen Umständen ist es gewiss machbar, aber sobald das Stromnetz zusammengebrochen ist und die Versorgung unterbrochen wird, ist die Großstadt kein Ort zum Leben.

Mobile Zufluchtsorte

Zuflucht in einem »mobilen« Campingfahrzeug ist ein weiterer Weg in den sicheren Untergang. Wenn die Welt auf einmal nicht mehr so ist, wie wir sie kennen, ist eine Zuflucht an einem festen Standort um vieles besser, als mobil zu sein. Falls Sie sich entschließen, ganz auf Ihr Wohnmobil zu setzen, werden Sie den Kampf am Ende verlieren – höchstwahrscheinlich durch einen Hinterhalt bei einer Straßensperre –, oder Ihr Fahrzeug hat eine Panne. Oder aber Ihnen geht der Sprit aus – mit großer Wahrscheinlichkeit wird das auf offener Strecke passieren und Sie in eine sehr schwierige Situation bringen. Außerdem werden Sie, da Sie nur eine begrenzte Menge an Vorräten mit sich führen können, von Anfang an mit Ihrem Wohnmobil im Vergleich zu einem festen Zufluchtsort grundlegend im Nachteil sein. Damit ist auch die Wahrscheinlichkeit verbunden, dass Sie, sobald Ihre Vorräte aufgebraucht sind, versucht sein werden, das, was Sie brauchen, von anderen zu nehmen.

Häufig werden ein großes Segelboot oder eine Motorjacht ebenfalls als Zufluchtsmöglichkeiten angepriesen. Ich kann eine Zuflucht auf dem Meer nicht empfehlen, es sei denn, Sie sind ein routinierter Hochseeskipper mit langjähriger Erfahrung.

Mobile Zufluchtsmöglichkeiten haben zu viele Nachteile, um empfehlenswert zu sein, mit Ausnahme vielleicht für die wenigen Menschen mit riesigem Budget. Vernünftig betrachtet, werden Sie einen festen Standort mit einem großen Vorratslager, Werkzeugen, Waffen, Tauschobjekten und Freunden brauchen, auf die Sie sich verlassen können. Grundsätzlich ist ein mobiler Ansatz nur für eine ganz kurze Zeitspanne vertretbar: in Form eines verlässlichen Fahrzeugs, das Sie zu einem gut ausgestatteten festen Zufluchtsort bringt, der verteidigt werden kann.

Nur eine Fahrt zu Ihrem Zufluchtsort

Es ist entscheidend, dass Sie den größten Teil Ihrer Vorräte im Voraus zu Ihrem Zufluchtsort transportieren. Die folgenden Kapitel werden Ihnen bei der Entscheidung helfen, welche Vorräte Sie brauchen werden und welche Vorbereitungen Sie am besten im Voraus treffen. Selbstverständlich werden diese Vorbereitungen sinnlos sein, wenn Sie im Katastrophenfall nicht zu Ihrem Zufluchtsort gelangen können.

Möglicherweise lassen die Umstände nur eine Fahrt zu Ihrem Zufluchtsort zu, bevor die Straßen unbenutzbar oder unsicher sind. Es wäre tragisch, auswählen und aussortieren zu müssen, welchen Teil Ihrer Ausrüstung Sie auf diese eine Fahrt mitnehmen, deshalb ist es sinnvoll, den größten Teil Ihrer Ausrüstung im Voraus einzulagern. Es ist klug, alle zwei Jahre eine »Testladung« zu machen, um sicherzustellen, dass jene Dinge, die Sie bei sich zu Hause behalten, auf der einen Fahrt auch alle mitgenommen werden können. Und selbstverständlich sollten Sie verschiedene Routen – auch über Nebenstraßen – planen, falls die Autobahnen verstopft sind. Entwerfen Sie Plan A, Plan B, Plan C und Plan D. Bei Letzterem legen Sie die Strecke vielleicht per Mountainbike oder zu Fuß zurück.

Detaillierte Informationen über Ihre Fahrzeuge, mit denen Sie zu Ihrem Zufluchtsort gelangen, finden sich in Kapitel 12.

Falls Sie aufgrund familiärer oder arbeitsbedingter Umstände nicht dauerhaft an Ihrem Zufluchtsort leben können, sollten Sie zumindest wie ein Einheimischer aussehen. Befindet sich Ihr Zufluchtsort in einem anderen Bundesstaat, dann führen Sie den Führerschein des Staates, in dem Ihr Zufluchtsort liegt, mit sich, und melden Sie alle Ihre Fahrzeuge in beiden Staaten an. Um an Straßensperren vorbeizukommen, sollten Sie am besten so aussehen, als seien Sie auf dem »Heimweg« zu Ihrem Zufluchtsort. Die geringen Zusatzkosten für die doppelte Fahrzeuganmeldung könnten Ihnen am Ende das Leben retten.

Für den Fall, dass Sie ein gutes Einkommen beziehen und es sich leisten können, sich einen Zufluchtsort zu kaufen, aber keine Telearbeit machen können, werden Sie einen Hauswart brauchen. Schon allein das Wässern und Beschneiden der vielen Obst- und Nussbäume ist eine gewaltige Aufgabe. Die Suche nach einem vertrauenswürdigen Hauswart für Ihren Zufluchtsort kann sich als schwierig erweisen. Bei der Auswahl eines Hauswarts ist es wichtig, jemanden zu finden, der in jedem Fall dauerhaft vor Ort bleibt, jemanden, dem Sie absolut vertrauen können und der praktisches Geschick besitzt und sich nicht scheut, sich die Hände schmutzig zu machen oder mit Farbe zu beklecksen. Legen Sie die Rechte und Pflichten jeder Seite von Anfang an absolut fest. In vielen Bundesstaaten gilt, dass eine Person, von der Sie irgendeine Form von Miete verlangen, Mieter ist und damit alle gesetzlichen Rechte als solcher besitzt, einschließlich des Rechts auf Privatsphäre – was ausschließen könnte, dass Sie sich im Katastrophenfall an Ihren eigenen Zufluchtsort zurückziehen dürfen. Falls Sie also Miete verlangen, lassen Sie sich von einem Rechtsanwalt beraten, um sicherzustellen, dass Sie nicht womöglich vor Ihrer eigenen Hausschwelle stranden.

Ein Kompromiss besteht darin, Ihren Zufluchtsort unbewohnt zu lassen und sich in der nächstgelegenen Stadt einen kommerziellen Lagerraum zu mieten. Dies gewährleistet zwar nur eine geringe operationelle Sicherheit, das heißt Unauffälligkeit und Anonymität, aber es ist besser, als wertvolle Ausrüstung unbewacht zu lassen und der Gefahr auszusetzen, dass sie gestohlen wird. Diese Vorgehensweise erschwert es allerdings, den Einsatz Ihrer Ausrüstung zu üben oder Ihre gelagerten Lebensmittel nach und nach aufzubrauchen und durch neue zu ersetzen. Darüber hinaus können weder der Garten angelegt noch Nutztiere gehalten werden, aber dennoch könnte dies für viele von Ihnen die beste Option sein.

Fluchtrucksack

Packen Sie einen Fluchtrucksack. Das ist besonders wichtig, wenn Sie nicht dauerhaft an Ihrem Zufluchtsort leben. Der Rucksack ist eigentlich nur für eine sehr kurze Zeitspanne gedacht – damit Sie zu Ihrem Zufluchtsort gelangen –, und zwar für den Fall, dass, aus welchen Gründen auch immer, kein Fahrzeug zur Verfügung steht. Sie sollten sich davor fürchten, diesen Rucksack jemals benutzen zu müssen, zum Beispiel wenn Sie überrannt werden und gezwungen sind, einen gut bestückten Zufluchtsort aufzugeben und sich zu Fuß aufzumachen, um sich allein durchzuschlagen.

Empfohlener Inhalt des Fluchtrucksacks

Passen Sie diese Liste Ihren persönlichen und regionalen Verhältnissen an. Wenn Sie in Florida leben, wird Ihre Liste natürlich ganz anders aussehen, als wenn Ihr Wohnort in Maine gelegen ist.

- Schlafsack
- Jacke
- Handschuhe
- Stiefel
- Poncho
- kleine Plane (ca. 2 m x 2,5 m)
- persönliche Papiere und Finanzunterlagen
- Kleingeld und eine Rolle 20-Cent-Stücke für Telefonzellen
- Straßenkarten
- Erste-Hilfe-Ausrüstung
- Insektenspray
- Streichhölzer/Feuerzeug zum Feuermachen
- Allzweckwerkzeug mit Messer und Zangen
- Allzweckmesser
- zehn bis 15 Ein-Mann-Fertiggerichte
- zusätzliche Socken und Unterwäsche
- zwei Feldflaschen oder einen Trinkrucksack
- Hut mit breiter Krempe
- LED-Taschenlampe mit Vorrat an Lithiumbatterien
- Schusswaffe oder andere Waffen (abhängig von den örtlichen Bestimmungen)
- Handy
- Navigationsgerät
- *Brunton Solarport* (*www.brunton.com/prduct.php?id=280*) oder ein ähnliches Photovoltaik-Ladegerät mit Kabeln beziehungsweise Batterieladeschale für Ihre elektronischen Geräte.

Zubehörsets:

Anmerkung: Gewöhnlich sind diese zu schwer oder zu sperrig, um sie im Rucksack mitzunehmen, aber sie können in Ihrem Fahrzeug transportiert werden. Lagern Sie diese in Plastikbehältern, um alles zusammengepackt und parat zu haben, damit es schnell eingeladen werden kann.

Campingküchenset

- Edelstahlbesteck
- Mehrwegplastikteller
- Tassen und Schalen

- kleiner Grill, den man auf Steine stellt
- Kaffeekanne
- mehrere große Servierlöffel
- Pfannenwender
- Küchenmesser
- Rolle strapazierfähiger Alufolie
- Frischhaltefolie
- wiederverschließbare Plastiktüten
- Sturmstreichhölzer
- Stabfeuerzeug
- Seife
- kleine Flasche Spülmittel
- Lappen
- Handtuch
- Stahlwolle und Scheuerschwämme
- Küchenrolle
- Filtertüten
- Papierteller
- Schmortopf mit Deckel und Deckelgriff
- gusseiserne Bratpfanne
- Salz, Pfeffer und andere Gewürze

Set für das Essen unterwegs

- Eine Tragetasche (oder Taschen) mit Campingessen: Dieses besteht in der Regel aus Suppen, Chili, Dosengerichten, Reis, Bohnen, Nudeln, Ein-Mann-Notrationen und gefriergetrockneten Lebensmitteln.
- Powerriegel, *Gatorade* und was immer Sie gerne unterwegs essen.

Schutz- und Campingset

- In einem wasserdichten Wildwassersack:
  - Campingzelt
  - sämtliche Stangen und Heringe für das Zelt
  - Seil
  - Bodenplane
  - zwei oder drei Planen verschiedener Größe
- zusätzliches Seil

- Nähzeug
- zusammenfaltbares 20-Liter-Wasserbehältnis
- Werkzeug zum Grabenziehen
- Bergmannsaxt (mit kurzem Griff)

4

Wasser: das wichtigste Lebensmittel

Wasser spielt eine absolute Schlüsselrolle fürs Überleben. Reichlich Süßwasser zum Trinken, Kochen, Waschen und Bewässern des Gartens ist in allen Gesellschaften die allerwichtigste Ressource. Sie können bei vielen Dingen improvisieren, beim Wasser ist das jedoch unmöglich. (Na ja, inzwischen können Sie tatsächlich eine Maschine kaufen, die Wasser aus der Atmosphäre saugt, aber dabei handelt es sich um einen teuren, wartungsintensiven Energiefresser.)

Die Mehrheit der Bewohner sämtlicher Industrieländer ist hinsichtlich ihrer Wasserversorgung vom Stromnetz abhängig. Fällt der Strom mehr als ein paar Tage aus, werden die Wassertürme rasch geleert sein, und viele Menschen werden sich gezwungen sehen, Wasser aus offenen Quellen zu schöpfen. Zum Glück gibt es in Fußwegentfernung zu den meisten Siedlungen Flüsse, Bäche, Seen und Teiche. Auch das Regenwasser aus Dachrinnen kann genutzt werden, aber für viele, vor allem in Gebieten mit lediglich saisonalen Niederschlägen, wird das Herbeischaffen des Wassers eine Herausforderung darstellen.

Sobald Sie Wasser gefunden haben, werden Sie es, wenn Sie Infektionen vermeiden wollen, aufbereiten müssen. Die wenigsten Familien besitzen einen Wasserfilter. Das Wasser abzukochen ist eine Möglichkeit, aber nur wenn Sie einen Erdgas-, Propangas- oder Holzofen besitzen, da Elektroherde ohne Strom nicht funktionieren. Selbst Leute, die einen Brunnen haben, werden vor Schwierigkeiten stehen, es sei denn sie besitzen einen Notstromgenerator oder eine leistungsfähige alternative Energieanlage.

In diesem Kapitel geht es um Wasserquellen und wie man Wasser filtert und behandelt, damit es trinkbar wird.

Planen Sie voraus

Jede Familie, die vorbereitet sein will, muss im Voraus detailliert planen, wie sie im Falle eines dauerhaften Zusammenbruchs des Stromnetzes ihre Wasserversorgung regeln will. Kaufen Sie sich die Ausrüstung. Testen Sie diese gründlich. Machen Sie in Ihrer Gegend erst-, zweit- und drittklassige Wasserquellen aus.

Falls Sie das Pech haben sollten, in einer Region zu wohnen, in der es an offenen Wasserquellen, die das ganze Jahr über zur Verfügung stehen oder die zu Fuß erreichbar sind, mangelt, sollten Sie einen Umzug in eine wasserreichere Region ernsthaft in Erwägung ziehen.

Wenn es die Platzverhältnisse zulassen, sollten Apartmentbewohner leicht gechlortes Wasser in gebrauchten Zwei-Liter-Plastikflaschen lagern. Ich empfehle diese Flaschen, weil sie relativ leicht (einfach zu transportieren) und kompakt (können unter Betten gelagert werden) und außerdem erstaunlich stabil sind. Sie sind sogar erdbebensicher. Sobald dieser Vorrat aufgebraucht ist, ist es entscheidend, dass Sie zuvor eine nahe offene Wasserquelle, zum Beispiel einen See oder ein Reservoir, ausgemacht haben, und dass Sie sowohl Behältnisse zum Transport des Wassers als auch die später in diesem Kapitel geschilderte Ausrüstung zur Reinigung und zum Filtern des Wassers parat haben.

Wasserquellen

Quellwasser

Eine etwas oberhalb Ihres Hauses austretende Quelle ist die ideale Wasserversorgung für einen Zufluchtsort auf dem Lande. Man braucht keine Energie, die Installations- und Wartungskosten sind relativ niedrig und es besteht nur eine geringe Gefahr, dass die Leitungen zufrieren. Doch leider sind nur wenige Grundstücke mit einer Quelle gesegnet, die so gelegen ist, dass das Gefälle den Zufluss zum Haus gewährleistet. Wenn ich meine Kunden berate, dränge ich sie immer, bei der Einschätzung von Immobilien einer solchen Quelle höchste Priorität einzuräumen.

Brunnenwasser

Strombetriebene Brunnenpumpen sind problematisch, da bei den meisten Brunnen nur ein kleiner Druckbehälter benutzt wird. Sobald der Strom ausfällt, sinkt der Wasserdruck in kürzester Zeit auf null. Eine mit einer Photovoltaikanlage betriebene Pumpe ist eine gute Lösung, allerdings mit hohen Installationskosten verbunden. Mit einer großen Zisterne, die so positioniert ist, dass sie durch Gefälle den Zufluss zu Ihrem Haus garantiert (im Normalfall zehn bis 18 Meter oberhalb des Hauses gelegen), können Sie darauf verzichten, eine Batterieeinheit in Ihr System einzubauen. Sobald die Sonne scheint, arbeitet die Pumpe, und wenn die Sonne untergeht, hört sie auf. Ganz einfach. Ein Schwimmschalter wird verhindern, dass Ihre Pumpe unnötig verschleißt.

Wasser aus Fallrohren

Ich finde es erstaunlich, dass so viele Menschen inmitten einer allgemeinen Wasserknappheit zulassen, dass jede Menge Regenwasser von ihrem Dach durch die Fallrohre verloren geht. Sie haben einfach nicht die Denkart der Überlebenskünstler. Zumindest könnten sie das Regenwasser doch zum Kleiderwaschen, Baden und für die Toilettenspülung nutzen. Mit einem Wasserfilter könnten sie Regenwasser auch trinken oder zum Kochen verwenden.

Selbstverständlich sollten Sie niemals so etwas wie einen Kraftstofftank oder ein für giftige Chemikalien gebrauchtes Behältnis als Wasserfass benutzen. In Kapitel 5 finden sich Hinweise, welche Plastikeimer für Lebensmittel geeignet und wo sie erhältlich sind.

Die drei am häufigsten gestellten Fragen der Leser von *SurvivalBlog* über Regen-, Brunnen- und Quellwasser sind:

Kann man Brunnen- oder Quellwasser ohne Bedenken trinken?
Im Allgemeinen ja. Und weil kein Fluor zugesetzt ist, ist es wahrscheinlich viel gesünder als das von den Stadtwerken bereitgestellte.

Muss ich mir Sorgen um Pestizide, Methyltertiärbutylether (MTBE) oder Schwermetallbelastung in Brunnen- oder Quellwasser machen?
Ja, und Sie sollten das Wasser testen lassen, bevor Sie ein Grundstück mit Brunnen kaufen. Jedes zugelassene Labor kann das Wasser auf diese Schadstoffe, aber auch auf Bakterienbelastung testen. Suchen Sie im Internet nach einem geeigneten Labor oder lassen Sie sich vom Umweltamt einige anerkannte kommerzielle Labore nennen, die solche Wasseruntersuchungen durchführen. Die gute Nachricht ist, dass Sie das Wasser nur einmal testen lassen müssen, es sei denn, Ihnen kommen drastische Veränderungen der örtlichen Wasserqualität zu Ohren.

Muss ich mein Brunnen- oder Quellwasser chloren?

In den meisten Fällen nein. Es ist möglich, dass Ihr Brunnen durch eine Überschwemmung verschmutzt oder durch den saisonbedingten Regenwasserabfluss mit coliformen Keimen kontaminiert wird. Die beste Lösung ist, das ganze Jahr über einen UV-Sterilisator zu verwenden, sodass Sie sich um die Wasserqualität keine Sorgen zu machen brauchen. Oder aber Sie könnten eine genau bestimmte Menge einfacher Hypochloritbleichlauge in Ihren Brunnenschacht schütten, doch wenn die bakterielle Verschmutzung Ihres Brunnens oder Ihrer Quelle anhält, sollten Sie ebenfalls das ganze Jahr über einen UV-Sterilisator einsetzen.

Wasseraufbereitung

Wasser aus offenen Quellen muss vor dem Gebrauch immer behandelt werden. Normale Chlorkonzentrationen werden Bakterien abtöten, nicht jedoch alle Viren, deshalb rate ich, Wasser aus offenen Quellen in drei Schritten aufzubereiten. Behalten Sie aber im Gedächtnis, dass kein Filtersystem Herbizide und Pestizide hundertprozentig entfernt. Aus diesem Grund brauchen Sie entweder ein Destillationsgerät oder eine Umkehrosmoseanlage, die beide viel komplexer sind und viel Energie verbrauchen.

Vorfilterung: Dadurch werden Partikel entfernt. Es funktioniert bestens, wenn man Wasser durch ein paar feste T-Shirts oder dicht gewebte Badetücher gießt. Das herauslaufende Wasser wird trotzdem wie Tee aussehen, aber zumindest haben Sie Schmutz und gröbere Partikel entfernt. Durch das Vorfiltern werden Sie die Lebensdauer Ihres Wasserfilters verlängern, weil Sie damit verhindern, dass die mikroskopisch feinen Poren des Filtermaterials verstopfen.

Chloren: Dieses kann gemäß den auf Seite 76 dargestellten Richtlinien zur Chlorkonzentration vorgenommen werden.

Filtern: Ich empfehle die großen Filter von *Katadyn* oder *Berkefeld*. Manche Filtereinsätze, die für *Katadyn*- und *Berkefeld*-Filter erhältlich sind, können sogar Chlor entfernen. Ganze Filteranlagen und zusätzliche Filtereinsätze sind über *ReadyMadeResources.com*, *SafecastleRoyal.com* und andere Internetanbieter erhältlich.

UV-Entkeimung

Die Aufbereitung von Wasser mit UV ist eine interessante Neuerung, die zuerst von Fischfarmern und Koi-Liebhabern übernommen wurde. Die UV-Technik ist für jeden recht vielversprechend, der einen flachen Brunnen oder eine Quelle mit untragbar hoher Bakterienbelastung besitzt, zu welcher es meist bei Überflutungen oder saisonal bedingten starken Regenfällen mit einer Zunahme des Oberflächenwassers kommt, das in Brunnen oder Quellen gelangen kann. Die UV-Methode gewinnt in den Vereinigten Staaten und in Kanada zunehmend an Beliebtheit, weil keine Chemikalien eingesetzt werden müssen. UV-Strahlen – wie die der Sonne, die zu Sonnenbrand führen, nur verstärkt – verändern die DNS von Bakterien, Viren, Pilzen und Parasiten, sodass sie sich nicht vermehren können. Sie werden also nicht abgetötet, sondern nur unfruchtbar gemacht. Und so passieren sie problemlos unseren Verdauungstrakt, können sich aber nicht vermehren – was andernfalls Darmerkrankungen hervorrufen würde.

Der kompakte UV-Sterilisator, den ich für den Einsatz im Freien empfehle, wird unter dem Markennamen *SteriPEN* verkauft. Für die ganzjährige Nutzung zu Hause empfehle ich den UV-Wassersterilisator von *Crystal Quest*. Beachten Sie, dass diese Geräte normalerweise mit Wechselstrom betrieben werden. Falls Sie sich eine alternative Hausstromanlage mit Batterieeinheit zulegen, kann das Steckernetzgerät entfernt und der UV-Stab direkt mit Gleichstrom betrieben werden.

Kompaktwasserfilter

Häufig werde ich nach Kompaktwasserfiltern für Rucksacktouren, Jagdausflüge und Notfallsituationen gefragt. Für diese Zwecke bietet *Katadyn* einen hervorragenden Kompaktfilter inklusive Pumpe an, der als Taschenfilter bezeichnet wird. Die Wassermenge, die dieser Taschenfilter reinigen kann, ist begrenzt, aber für diese Zwecke ist er perfekt. Eine andere Möglichkeit ist der erst kürzlich auf den Markt gebrachte *Hydro Photon SteriPEN* – ein kompakter, batteriebetriebener UV-Sterilisator. Es handelt sich um eine Miniversion eines UV-Sterilisators für zu Hause. Sehr clever! *SteriPENs* erhält man über *Safecastle*, *Ready Made Resources* und verschiedene andere Internetanbieter. Ich empfehle, einige solcher Filter einzulagern.

Wasserpasteurisierungsanzeiger und Erhitzen von Wasser

Indikatoren für die Wasserpasteurisierung sind inzwischen in der Dritten Welt gebräuchlich, um Treibstoff und Zeit bei der Aufbereitung von Trinkwasser zu sparen. Wasser, das kurzzeitig auf 65 Grad Celsius erhitzt wird, ist frei von lebenden Mikroben. Wasser braucht nicht »zehn Minuten gekocht« zu werden, wie es in der Vergangenheit fälschlicherweise immer hieß. Ein Pasteurisierungsanzeiger ist ein einfaches, kleines und billiges Röhrchen mit einem bestimmten Sojawachs, das anzeigt, wann das Wasser die nötige Pasteurisierungstemperatur erreicht hat.

Ersatzweise können Sie Ihr Wasser erhitzen und ein Molkereithermometer nutzen, um sicherzustellen, dass das Wasser tatsächlich 65 Grad Celsius erreicht hat. Sie können aber auch ein Küchen- oder Bratenthermometer verwenden, aber da diese notorisch ungenau sind, fügen Sie sicherheitshalber lieber zehn Grad hinzu.

Chlorschock: der kostengünstige Lebensretter

Tabs zum Schockchloren von Swimmingpools kann man in 20-Liter-Eimern kaufen – genug, um viele tausend Liter Wasser aufzubereiten. Sie können Calciumhypochlorit (als Poolschocktabletten verkauft) nutzen, um Ihre eigene Bleichlösung herzustellen. Hier kurz zusammengefasst die notwendigen Informationen:

Nehmen Sie einen gehäuften Teelöffel Calciumhypochloritgranulat (circa sieben Gramm) auf jeweils 7,5 Liter Wasser; lösen Sie das Granulat in einem Plastik- oder Glasgefäß auf. (Verwenden Sie kein Metallgefäß, weil dieses mit dem Hypochlorit reagieren könnte.) Dadurch entsteht eine starke »Stamm-Chlorlösung« von annähernd 500 Milligramm pro Liter. Zur Desinfektion von Wasser fügen Sie die Chlorlösung im Verhältnis eins zu 100 der aufzubereitenden Wassermenge hinzu. Das entspricht etwa 0,5 Liter (0,5 Kilogramm) Stamm-Chlorlösung auf jeweils 50 Liter aufzubereitenden Wassers.

Hinweis: Sie müssen sich absolut sicher sein, jene Art von Poolschocktabletten zu kaufen, die **nur Calciumchlorit enthalten**. Andere Chlorverbindungen, Trichlor und Dichlorphenole, sind *nicht* geeignet. Achten Sie darauf, dass keine Antipilzmittel oder Klärungszusätze beigemischt sind! Außerdem sei darauf hingewiesen, dass Calciumhypochlorit ein starkes Oxidationsmittel ist und nur in einem absolut trockenen Behältnis aufbewahrt werden sollte. Wenn es in Kontakt mit

Bremsflüssigkeit oder ähnlichen Substanzen gerät, entzündet es sich explosionsartig, es ist also Vorsicht geboten!

Mit etwas Planung sollten Sie in der Lage sein, Vorräte für die Wasseraufbereitung an andere Menschen zu verschenken. Machen Sie ein paar Fotokopien der Hinweise zum Gebrauch von Hypochlorit-Tabs. Wenn Sie in *Ziploc*-Tüten verpackte Hypochlorit-Tabs zusammen mit den Hinweisblättern verteilen (etwa 200 Gramm pro Tüte), könnten Sie damit bei einem Gesundheitsnotstand wie etwa einer Überschwemmung oder in jeder anderen Situation, bei der die Wasserversorgung unterbrochen ist, Hunderte Menschenleben retten.

Ein preiswerter Wasserfilter: Nachbau eines *Berkefeld*-Filters

Jede Familie sollte einen Wasserfilter besitzen. Das Problem ist, dass große Keramikfilter wie der *Big Berky* ziemlich teuer sind. Eine deutlich preiswertere Möglichkeit besteht darin, sich seinen eigenen Filter herzustellen. Meiner Erfahrung nach sind die von Überlebenstrainern angepriesenen Sand- und Tonfilter für den Noteinsatz im Freien nur zum Vorfiltern geeignet. Das Ergebnis sieht aus wie bräunliches Tümpelwasser, und da das Filtermaterial so grob ist, werden nicht alle schädlichen Bakterien herausgefiltert, sodass das Wasser entweder mit Chemikalien oder durch Erhitzen auf 65 Grad Celsius nachbehandelt werden muss.

Sie können die weißen Keramikfilterteile von *Berkefeld* einzeln über eine Vielzahl von Anbietern, darunter *Ready Made Resources* und *Lehmans*, beziehen. Mit diesen Teilen können Sie sich Ihren eigenen sehr preiswerten »*Berky*-Klon« bauen. Dieser besteht aus zwei für Lebensmittel geeigneten übereinandergestellten Plastikeimern. In den oberen Eimer bohrt man ein oder mehrere Löcher, sodass die *Berky*-Filtereinsätze hineinpassen. Jeder Einsatz kostet etwa 40 Dollar. Damit Ihr Filter eine ordentliche Menge abgibt, empfehle ich den Kauf von mindestens zwei Einsätzen. Meiner Erfahrung nach ist es am besten, vier Filtereinsätze zu verwenden – es sei denn, Sie sind sehr geduldig.

Material:

- vier für Lebensmittel geeignete HDPE-Plastikeimer (zehn bis 20 Liter Fassungsvermögen) mit Deckeln
- ein bis vier weiße *Berkefeld*-Keramikfiltereinsätze

Bauanleitung:

- Bohren Sie ein bis vier Löcher von 1,3 Zentimeter Durchmesser etwa in die Bodenmitte des oberen Eimers (für jeden Ihrer Filtereinsätze ein Loch). Halten Sie zwischen den Löchern mindestens fünf Zentimeter und zum Eimerrand etwa vier Zentimeter Abstand. Stecken Sie den mit Gewinde versehenen Teil der Filter mit sauberen Händen (um eine Verschmutzung der Filterporen zu vermeiden) in die Löcher im Eimerboden und ziehen Sie die Muttern fest. Die Flügelmuttern sind aus Plastik, also überdrehen Sie sie nicht, aber sie müssen doch so fest sitzen, dass der O-Ring abschließt und nicht leckt – das wäre ein kontaminierendes Leck. Die Filter müssen im oberen Eimer nach oben gerichtet sein, um Schäden vorzubeugen und in Abständen gereinigt werden zu können.
- Bohren Sie mithilfe einer Stichsäge in die Mitte des Deckels des unteren Eimers ein Loch von 19 Zentimetern Durchmesser.
- Ein dritter Eimer wird zum Transport des Wassers verwendet. Ein vierter wird als Vorfilter benutzt, an dessen Rand ein dicht gewebtes Stück Stoff mit Draht oder Klebeband befestigt wird. Da sich der Stoff vollsaugt und über den Rand tropft, sollte das Vorfiltern am besten im Freien oder in einem großen Spülbecken durchgeführt werden. Wenn Sie Fluss-, Bach- oder Teichwasser aufbereiten, benutzen Sie in jedem Fall einen Vorfilter. Allein die Verwendung einiger Schichten T-Shirt-Stoffs wird die Lebensdauer Ihrer nützlichen Filtereinsätze deutlich verlängern.

Anwendung:

Stellen Sie den Eimer mit dem Loch im Deckel auf einen niedrigen, stabilen Untergrund. Stellen Sie den Eimer mit den Filtereinsätzen darüber. Gießen Sie vorsichtig vorgefiltertes Wasser in den oberen Eimer, bis er beinahe voll ist. Hinweis: Achten Sie darauf, dass kein Wasser außen am oberen Eimer herunterläuft, weil damit das Wasser im unteren Eimer kontaminiert würde. Es handelt sich um einen langwierigen Filterprozess, haben Sie also Geduld. Selbst mit vier Filtereinsätzen wird es recht lange dauern, bis 20 Liter gefiltert sind.

Bauanleitung für einen »Torpedoeimer« beziehungsweise »Geschosseimer«

Falls Sie auf einem Grundstück mit Brunnen wohnen, aber kein Notstromaggregat besitzen, oder eine länger anhaltende Situation erwarten, als Ihr gelagerter Treibstoffvorrat für Ihren Generator reicht, sollten Sie lernen, einen Brunnentorpedo zu bauen. Dabei handelt es sich um ein PVC-Rohr mit einem Klappventil am unteren Ende, das dazu führt, dass das Rohr, wenn Sie es in den Brunnenschacht hinablassen, auf das Wasser auftrifft, sich füllt und dann sinkt. Sobald Sie am Seil ziehen, schließt sich das Klappventil und hält das Wasser im Rohr, das Sie dann an die Oberfläche ziehen können.

Zur Information für diejenigen Leser, die damit nicht vertraut sind: Eimer für schmale Brunnenschächte – manchmal auch »Geschosseimer« oder »Torpedoeimer« genannt – sind für das manuelle Hochziehen von Wasser aus modernen Brunnen von mehr als sechs Metern Tiefe und geringem Schachtdurchmesser gedacht. Flache Brunnen (weniger als sechs Meter tief) erreicht man viel effizienter mit einer Handpumpe, wie zum Beispiel einer traditionellen Zisternenpumpe (erhältlich über *Lehmans.com*) oder einem selbst hergestellten PVC-Modell, entworfen von Keith Hendricks und zu sehen auf der *Perma-Pak*-Website (*snipurl.com/honqb*). Für tiefere Brunnen ist eine Pumpe mit Saugstange erforderlich.

Besitzen Sie einen Tiefbrunnen, können sich aber keine manuelle Pumpe leisten, oder Sie rechnen höchstens mit einem kurzzeitigen Notfall und der Notwendigkeit, Wasser zu schöpfen? Dann reicht ein Eimer aus. Die im Folgenden beschriebene Methode wird funktionieren, aber Sie werden zuerst die Pumpe, die Kabel und das Saugrohr entfernen müssen, bevor Sie Ihren Notfall-Brunneneimer benutzen können. Die meisten modernen Brunnen haben eine Verschalung im Durchmesser von zehn bis 15 Zentimetern. Brunneneimer kann man aus einem PVC-Rohr und ein wenig Zubehör, das in fast jedem Baumarkt erhältlich ist, selbst herstellen. Der einzig schwierig aufzutreibende Gegenstand ist das Fußventil. Verwenden Sie ein 1,2 bis 1,5 Meter langes weißes PVC-Rohr mit 7,5 Zentimeter Durchmesser, falls Ihr Brunnen eine Verschalung von zehn Zentimetern Durchmesser hat, oder ein PVC-Rohr von zehn Zentimetern Durchmesser, wenn Ihre Brunnenverschalung einen Durchmesser von 15 Zentimetern besitzt.

Zusammenbau des Eimers:
Für den oberen Verschluss bohren Sie ein Loch in die Mitte und bringen Sie eine Gewinderingschraube mit Unterlegscheibe und Mutter für das Seil zum Herunterlassen und Hochziehen an. Verwenden Sie PVC-Kleber, um den Rohrdeckel zu befestigen. Benutzen Sie in jedem Fall ein stabiles Nylonseil. Einen Eimer herauszuholen, wenn das Seil gerissen ist, wäre – gelinde gesagt – problematisch. Bohren Sie am unteren Ende des Rohrs in die Mitte ein Loch und setzen Sie das Fußventil ein. Dieses wird beim Hinablassen offen sein und erlauben, dass Wasser in den Eimer fließt. Das Ventil wird sich automatisch schließen, sobald der Eimer nach oben gezogen wird. Fußventile (auch Rückschlagventile genannt) gibt es sowohl aus PVC als auch aus Messing oder Gusseisen. Je nach Art des Ventils, das Sie kaufen, werden Sie vielleicht einen Rohradapter mit Gewinde (mit einer kurzen männlich/männlich-Verbindungsmuffe) oben auf das Ventil schrauben und es dann in das entsprechend große Loch kleben müssen, das Sie in die Verschlusskappe gebohrt haben. Selbstverständlich müssen Sie sich vergewissern, dass die Ventilklappe in die richtige Richtung zeigt, bevor Sie dieses in der unteren Verschlusskappe einsetzen. Wichtig ist, dass das Eimerventil das Wasser hält, wenn der Eimer hinaufgezogen wird, und es nicht herausfließt.

Für all diejenigen, die sich lieber einen kommerziell hergestellten Brunneneimer kaufen: Erhältlich sind solche über *ReadyMadeResources.com* (geben Sie als Suchbegriff »Brunneneimer« ein) und über *Lehmans.com* (suchen Sie nach »Brunneneimer, verzinkt«).

Der Wassertransport

Sie müssen den Wassertransport im Voraus planen, falls kein Sprit für Fahrzeuge zur Verfügung steht. Denken Sie an eine zweirädrige Gartenschubkarre oder an einen Fahrradanhänger, dessen Reifen mit »Gelpannenschutz« ausgerüstet wurden – oder besser noch mit »luftlosen« Schaumreifen (erhältlich über *PerformanceBike.com* oder *Nashbar.com*). Ein Karren oder Anhänger kann mit mehreren Plastikeimern oder Wasserkanistern beladen werden. Jeder 20-Liter-Kanister wird gute

20 Kilogramm wiegen, Sie werden also einen Karren oder Anhänger brauchen, der mindestens 90 bis 100 Kilogramm transportieren kann. Ach ja, und wenn es wirklich schlimm kommt, dann müssen Sie einen Sicherheitsplan erstellen, wie Sie Ihr Wasser schützen. Es wird allmählich kompliziert, nicht wahr? Deshalb sollte man erst recht sofort loslegen!

5

Die Grosse Speisekammer: der Lebensmittelvorrat für Ihre Familie

Los geht's!

Wenn die Welt, so wie wir sie kennen, zu Ende ist, bedeutet das in jedem Fall eine Unterbrechung der Lebensmittelproduktion und des Nahrungsmittelvertriebs. Bei Ihren Vorbereitungen sollten Sie planen, genügend Lebensmittel für Ihre Familie einzulagern, sodass die Vorräte für ein Jahr reichen – und noch viel länger, wenn Sie es sich leisten können. Das mag übertrieben klingen, aber Sie werden es im Fall einer Katastrophe nicht bereuen, weil Sie dann ausreichend zu essen haben. Es hat viele Vorteile, eine große Speisekammer zu besitzen. Indem Sie in großen Mengen einkaufen, werden die Lebensmittel günstiger, und Sie werden in der Lage sein, Ihre Familie während einer Krise versorgen zu können. Stellen Sie sich nur einmal vor, wie viele zusätzliche Lebensmittel Sie an Ihre Verwandten, Nachbarn, Freunde, Gemeindemitglieder und Flüchtlinge, die alle den Kopf in den Sand gesteckt hatten, werden verschenken müssen. Also lagern Sie jede Menge zusätzlicher Lebensmittel ein, vor allem Weizen, Reis, Bohnen und Honig. Diese Erzeugnisse sind derzeit erschwinglich, könnten später aber sehr teuer sein.

Beim Einlagern von Lebensmitteln sind Mäßigung und Vielfalt das Wichtigste. Ihre Grundnahrungsmittel werden Trockenwaren sein wie Mais, Weizen, Reis sowie Bohnen, aber Sie werden auch eingemachtes Obst und Gemüse, Milchpulver und jede Menge Salz einlagern müssen. Fügen Sie viele verschiedene Lebensmittel hinzu, um für Abwechslung und für eine gute Verdauung zu sorgen. Das ist ein ernstes Thema. Verstopfung, die sich zu Impaktbildung entwickelt, kann tödlich enden, vor allem unter Umständen, unter denen große körperliche Anstrengungen erforderlich sind.

Wenn Sie Pläne für Ihre Vorratskammer aufstellen, ist die genaue Berechnung der Lebensmittel wichtig, die Sie für jedes Familienmitglied für ein Jahr brauchen werden. In der folgenden Liste führe ich empfohlene Mengen auf, aber vielleicht wollen Sie auf der Grundlage Ihrer Familiensituation genauere Berechnungen anstellen. Ich hänge zwar nicht den Glaubensinhalten der Mormonen an, aber ich empfehle deren Lebensweise aufgrund der von ihnen praktizierten Lebensmittelbevorratungsphilosophie und -infrastruktur. Die bei Ihnen nächstgelegene Mormonengemeinde besitzt wahrscheinlich eine Anlage zur Trockenverpackung, und häufig dürfen auch Nichtmitglieder diese Anlagen benutzen, falls sie nicht anderweitig gebraucht werden. Oftmals sind darüber hinaus Mitglieder zur Stelle, die Neulingen beibringen, wie die Anlage zu bedienen ist.

Der eigentliche Schlüssel zur Autarkie besteht darin, sowohl auf Lebensmittelvorräte zurückgreifen zu können als auch die Möglichkeit zu haben, selbst Getreide und Gemüse anzupflanzen. Falls Sie sich Gedanken um den Nährwert machen – nichts ist besser als frische Lebensmittel. Sie sollten der Lagerung nicht-hybrider Samen die gleiche, vielleicht sogar eine größere Bedeutung beimessen als der Lebensmittelbevorratung. Das Entscheidende, was uns während eines längeren Zusammenbruchs des Stromnetzes am Leben erhält, ist, einen Garten zu bestellen und Nutztiere zu halten. Weitere Details finden sich in Kapitel 7.

Was Sie in Ihrer Vorratskammer lagern sollten

Ihr Lebensmittelvorrat sollte aus drei Grundkategorien bestehen: getrocknete Lebensmittel, Konserven und ergänzende Lebensmittel. Verbrauchen Sie Konserven regelmäßig und ersetzen Sie sie wieder. Stellen Sie die neuesten Büchsen immer hinten in das Regal und schieben Sie die ältesten nach vorn. Verzehren Sie die ältesten Lebensmittel zuerst. Es wäre eine gute Idee, Ihren ganzen Vorrat mit Datumsangaben zu versehen. Ich verwende dafür einen mitteldicken Edding. Falls Sie größere Mengen Konserven zu markieren haben, nehmen Sie am besten einen Datumsstempel. Um auf dem Laufenden zu bleiben, empfiehlt sich das Führen eines Rotationskalenders.

Hier sind ein paar weitere Dinge, die Sie zusätzlich zu den in Kapitel 2 genannten Waren in Ihrem Vorratslager haben sollten:

- Einmachdeckel und -ringe. Kaufen Sie viele für Tauschgeschäfte.
- Salz. Lagern Sie große Mengen ein, vor allem, wenn Ihr Zufluchtsort mehr als 50 Kilometer im Landesinneren liegt.
- Schwefel zum Trocknen von Obst
- Essig. Kaufen Sie ein paar Kisten mit Fünf-Liter-Flaschen.
- Gewürze
- Backsoda
- Hefe
- Vorratsbeutel (Gefrier- und Vakuumtüten)
- Alufolie. Kaufen Sie große Mengen – Alufolie ist für alles Mögliche zu gebrauchen, sogar zum Bau eines provisorischen Solarbackofens.
- Isoliertaschen

Die zehn notwendigsten Dinge

1. Salz: Es ist wichtig, genügend Salz zu lagern, sowohl zum Würzen und Konservieren von Lebensmitteln wie auch als praktisches Mittel, um Wild anzulocken. In vielen Regionen sind natürliche Salzlecken für Jäger tabu, weil das Jagen dort zu einfach ist und daher nicht als sportlich gilt. Das sollte Sie hellhörig machen. Ich empfehle Ihnen, um ein Vielfaches mehr an Salz einzulagern, als Sie glauben, jemals zu brauchen.

Die Bedeutung der Salzbevorratung kann gar nicht häufig genug betont werden, es sei denn, Sie leben in der Nähe einer Salzlecke oder Salzwiese. Derzeit ist Salz billig und reichlich zu haben, aber im Katastrophenfall wird es in den meisten Regionen im Landesinneren schnell zu einem knappen und kostbaren Gut werden. Außerdem ist Salz unbegrenzt haltbar. Versuchen Sie, natürliche Salzlager in der Nähe Ihres geplanten Zufluchtsorts ausfindig zu machen. Im Katastrophenfall könnte es von unschätzbarem Wert sein, diese zu kennen.

Legen Sie einen Vorrat von zehn Pfund Salz pro Familienmitglied an. Diese Menge mag gewaltig klingen, doch wie gesagt, sie umfasst einen Extravorrat zum Anlocken von Wild. Das Salz, das zum Kochen gedacht ist, sollte jodhaltig sein.

2. Reis: Wegen seines Nährwerts bevorzuge ich braunen Reis, obwohl die Haltbarkeit kürzer ist als bei weißem Reis. Die eingelagerte Menge sollte bei etwa 30 Pfund pro Erwachsenen und Jahr liegen. Die Haltbarkeit beträgt etwa acht Jahre.

3. Weizen (beziehungsweise Ersatzgetreide für an Zöliakie Leidende): Der Getreidevorrat ist ein entscheidender Aspekt der Vorbereitungen. Getreide könnte bald nicht mehr günstig und reichlich vorhanden sein, deshalb sollten Sie sich einen Vorrat anlegen. Kaufen Sie 220 Pfund pro Erwachsenen pro Jahr. (Ein Teil davon kann in Form von Nudeln eingelagert werden.) Die Haltbarkeit beträgt 30 Jahre und mehr. Außerdem empfehle ich, eine zusätzliche Menge zum Tauschen und Verschenken zu kaufen. Von der Lagerung von Mehl rate ich hingegen ab, weil es nur zwei oder drei Jahre haltbar ist. Weizenkörner lassen sich dagegen 30 Jahre und länger lagern und behalten trotzdem noch immer 80 Prozent oder mehr ihres Nährstoffgehalts. Kaufen Sie ganze Körner und eine Getreidemühle, die von Hand betrieben wird. Vergessen Sie die allereinfachste Zubereitungsart nicht: eingeweichte Weizenkörner. Durch schlichtes Einweichen über 24 oder 36 Stunden quellen die Weizenkörner auf und werden weich wie Beeren. Erhitzt stellen »Weizenbeeren« ein nahrhaftes Frühstücksmüsli dar.

4. Mais: Ganze Maiskörner sind viel länger haltbar als geschrotete oder zu Mehl gemahlene, deshalb sollten Sie ganze Maiskörner einlagern und sie selbst mahlen. Kaufen Sie 50 Pfund für jeden Erwachsenen pro Jahr. Die Haltbarkeit von Maiskörnern beträgt acht bis zwölf Jahre, dagegen hält sich geschroteter oder gemahlener Mais nur 18 bis 36 Monate.

5. Hafer: Lagern Sie einen Vorrat von 20 Pfund für jeden Erwachsenen pro Jahr ein. Die Haltbarkeit von Hafer beträgt drei bis sieben Jahre, je nach Sorte und Verpackungsart.

6. Fette und Öle: Ich rate dazu, vor allem Olivenöl (gefroren, in Plastikflaschen), Mayonnaise, Butter in Dosen und Erdnussbutter zu lagern. Das Gesamtgewicht sollte etwa 96 Pfund pro Erwachsenem und Jahr betragen. Die Konserven müssen ständig verzehrt und wieder ersetzt oder alle vier Jahre an die Wohlfahrt gespendet werden.

7. **Milchpulver:** Kaufen Sie die fettfreie Sorte. Lagern Sie etwa 20 Pfund für jeden Erwachsenen pro Jahr ein. Am besten ist es, stickstoffverpacktes Milchpulver von einem Anbieter von Lebensmitteln zur Lagerung zu kaufen, weil dieses am längsten haltbar ist. Diese Sorten können fünf Jahre oder länger gelagert werden.

8. Eingemachtes Obst und Gemüse: Es ist am ökonomischsten (und eine gute Übung), selbst einzukochen. Sie sollten einen Zwei-Jahres-Vorrat für jedes Familienmitglied einlagern – vorausgesetzt, Sie verzehren und ersetzen die Sachen regelmäßig. Die Mengen sind von dem auf Ihrem Speiseplan bevorzugten Obst- und Gemüsesorten abhängig.

9. Fleischkonserven: Auch hier müssen Sie ständig verzehren und ersetzen, aber lagern Sie nicht mehr ein, als Sie in zwei Jahren verbrauchen würden. Ich selbst mag den Schinken in Dosen der Marke DAK besonders gern.

10. Süßmittel: Ich bevorzuge Honig (der natürlich für Kleinkinder nicht geeignet ist), aber Sie werden sich wohl abhängig von Ihrem eigenen Geschmack auch einen Vorrat an Zucker, Sirup, Sorghum, Ahornsirup und verschiedenen Marmeladen und Gelees anlegen wollen. Das Gesamtgewicht sollte etwa 50 Pfund für jeden Erwachsenen pro Jahr betragen.

Verpackung mit Stickstoff

Stickstoffverpackung eignet sich für die Lagerung der meisten Lebensmittel, die damit etwa acht bis zehn Jahre haltbar sind – ganze Getreidekörner noch viel länger. Ich empfehle den Kauf kommerziell stickstoffverpackter Konserven nur bei jenen Gütern, die sich anders nicht gut lagern lassen, insbesondere bei getrockneten Erbsen, Milchpulver, Erdnussbutterpulver und texturiertem Gemüseprotein.

Weitere Dinge, die Sie unbedingt in Ihrem Vorratslager haben müssen

Steril verpackte pasteurisierte H-Milch

Für einen kurzfristigen Vorrat (bis zu sechs Monaten) ist pasteurisierte H-Milch in Tetrapacks sehr sinnvoll. Für die längerfristige Lagerung sollten Sie fettfreies stickstoffverpacktes Milchpulver in Dosen kaufen, das Sie von einem kompetenten und verlässlichen Lieferanten wie zum Beispiel *Ready Made Resources* oder *Walton Feed* (*waltonfeed.com*) beziehen können. Ich habe festgestellt, dass sich die fettfreie Sorte am besten lagern lässt, weil es das Butterfett in der Vollmilch ist, das ranzig wird und die Haltbarkeit deutlich verkürzt. Reis- und Sojamilchsorten sind sogar noch länger haltbar als Kuhmilch. Stellen Sie sicher, dass die Tetrapacks am kühlsten Ort in Ihrem Haus gelagert werden (allerdings niemals unter dem Gefrierpunkt) und achten Sie wie bei allen eingelagerten Lebensmitteln darauf, dass kein Ungeziefer vorhanden ist. Stapeln Sie nie mehr als fünf Tetrapacks horizontal übereinander und nie mehr als sieben vertikal. Und wenn Sie die Tetrapacks in den Originalkartons vom Lieferanten (vertikal verpackt) einlagern, stapeln Sie nie mehr als fünf Kartons übereinander.

Multivitamine und andere Nahrungsergänzungsmittel

Sie sollten einplanen, Ihr Essen durch hochwertige Multivitamin-Doppelkapseln, hochwertige Vitamin-B-Tabletten und 500-Milligramm-Vitamin-C-Tabletten zu ergänzen. Klicken Sie *Vitacost.com* an, um sich über die kostengünstigsten Vitaminpräparate und Nahrungsergänzungsmittel zu informieren, die über das Internet erhältlich sind. Nicht verwendete Vitamine sollten mindestens alle drei Jahre ersetzt werden. Lagern Sie diese an einem kühlen, sehr dunklen Ort. Bei Lichteinfall werden Vitamine rasch abgebaut.

Lagern Sie so viele Vitamine ein, wie Sie verbrauchen können, ohne das Verfallsdatum zu überschreiten (die Haltbarkeitsdauer beträgt etwa drei oder vier Jahre, es sei denn, Sie haben einen besonders kühlen medizinischen Kühlschrank). Ich rate dringend davon ab, zu hohe Dosen eines der fettlöslichen Vitamine (die Vitamine A, D, E und K – am einfachsten durch das Wort KADE zu merken) einzunehmen.

Natürliche Abführmittel

Ihr Speiseplan könnte sehr fleischlastig werden, und das könnte zu Problemen führen. Planen Sie voraus. Die Bevorratung einer großen Menge Metamucil wäre eine Möglichkeit.

Vitamin C

Durch die Einnahme von Vitamin C wird die Heilung von Verletzungen wesentlich gefördert und Folgeschäden werden verringert. Überdosen von Vitamin C richten wenig Schaden an, da jeder Überfluss, den der Körper nicht verbraucht, durch die Nieren ausgeschieden wird. Doch bei kumulativer Überdosierung kann es zu Nierenschädigungen kommen – es ist also Vorsicht geboten.

Erdnussbutter

Es gibt wenige Proteinlieferanten, die kompakter sind und sich besser für einen Notfallrucksack eignen als Erdnussbutter. Der Leser von *SurvivalBlog*, H. Hunter, stellte dazu fest: »Ein Glas mit 1,13 Kilogramm fettreduzierter Erdnussbutter (der normalen Größe, wie sie hier im Supermarkt verkauft wird) enthält 6100 Kalorien. Nicht fettreduzierte Sorten enthalten natürlich noch mehr (etwa 7000 Kalorien). Die gleiche Menge Bohnen enthält 1200 bis 2000 Kalorien. Das heißt, dass Erdnussbutter sehr kalorienreich ist. Sie bedarf keiner stundenlangen Zubereitungszeit wie die Bohnen, und ein Glas Erdnussbutter findet problemlos in Ihrem Notfallrucksack Platz. Fettreduzierte Erdnussbutter hat eine Haltbarkeit von etwas über zwei Jahren.«

Ein wichtiger Vorbehalt gilt der Verdauung. Ein Speiseplan, auf dem viel Erdnussbutter und Fleisch steht, wird voraussichtlich zu Verstopfung führen – ein abwechslungsreicher Speiseplan ist also angeraten.

Tabletten aus blaugrünen Uralgen

Dabei handelt es sich um ein erstklassiges Lebensmittel und um eine Vitamin- und Mineraliennahrungsergänzung. Es ist eine der kompaktesten Formen des Nahrungsvorrats für einen Notfallrucksack.

Sprossen

Legen Sie sich einen Vorrat von drei Pfund Sprossensamen pro Erwachsenen an. Bevor Sie große Mengen einkaufen, sollten Sie mehrere Sorten testen, um herauszufinden, welche Ihnen schmecken.

Kaffee

Es gibt keine perfekte Möglichkeit, Kaffee langfristig zu lagern und trotzdem erstklassigen Geschmack für den Kaffeeliebhaber zu bewahren. Doch die vakuumverpackten »Backsteine« gemahlener Kaffeebohnen lassen sich recht gut lagern und erfüllen die Bedürfnisse des durchschnittlichen Kaffeetrinkers. Achten Sie jedoch darauf, Ihren Kaffeevorrat vor Ungeziefer zu schützen.

Spezielle Überlegungen im Hinblick auf Babys

Muttermilch ist für Babys das Beste und macht Fragen bezüglich der Haltbarkeit von Ersatznahrung überflüssig. Doch falls Ersatznahrung verwendet wird, muss diese wie alle gelagerten Lebensmittel regelmäßig verzehrt und ersetzt werden. Übergangsnahrung für Babys kann in geringen Mengen eingelagert werden, doch im Allgemeinen rate ich, einen Fleischwolf zu kaufen und das Kind einfach allmählich an normale Lebensmittel zu gewöhnen.

Spezielle Überlegungen im Hinblick auf Haustiere

Lagern Sie für Ihre Haustiere Futter ein und wechseln Sie es regelmäßig aus. Schreiben Sie auf jede Dose oder Tüte das Einkaufsdatum. (Nutzen Sie die gleichen ungeziefersicheren Verpackungsmethoden, die für Getreide zur Verfügung stehen.) Beachten Sie, dass getrocknetes Hunde- und Katzenfutter umso haltbarer ist, je weniger Fett es enthält. Deshalb ist fettarmes Trockenfutter am besten, aber testen Sie unbedingt mit einer kleinen Menge, ob Sie den Futterplan Ihres Haustiers wirklich darauf umstellen können. Sie können dieses Futter mit ein wenig Butter oder anderen eingelagerten Fetten oder Ölen ergänzen.

Weitere Details zur Lebensmittellagerung

Vorzüge des roten Hartweizens gegenüber weißem Weichweizen für das Lagern und Backen

Häufig werde ich gefragt, worin der Unterschied zwischen den verschiedenen Weizensorten besteht, insbesondere zwischen Hartweizen und Weichweizen. Weißer Weichweizen hat einen geringeren Nährwert (Proteinwert) als roter Winterhartweizen. Zwar werden beide Sorten als Hartgetreide eingestuft, doch die Hartweizensorten lassen sich besser lagern als Weichweizenarten (30 Jahre und mehr gegenüber

15 bis 20 Jahre bei weißem Weichweizen). Aus diesen beiden Gründen ist roter Winterhartweizen für die private Lebensmittellagerung besser geeignet. Das folgende Zitat stammt aus dem hervorragenden Artikel über Weizen auf der Website von *Walton Feed*:

> »Hartweizensorten enthalten in der Regel kleinere und härtere Keime als Weichweizenarten. Sie besitzen höhere Protein- und Glutenanteile und eignen sich als Mehl zum Brotbacken. Hartweizen kann, je nach Sorte und Wachstumsbedingungen, sehr unterschiedliche Proteinwerte aufweisen. Ihr Weizen zum Brotbacken sollte mindestens zwölf Prozent Proteingehalt besitzen. Hartweizensorten können bis zu 15 oder 16 Prozent Protein enthalten. Im Allgemeinen kann festgehalten werden: je höher der Proteingehalt, desto besser zum Brotbacken. Weißer Hartweizen ist relativ neu auf dem Markt und ergibt meist ein helleres und luftigeres Brot, deshalb gewinnt er bei privaten Brotbäckern rasch an Beliebtheit. Doch wir haben auch mit Brotbäckern gesprochen, die den roten Hartweizen wegen seines robusteren Mehls und der eher traditionell texturierten Brotlaibe bevorzugen.«

Vorteile von ganzen Körnern gegenüber gemahlenen für die Lagerung

Sobald die Körner von Weizen, Mais und anderen Getreidearten gemahlen sind, beginnen sie rasch ihren Nährstoffgehalt zu verlieren, und ihre Haltbarkeit wird drastisch verkürzt. Ist die äußere Hülle (die Kleie) eines Korns erst einmal zerstört und der innere Keim freigelegt, beginnt die unvermeidliche Zersetzung. Hier ein paar grobe Lagerungsangaben, die es zu beachten gilt:

Ganze Maiskörner: acht bis zwölf Jahre. Geschroteter oder gemahlener Mais: 18 bis 36 Monate.

Ganze Weizenkörner: 30 Jahre und mehr. Mehl: zwei bis drei Jahre.

Falls Sie Ihr Brot täglich selbst backen und Ihre Vorräte an Weizen- und Maismehl alle 18 Monate gewissenhaft austauschen sollten, dann könnten Sie ohne Getreidemühle auskommen. Doch wenn Sie einen Getreidevorrat länger als 18 Monate einlagern und noch zusätzliche Mengen zum Tauschen und Verschenken vorrätig haben wollen, ist die einzig vernünftige Möglichkeit, ganze Körner und eine Getreidemühle zu kaufen.

Ist Getreide, das als Saatgut oder Tierfutter verkauft wird, essbar?

Normalerweise wird Saatgetreide mit Insektiziden und Fungiziden behandelt, Futtergetreide dagegen nicht. Und ganzes Getreide (ohne Füllstoffe, Zusätze und Nebenprodukte), das als Tierfutter verkauft wird, eignet sich wahrscheinlich für den menschlichen Verzehr, aber verlassen Sie sich lieber nicht darauf. Die Lebensmittelstandards der Gesundheitsbehörden kommen hier nicht zur Anwendung. Deshalb könnte es zu viel Pestizide, Insekten, Insektenexkremente und andere Verunreinigungen, einschließlich Mykotoxine, enthalten. Das soll nicht etwa heißen, dass Getreide, das für den menschlichen Verzehr gedacht ist, perfekt wäre – ich habe im Laufe der Jahre in Weizen, den ich von Lebensmittelhändlern gekauft habe, viel mehr als nur Spreu entdeckt, nämlich unter anderem Kieselsteine und kleine Schmutzpartikel –, aber die Kontrolle ist bei diesem Getreide zumindest gründlicher als bei Tierfutter. Die einzige Möglichkeit, um auf Nummer sicher zu gehen, ob es zum menschlichen Verzehr geeignet ist, besteht darin, sich bei jedem Produkt bei der Mühle oder Verpackungsfirma zu erkundigen.

Im Süden der Vereinigten Staaten gibt es mehr Probleme mit Insekten, deshalb wird ein Großteil der Weizensamen mit Pestiziden behandelt. Die gute Nachricht ist, dass Sie, wenn Sie einen ordentlichen Geruchssinn haben, leicht riechen können, ob Pestizide eingesetzt wurden. Die Futterweizensorten werden nicht so gründlich gereinigt wie der »dreifach gereinigte« Weizen, der normalerweise für den menschlichen Verzehr verkauft wird. Die Qualität schwankt gewöhnlich von Anbieter zu Anbieter. Teilen Sie dem Verkäufer mit, dass Sie unbehandelten Weizen als Tierfutter brauchen, und kaufen Sie zunächst einmal nur eine Tüte. Falls gewünscht, können Sie diesen Weizen immer noch selbst sieben. Jedenfalls stellt das eine günstige Alternative dar.

Zwar besitzt Futterweizen derzeit keine Lebensmittelqualität, doch die Bestimmungen werden sich ändern. Die Gesundheitsbehörden drängen Hersteller, Lagereinrichtungen und Futtermühlen, ihre Standards auf das Niveau der Lebensmittelproduktion anzuheben. In den kommenden drei bis fünf Jahren werden wir diese Umwandlung erleben, da die Gesetzgebung diesen Prozess vorantreibt.

Weitere Informationen zu Mais

Mais ist ein wertvolles und für die Lagerung geeignetes Lebensmittel, allerdings ist er nicht so vielseitig wie Weizen und bei Weitem nicht so lange haltbar. Mais lässt sich jedoch recht gut lagern, wenn sein Feuchtigkeitsgehalt gering ist. Ebenso wie bei Weizen gilt, dass beim Mais, sobald er geschrotet oder gemahlen ist, der Nährstoffgehalt schnell abzunehmen beginnt. Deshalb sollten Sie zum Einlagern nur ganze Maiskörner kaufen und diese bei Bedarf in kleinen Portionen mahlen.

Bei geschrotetem Mais ist der innere Keim bloßgelegt. Das vermindert die Haltbarkeit und den Nährwert um 80 Prozent. Ganze Maiskörner bei Grobeinstellung durch eine Getreidemühle zu drehen, um Maisschrot zu erhalten, ist ganz einfach und geht schnell. Eine feinere Einstellung ergibt Maismehl.

Ich habe herausgefunden, dass man Maiskörner am günstigsten bei *Walton Feed* (in Montpelier, Idaho) kaufen kann. Achten Sie auf den Feuchtigkeitsgehalt – Schimmel ist der schlimmste Feind von gelagertem Getreide. Essen Sie niemals schimmligen Mais. Das kann schlimmstenfalls zu einer tödlichen Schimmelpilzvergiftung führen!

Ein genauerer Blick auf Fette

Ein Thema, das bei der langfristigen Vorbereitungsplanung häufig vergessen wird, ist der Bedarf an Fetten und Ölen. Ich glaube, dass Fette und Öle von den Anbietern von Lebensmittellagerpaketen bewusst ignoriert werden, weil diese am liebsten ihre Drei- oder Fünf-Jahres-»Komplettpakete« verkaufen. Das Problem ist, dass diese Lebensmittelpackungen nicht den notwendigen Vorrat an lebenswichtigen Fetten und Ölen für mehrere Jahre enthalten. Diese Verkäufer erweisen ihren Kunden durch ein solches Versäumnis einen Bärendienst. Denn Fette und Öle sind unverzichtbar.

Für Stadt- und Vorstadtbewohner, die sich vorbereiten wollen und weder jagen noch angeln und nicht genügend Platz haben, um Nutztiere zu halten, oder um im großen Stil Erdnüsse, Oliven oder Sonnenblumen anpflanzen zu können, gibt es einige gute Möglichkeiten, langfristig an Fette und Öle zu gelangen. Die erste Option ist teuer, aber durchführbar: Wechseln Sie Ihren Vorrat regelmäßig und komplett aus. Spenden Sie die unbenutzten Portionen Ihres Lagervorrats an Ölen und Backfetten oder Schweineschmalz der örtlichen Tafel – oder, falls es ranzig geworden ist, stellen Sie es zur Herstellung von Biodiesel, Kerzen oder Seifen beiseite.

Die zweite Möglichkeit besteht darin, alle drei Jahre eine oder zwei Kisten Butter in Dosen zu kaufen. Butter in Dosen erhält man über *Best Prices Storable Foods* und über *Ready Made Resources*.

Seien Sie beim Einlagern von Fetten und Ölen sehr wählerisch. Manche Fette, die man im örtlichen Supermarkt erhält, sind schon fast ranzig und ungesund, auch wenn sie als »frisch« angepriesen werden. Ich persönlich ziehe Olivenöl dem Maisöl vor. Außerdem gebe ich der Lagerung von Butter in Dosen gegenüber jener von Konserven mit Backfett oder Schweineschmalz den Vorzug. Jenen, die Backfett favorisieren, sei gesagt, dass die Haltbarkeit verlängert werden kann, wenn man es in Weckgläser umfüllt. Manche Schweineschmalzmarken werden noch immer in Metalldosen verkauft, was die Haltbarkeit verlängert. Suchen Sie in Ihrem Supermarkt in der Abteilung ausländischer Lebensmittel nach Dosen mit der Aufschrift *manteca*, das spanische Wort für Schweineschmalz.

Denken Sie auch daran, dass ein Speiseplan, der zu viel mageres Fleisch enthält, zu ernsten Verdauungsproblemen und sogar zu Mangelernährung führen kann. Falls Sie planen, sich vorwiegend vom Fleisch von Wild- und Nutztieren zu ernähren, sollten Sie bei Ihrem Speiseplan für jede Menge Ballaststoffe sorgen. Um an diese Ballaststoffe zu gelangen, müssen Sie entweder Keime ziehen, sie in Ihrem Garten anpflanzen oder einlagern. Vergessen Sie diesen Aspekt bei der Planung Ihres Überlebensvorrats nicht.

Nahrungsergänzungen und Lebensmittel für kurzfristige Notfälle

Einmannpackungen

An einem festen Zufluchtsort sind einzeln verpackte Gerichte (wie Einmannpackungen und Notrationen) nicht sinnvoll. Doch wenn Sie draußen auf dem Feld bei der Arbeit sind, sind sie zeitsparend, erübrigen die Mitnahme eines Kochers und von Kochutensilien und reduzieren den Lärm, die Gerüche und Lichtsignale eines Lagerplatzes. Ich empfehle diese Einmannpackungen als Ergänzung zu einer abgerundeten Bevorratung. Weil sie recht kompakt und leicht sind und nicht gekocht werden müssen, eignen sie sich bestens für Ihren Notfallrucksack.

Mein langjähriger Freund, der unter dem Pseudonym Mr Tango bei *SurvivalBlog* angemeldet ist, führte eine längere Korrespondenz mit dem Versorgungsamt der US-Armee in Natick, Massachusetts, über die Frage der Haltbarkeit von Notrationen. Wie alle anderen gelagerten Nahrungsmittel müssen auch Einmannpackungen bei niedrigen Temperaturen gelagert werden, um die Haltbarkeit zu maximieren. Die Daten, die ihm zugeschickt wurden, waren erstaunlich. Hier das Wesentliche:

Grad Celsius	Haltbarkeit
50	1 Monat
45	5 Monate
40	22 Monate (1,8 Jahre)
35	55 Monate (4,6 Jahre)
30	76 Monate (6,3 Jahre)
20	100 Monate (8,3 Jahre)
15	130 Monate (10,8 Jahre)

Die Zahlen basieren auf dem Verpackungsdatum, nicht auf Kontrolldaten.

Notrationen, deren Haltbarkeitsdatum fast abgelaufen ist, gelten als genießbar, wenn:

1. sie genießbar riechen
2. sie keine Anzeichen von Verderbnis aufweisen (wie zum Beispiel aufgeblähte Packung)

3. Sie bei niedrigen Temperaturen gelagert wurden (25 Grad Celsius und darunter).

Über die Lagerung unter 20 Grad Celsius wurden bislang noch nicht genügend Daten gesammelt. Doch man geht davon aus, dass die Zahl von 130 Monaten noch überschritten wird.

Zeit und Temperatur haben einen kumulativen Effekt. Zum Beispiel: Notrationen, die elf Monate bei 40 Grad Celsius und dann bei 20 Grad Celsius gelagert wurden, verlieren die Hälfte ihrer für 20 Grad Celsius angegebenen Haltbarkeit.

Vermeiden Sie Temperaturschwankungen um den Gefrierpunkt.

Die hier genannten Zahlen beziehen sich auf die Schmackhaftigkeit, nicht auf den Nährwert. Der größte Teil des Fettes, der Kohlenhydrate und Proteine wird bei Einmannpackungen selbst bei mehrjähriger Lagerung noch vorhanden sein, nicht jedoch die Vitamine. Planen Sie entsprechend voraus.

Da Einmannpackungen und andere Notrationen relativ viel Masse, aber wenig Ballaststoffe enthalten, empfehle ich dringend, mit jedem Karton Einmannpackungen auch ergänzende Ballaststoffe einzulagern.

Energieriegel

Kommerziell hergestellte Energieriegel, Notfallriegel und Sportriegel können ein nützlicher Zusatz für die Nahrungsmitteleinlagerung sein. Energieriegel allein sind ernährungsphysiologisch ungeeignet. Aber sie stellen eine sinnvolle Ergänzung für Ihre Vorratsplanung dar, sowohl um für Abwechslung und Geschmack bei fader Kost zu sorgen als auch, um als sehr kompakte kurzfristige Nährstoffzufuhr in Ihrem Notfallrucksack zu dienen.

Diese Riegel können problemlos in Gefrierbeutel verpackt (oder noch besser vakuumverpackt) und zusätzlich in einer Tiefkühltruhe aufbewahrt werden. Das verlängert ihre Haltbarkeit deutlich, vor allem in heißen Klimazonen. Vergessen Sie aber nicht, einen gut sichtbaren Vermerk an Ihren Notfallrucksack anzubringen, der Sie daran erinnert, die Riegel aus der Gefriertruhe zu holen, bevor Sie das Haus verlassen.

Dörrfleisch

Fast alle auf dem Markt erhältlichen Energieriegel sind ziemlich teuer. Eine gute Alternative ist die Herstellung des traditionellen Dörrfleisches und Pemmikans (Indianerdörrfleisch) zu Hause. Die Kosten können sehr gering sein, vor allem, wenn Sie auf die Jagd gehen und Nutztiere halten. Aber denken Sie daran, dass Sie, wenn Sie getrocknetes Fleisch einlagern, wie bei Energieriegeln zugleich auch einen guten Ballaststofflieferanten lagern müssen.

Ramen-Nudeln (japanische Nudeln)

Der Nährstoffgehalt von Ramen ist äußerst gering, deshalb sollten diese Nudeln nicht als vorrangiges Vorratslebensmittel gelten. Trotzdem sollten Sie einige davon als Nahrungsergänzung zur Hand zu haben, vor allem in mageren Zeiten, wenn es einmal zu Heißhungerattacken kommen kann.

Kochmöglichkeiten bei Stromausfall

Planen Sie voraus, wie Sie im Notfall, wenn Sie keinen Strom haben, über offenem Feuer kochen können. Kaufen Sie mehrere gusseiserne Töpfe und Pfannen, einen *Dutch Oven* und einen großen Kessel. Außerdem sollten Sie sich darauf einrichten, größere Mengen zuzubereiten. Die genauen Umstände vorherzusagen ist schwierig, aber die Wahrscheinlichkeit, dass Sie für wesentlich mehr Personen kochen werden als nur für Ihre eigene Familie, ist groß. Dafür sind zumindest ein paar riesige Töpfe, zwei große Pfannen und jede Menge zusätzlicher Brotformen erforderlich.

Wie Nahrungsmittel sicher gelagert werden

Sie können so gut wie alles, was für die private Lebensmittellagerung nötig ist, selbst übernehmen, mit Ausnahme der Konserven mit Trockenmilch. (Diese umzupacken ist mit viel Schmutz verbunden – außerdem hält sie sich aufgrund des Butterfettgehalts der Milch kommerziell stickstoffverpackt ohnehin lange genug.) Kommerziell eingedoste Jahresbedarfspackungen sind unnötig teuer. Selbst Salz wird dabei in Dosen geliefert. Das ist verschwendetes Verpackungsmaterial. Im Fall von Weizen zahlen Sie für das Produkt nur aufgrund der Verpackung das Zwei- bis Fünffache. Sie kommen besser weg, wenn Sie Ihre Lebensmittel in Großmengen kaufen (Honig, ganze Getreidekörner, Bohnen und Reis) und sie selbst eindosen oder umpacken.

Falls Sie keine großen Getreidebehälter besitzen, besteht eine der effizientesten Methoden, um Weizen und Mais für das Füttern von Tieren in kleinem Maßstab und für den menschlichen Verzehr zu lagern, darin, Abfallkübel aus verzinktem Stahl mit dicht schließenden Deckeln zu kaufen. Sollten diese auf feuchtem Boden stehen, stellen Sie sie auf Backsteine, damit sie nicht rosten. Eine andere gute Lagermethode sind 15- oder 20-Liter-Eimer aus lebensmitteltauglichem Plastik mit dichten Deckeln. Diese lassen sich gut stapeln, aber seien Sie gewarnt, dass sie nicht so ungeziefersicher sind wie verzinkte Stahlkübel oder -fässer. Es ist schon vorgekommen, dass entschlossene Ratten sich durch Plastikeimer durchgenagt haben. Wenn Sie sich also für diese Methode entscheiden, stellen Sie unbedingt Fallen auf und überprüfen Sie die Eimer alle paar Wochen auf Beschädigungen.

Wichtige Ausrüstung für die Lagerung

Für Lebensmittel geeignete Plastikeimer

Große Mengen Weizen, Reis und Bohnen werden am besten in 15- oder 20-Liter-Eimern aus lebensmitteltauglichem Plastik eingelagert.

Wenn Sie Ihre eigenen Eimer nutzen, achten Sie darauf, dass sie als für Lebensmittel geeignet eingestuft sind (das ist bei den meisten Farbeimern nicht der Fall). Und wenn Sie lebensmitteltaugliche Eimer wiederverwenden, vergewissern Sie sich, dass sie nur für geruchsfreie Lebensmittel benutzt wurden. Wenn Sie Reis in einem Essiggurkeneimer lagern, werden Sie am Ende Reis haben, der nach sauren Gurken schmeckt!

Walton Feed bietet Produkte bester Qualität zu supergünstigen Preisen an. Packen Sie Großmengen Getreide und Hülsenfrüchte selbst in Plastikeimer um, dann werden Sie viel Geld sparen. Hinweis:

Verwenden Sie unbedingt sauerstoffabsorbierende Packungen (erhältlich bei *Walton Feed*) oder die Trockeneismethode, um sämtliche Käfer und Larven abzutöten, bevor Sie jeden Eimer verschließen.

Lebensmitteltaugliche 15-Liter-Eimer bekommt man von Bäckereien meist günstig oder kostenlos. Falls Sie Eimer ohne Deckel erwerben, empfehle ich Ihnen, *Gamma-Seal*-Deckel zu kaufen. Diese sind mit einem Gewinde versehen, wodurch sie für die Vorräte, die Sie am häufigsten benutzen, besonders geeignet sind. *Gamma-Seal*-Deckel passen auf die normalen 15- oder 20-Liter-Eimer und sind schier unverwüstlich. Wir nutzen einige unserer Deckel seit über 20 Jahren täglich. Wir verwenden sie nicht nur für unsere Vorratseimer, sondern auch für die Eimer mit dem Hühner-, Vogel- und Hundefutter. Man erhält sie bei *Ready Made Resources*, *Safecastle*, *Nitro-Pak* (*nitro-pak.com*) und einigen anderen Anbietern für etwa sechs Dollar pro Stück. Wenn Sie 20 Deckel oder mehr kaufen wollen, können Sie sie über *gammasseals.com* direkt vom Hersteller beziehen. Manche der eben genannten Händler verkaufen auch einen »Deckelöffner«, der sehr praktisch ist, um verschlossene Eimer, die noch nicht mit *Gamma-Seal-Deckeln* ausgestattet sind, zu öffnen.

Vergessen Sie nicht, dass für Lebensmittel geeignete Plastikeimer sauerstoff- und luftdurchlässig sind und eine langfristige Lebensmittellagerung nicht garantieren. Eine Auskleidung mit PET-Folie wird die Haltbarkeit der Waren deutlich verlängern. (Aber sie wird das Eindringen von Luft nicht gänzlich verhindern.)

Kriterien der Lebensmitteleignung von Eimern

Ich habe festgestellt, dass sowohl in Zeitschriften als auch im Internet eine große Verwirrung darüber herrscht, ob alle Plastikeimer aus HDPE (High-Density-Polyethylen) für Nahrungsmittel geeignet sind. Die Ziffer 2 (innerhalb des »Pfeil«-Recyclingsymbols) weist auf HDPE hin, aber nicht alle mit einer 2 markierten Plastikarten sind lebensmitteltauglich. Die Bezeichnung »für Lebensmittel geeignet« beruht auf der Reinheit des Plastiks und auf der Verwendung des Formtrennmittels – nicht auf dem Plastik selbst, da reine HDPE-Materialien alle lebensmitteltauglich sind. Für Farb- oder andere Werkstoffeimer verwenden Hersteller manchmal für ihre Spritzgießmaschinen ein weniger teures (aber giftiges) Formtrennmittel. Damit das Produkt für Lebensmittel geeignet ist, müssen sie ein ungiftiges Mittel verwenden, das aber mehr kostet. Falls die Eimer nicht als lebensmitteltauglich gekennzeichnet sind, müssen Sie auf der Website des Herstellers nachsehen, ob dessen Eimer tatsächlich für Nahrungsmittel geeignet sind.

Malcolm lieferte auf *SurvivalBlog* einige Angaben zur Luftdurchlässigkeit verschiedener Materialien. Je geringer die Ziffer, desto besser ist das Material für die langfristige Lebensmittellagerung geeignet:

Material	**ml O_2/pro mm^2 pro Tag pro Bar Druck**
PE (Polyethylen)	6000–15 000
HDPE	1500– 3000
Mylar	50–100
Plastik-Laminat	10–400
Saran	10–350
Laminatfolie	0
Stahlbehälter	0

Getreidemühlen

Die Lagerung von Weizen und Mais macht den Kauf einer hochwertigen und langlebigen Getreidemühle erforderlich. Allerdings kann ich elektrisch betriebene Mühlen nicht empfehlen, weil sie, sobald der Strom ausfällt, nutzlose Schmuckstücke sind. Eine günstige Mühle mit Handkurbel wie die Mühlen *Back to Basics* oder *Corona* reichen für eine kurzfristige Katastrophe wohl aus, aber für den Fall des Endes der Welt, so wie wir sie kennen, werden Sie etwas Haltbareres brauchen.

Wir benutzen eine Getreidemühle von *Country Living*, eine hochwertige Maschine. Mit so gut wie jeder Mühle werden Sie das Getreide mehrfach mahlen müssen, bis Sie feines Mehl gewinnen. Ich empfehle Ihnen, sich die Power-Bar-Kurbelverlängerung zu kaufen, um eine bessere Hebelwirkung zu erzielen. Getreidemühlen von *Country Living* erhält man über *Ready Made Resources* und einige weitere Anbieter.

Wie jedes andere hochwertige Werkzeug sind auch sie teuer. Aber es ist besser, nur eine Maschine zu kaufen, von der Sie wissen, dass sie ein Leben lang hält, als eine Reihe von »Schnäppchen« zu machen, die sich als enttäuschend herausstellen.

Weil die Getreidemühlen von *Country Living* mit Keilriemenscheiben ausgestattet sind, können sie problemlos für den alltäglichen Gebrauch oder bei einem Katastrophenszenario, bei dem das Stromnetz intakt bleibt, an einen Elektromotor angeschlossen werden. Für jemanden, der mechanisches Geschick und Zeit hat, ist es darüber hinaus möglich, ein Fahrrad oder vielleicht ein Ergometer als Antrieb der *Country-Living*-Getreidemühle umzubauen. Falls Sie die Technik des Schweißens beherrschen, könnte der Bau solcher Gestelle eine gute Nische für einen Heimbetrieb sein.

Um so feines Mehl zu erhalten, dass es sich zum Brotbacken eignet, müssen Sie den Weizen zweimal durch die Mühle drehen. Die besten Mühlen sind mit einem Mahlwerk aus Stein ausgestattet. Manche der weniger großen Mühlen nutzen ein Metallmahlwerk. Diese eignen sich gut zum Mahlen von Maismehl. Mühlen mit Metallmahlwerk wie zum Beispiel die *Corona* sind preisgünstiger, aber anstrengender zu bedienen. Damit werden Sie Weizen wohl dreimal mahlen müssen, bis Sie feines Mehl erhalten. Mühlen mit Metallmahlwerk sind über *Nitro-Pak*, *Lehmans* und einige andere Anbieter zu beziehen. Mühlen mit Steinmahlwerk erhält man bei *Ready Made Resources*, *Lehmans* und zahlreichen anderen Händlern.

Dörrautomaten für den Hausgebrauch

Dörrautomaten sind sehr nützlich. Wir haben unseren im Laufe der Jahre für alles Mögliche eingesetzt, vom Trocknen von Wildfleisch und Äpfeln bis hin zur »Wiederbelebung« rostvorbeugender Kieselgelpäckchen. Gebrauchte Dörrautomaten zu vernünftigen Preisen findet man in Zeitungskleinanzeigen oder auf lokalen Internetplattformen wie beispielsweise *Craigslist*. Dörrautomaten sind ein bisschen zu sperrig, um sie zu bestellen, deshalb sollten Sie nach einer örtlichen Quelle Ausschau halten. Neu können diese Geräte etwas teuer sein. Derjenige, den wir auf unserer Ranch benutzen, stammt von der Firma *Excalibur* und kann auf verschiedene Temperaturen eingestellt werden. Diese Maschinen sind sehr robust und normalerweise mit mehreren Tabletts ausgestattet, sodass eine Menge hineinpasst. Unsere stammt etwa aus dem Jahr 1980 und funktioniert perfekt, ohne jede Wartung. Da die Maschinen mit Wechselstrom laufen, sollten Sie in Hinblick auf einen Stromausfall einen solarbetriebenen Notfall-Dörrautomaten parat haben, oder zumindest die Materialien, die Sie brauchen, um im Katastrophenfall einen solchen zu bauen. Siehe: *snipurl.com/hoqdx*, *snipurl.com/hoqf4* und *snipurl.com/hoqg8*.

Vakuumverpackungssysteme für Lebensmittel

Ein äußerst nützliches Werkzeug für die Vorratshaltung ist ein Vakuumverpackungs- und Heißversiegelungsgerät, das unter dem Markennamen *FoodSaver* verkauft wird. Diese Geräte funktionieren wirklich, sowohl zum Vakuumieren und Verschweißen von Plastiktüten als auch zum Vakuumieren von Einweckgläsern. Zum Geldsparen ist es wahrscheinlich am besten, ein gebrauchtes Gerät über *Ebay* zu ersteigern. Vergewissern Sie sich jedoch, dass der Verkäufer garantiert, dass es bei der Ankunft nicht kaputt ist. Testen Sie es sofort gründlich. Beachten Sie, dass *FoodSaver* nur für eine bestimmte Folienstärke gedacht sind und nur über eine begrenzte Breite verfügen. Sie sollten im Internet nach Tüten und Plastikmaterial Ausschau halten, da die Preise sehr unterschiedlich sind.

Hier auf unserer Farm haben wir viele Drei-Kilo-Konservendosen gefriergetrockneter Lebensmittel. Der Nachteil ist, dass die Uhr, wenn man eine Dose öffnet, um etwas davon zu essen, unaufhaltsam zu ticken beginnt und man sich fragt, wie lange der Inhalt wohl frisch bleiben wird. Unsere Lösung? Wir verwenden Einweckgläser mit breiter Öffnung, verteilen den Inhalt der Drei-Kilo-Konserven in die Gläser und nutzen einen *FoodSaver V2830*, um die Gläser luftdicht zu verschließen. Das bedeutet, dass wir uns Zeit lassen können, den Inhalt aufzubrauchen, anstatt Tag für Tag das Gleiche essen zu müssen, damit es nicht verdirbt. Kleine Mengen können auch in verschweißten Vakuumbeuteln aufbewahrt werden.

Die Vorteile gefriergetrockneter Lebensmittel gegenüber gedörrten

Aufgrund der geringeren Kosten lagern wir hier auf der Ranch fast alle größeren Mengen Getreide, Hülsenfrüchte, Honig und verschiedene gedörrte Lebensmittel stickstoffverpackt ein. Wir haben nur wenige gefriergetrocknete Nahrungsmittel, wie zum Beispiel Obst und Erbsen, die wir über *Freeze Dry Guy* (*FreezeDryGuy.com*) bezogen haben. An einem festen Zufluchtsort mit reichlich Lagerraum und jeder Menge Wasser aus einem flachen Brunnen sind gedörrte Nahrungsmittel sinnvoller. Würden wir planen, unseren Zufluchtsort zu verlassen, dann würden wir uns natürlich mehr gefriergetrocknete Waren wünschen – aufgrund des geringeren Gewichts und Volumens.

Ein selbst angelegtes grosses Vorratslager: Eimer, Sauerstoffabsorbierer, CO_2 und Trockenmittel

Wahrscheinlich wollen Sie, um Geld zu sparen, Reis, Weizen und Bohnen in 50-Pfund-Säcken kaufen. Säcke sind problematisch, denn was Sie wirklich brauchen, ist ein Behältnis, das sicher vor Ungeziefer und Feuchtigkeit schützt, das luftdicht und vorzugsweise luftleer ist. Das sind die Schlüssel zu einer wirklich langfristigen Haltbarkeit, und keiner davon wird durch Stoff, Papier und gewebte Plastiksäcke gewährleistet. Die Lösung ist, große Nahrungsmittelmengen in für Lebensmittel geeignete Eimer umzufüllen. Hier finden sich Hinweise, wie das zu bewerkstelligen ist:

Eimerpackmethode

Kleiden Sie einen Eimer mit einer großen lebensmitteltauglichen Mylar-Tüte aus und schütten Sie Weizen, Reis oder Bohnen hinein, schütteln Sie den Eimer und klopfen Sie ihn mehrmals auf den Boden, damit die Tüte wirklich gefüllt ist. Schließlich wollen Sie keine Lufträume haben. Füllen Sie die Tüte so weit auf, dass der Eimer bis zwei Zentimeter unter dem Rand gefüllt ist. Dann geben Sie zwei sauerstoffabsorbierende Päckchen in die Tüte (erhältlich über *Nitro-Pak*).

Klare Vinyltüten (häufig mit »V« oder mit dem Recyclekode »3« markiert), sind fast immer für Lebensmittel geeignet. Low-density-Polyethylen (mit LDPE oder dem Recyclekode »4« gekennzeichnet) –

gewöhnlich für Einkaufs- und Mülltüten verwendet – besitzt ebenfalls Lebensmittelqualität, allerdings sind manche Sorten mit befremdlichen Zusätzen oder Beschichtungen versehen. Um sicherzugehen, informieren Sie sich beim Hersteller über Details. Falls das Verpackungsmaterial als für Lebensmittel geeignet deklariert ist, kann es bedenkenlos verwendet werden. Die meisten Mylar-Produkte besitzen Lebensmittelqualität, doch achten Sie auch hier auf die Zusammensetzung der Beschichtung. Fast alle Mylar-Eimerfolien – wie die, die *Nitro-Pak* verkauft – sind lebensmitteltauglich. Diese halte ich für die beste Wahl, um die Haltbarkeit von Getreide und Hülsenfrüchten zu verlängern.

Als Nächstes geben Sie ein kleines Stück Trockeneis auf das Getreide in die Tüte. Normalerweise nehme ich ein Stück, das etwa so groß ist wie mein Daumen. Da das Trockeneis »schmilzt« (sublimiert), wird es den Eimer mit CO_2 füllen und dadurch den Sauerstoff verdrängen. (Insekten gehen ein, wenn sie CO_2 einatmen!) Kontrollieren Sie das Trockeneis regelmäßig. Sobald es auf die Größe einer Fünf-Cent-Münze geschrumpft und nicht mehr dicker als drei Millimeter ist, verschließen Sie die Tüte mit Bindedraht. Legen Sie auf die verschlossene Tüte ein 55-Gramm-Päckchen Kieselgel-Trockenmittel (ebenfalls über *Nitro-Pak* erhältlich). Dann verschließen Sie den Eimer sofort und befestigen den Deckel, indem Sie mit einem Gummihammer kräftig draufschlagen. Dadurch wird der Dichtungsring zusammengedrückt und der Deckel fest verschlossen.

Warnung: Wenn Sie nicht abwarten, bis das Trockeneis fast vollständig sublimiert ist, bevor Sie den Eimer verschließen, könnte sich darin ein gefährlicher Druck aufbauen und Sie eine »Trockeneisbombe« gebaut haben.

Sobald Sie einen Vorratseimer geöffnet haben, werden Sie den normalen Deckel wahrscheinlich durch einen *Gamma-Seal*-Deckel ersetzen wollen. Das Ergebnis: sehr trockene Nahrungsmittel in sauerstofffreier Umgebung, vor Mäusen gesichert. Diese Methode wird die Haltbarkeit von Reis und Bohnen verdrei- oder vervierfachen, und Weizenkörner werden buchstäblich jahrzehntelang haltbar sein.

Einwecken

Das ist ein Thema, über das man ein ganzes Buch schreiben könnte, um alles im Detail zu erklären, aber zwei gute Empfehlungen sollen hier genügen. Die Erste: *The Encyclopedia of Country Living* von Carla Emery, erschienen bei *Sasquatch Books*. Vergewissern Sie sich, dass Sie die neunte oder eine spätere Ausgabe erhalten.

Das zweite Buch über das Einmachen, das ich Ihnen ans Herz lege, ist *Keeping the Harvest* von Nancy Chioffi und Gretchen Mead, veröffentlicht bei *Storey Publishing*.

Sie müssen lernen, mit Ihren gelagerten Lebensmitteln zu kochen und zu backen

Einer der häufig übersehenen Aspekte der Vorratshaltung ist, wie man mit den gelagerten Lebensmitteln kocht und bäckt. Ich empfehle dringend, folgende drei Bücher über dieses Thema zu kaufen: *Cookin' with Home Storage* von Vicki Tate, *Making the Best of Basics* von James Talmage Stevens und *The Encyclopedia of Country Living*.

Schutz des Vorrats vor Beschlagnahme und Diebstahl

Manchmal werde ich gefragt, wie groß in den Vereinigten Staaten die Gefahr ist, dass gelagerte Nahrungsmittel und Vorräte durch eine Verfügung des Präsidenten oder im Ausnahmezustand beschlagnahmt werden. Es besteht hierzulande das geringe, aber dennoch reale Risiko der Beschlagnahmung von Lebensmittelvorräten. Das ist einer der vielen Gründe, wieso ich so großen Wert auf Sicherheitsmaßnahmen lege. Wenn Sie sich Sorgen über eine mögliche Ausrufung des Ausnahmezustands machen, empfehle ich Ihnen, einen Großteil Ihrer Lebensmittelvorräte bar zu bezahlen, um keine Spuren zu hinterlassen. Und Sie sollten die Waren persönlich abholen. Es gibt mehrere Anbieter für Nahrungsspeicherung, die auf *SurvivalBlog* Werbung machen und über das ganze Land verstreut sind. Viele davon sind Kleinbetriebe, die Bargeld annehmen. Bei diesen Kleinanbietern brauchen Sie nicht einmal Ihren Namen zu nennen.

Vorsicht ist zwar wichtig, aber beschäftigen Sie sich nicht so sehr mit der Geheimhaltung, dass die Wohltätigkeit darunter leidet. Beide Ziele dürfen sich nicht gegenseitig ausschließen. Sie können Vorsicht walten lassen, indem Sie Ihre Spenden der örtlichen Kirchengemeinde zukommen lassen. Mein Rat: Spenden Sie, spenden Sie großzügig (sowohl jetzt als auch in turbulenten Zeiten), aber seien Sie vorbereitet, aus der Distanz zu spenden. Ich empfehle Ihnen, im Voraus mit Ihrem Kirchenrat Vereinbarungen zu treffen, dass er im Katastrophenfall als Vermittler Ihrer Spenden fungiert. Nehmen Sie ihm das Versprechen ab, Ihre Anonymität zu gewährleisten.

Das Verstecken der Lebensmittelvorräte

Manche meiner Beratungskunden haben mich gefragt, ob es sinnvoll sei, in unbewohnten Zufluchtshäusern Nahrungsmittelvorräte vor Dieben zu verstecken. Einige erkundigten sich auch, ob ich das Vergraben der Lebensmittel vorschlage. Das Vergraben von Lebensmitteln kann ich nicht empfehlen, es sei denn, Sie kaufen sich wasserdichte Schwerlastcontainer. Ansonsten ist die Gefahr zu groß, dass Feuchtigkeit eindringt oder die Waren von Ungeziefer gefressen werden.

Hier sind ein paar alternative Lösungen, die ich empfehlen kann, um bescheidene Lebensmittelmengen zu verstecken, und nur eine davon erfordert die Hilfe eines Amateurschreiners.

- Kaufen Sie eine gebrauchte Doppelbett-Schlafcouch. Entfernen Sie den Bettrahmen, Lattenrost, die Matratze und so weiter. Bauen Sie aus Brettern (Maß: fünf mal fünf Zentimeter) einen Rahmen und schneiden Sie eine zwei Zentimeter dicke Sperrholzplatte zu, die die Sitzkissen hält.
- Verstecken Sie eine Reihe Konserven (kleine Dosen wie Suppen- und Thunfischbüchsen) in den Regalen hinter Büchern.
- Kaufen Sie ein paar gebrauchte hohe Aktenschränke mit vier Schubladen. Diebe lassen diese Schränke meist links liegen. Stecken Sie harmlos klingende Schildchen, auf denen in Fett-

schrift beispielsweise »Steuererklärung 2007« und »Rechnungen 2005« steht, in die Schilderhalter. Aktenschränke können eine erstaunliche Menge Konserven und Tetrapaks aufnehmen, wenn Sie diese effizient stapeln. Darüber hinaus sind sie mäusesicher, wenn Sie die Schränke auf einen glatten und ebenen Boden stellen.

- Eine Möglichkeit im Freien besteht darin, sich eine gebrauchte ausrangierte Gefriertruhe zu beschaffen. Schneiden sie das Kabel ab. Decken Sie im Inneren alle Öffnungen mit Metallblech ab. Sprayen Sie die Truhe außen mit mattbraunem Lack an. Sägen Sie Feuerholz zu oder kaufen Sie ein Klafter Holz und befestigen Sie es an den Seiten und oben auf der Gefriertruhe. Wenn Sie eine Heuscheune besitzen, können Sie die gleiche Technik einsetzen – verwenden Sie entweder Heu oder Strohballen. Oder Sie könnten ein paar hundert gebrauchte Backsteine kaufen und es so aussehen lassen, als handele es sich schlicht um einen Haufen gebrauchter Steine. Und natürlich werden Sie in diesem Fall die Gefriertruhe mattgrün, matthellbraun oder mattbacksteinrot anmalen.
- Eine weitere Möglichkeit im Freien ist, einen alten, gebrauchten Klappcampinganhänger zu kaufen. Aus irgendwelchen Gründen scheinen Diebe diese zu ignorieren, während sie in traditionelle Campingwagen häufig einbrechen. Klappwohnwagen bieten erstaunlich viel Stauraum, vor allem, wenn Sie die Sitzpolster und Matratzen entfernen. Falls Sie den Anhänger ganz billig bekommen, können Sie ja aufs Ganze gehen und auch die Einbauschränke, die Spüle etc. herausreißen.
- Sollten Sie einen Vorratsraum im Keller haben, können Sie auch Techniken des Versteckens trotz Sichtbarkeit anwenden. Eine meiner Lieblingsmethoden besteht darin, sich einige gebrauchte, robuste Kartons mit Einsteckdeckel zu besorgen – von der Art, wie sie zum Versand von Kopierpapierpackungen benutzt werden. Beschriften Sie diese mit Filzstift auffällig mit Dingen wie »Babykleidung«, »Spielzeug«, »*National-Geographic*-Magazine« und so weiter. Füllen Sie diese Kartons mit Ihren Nahrungsmittelvorräten (in ungeziefersicheren Behältnissen). Stapeln Sie diese Kartons an einer Wand auf. Davor stellen Sie eine Schicht Tarnkartons mit wirklich nutzlosem Gerümpel. Falls

ein Dieb einen davon öffnet, wird er höchstwahrscheinlich nicht weitergraben.

Lassen Sie Ihrer Fantasie freien Lauf. *Craigslist* (*craigslist.com*) und *Freecycle* (*freecycle.org*) können Ihnen wahrscheinlich für sehr wenig Geld alle Vorratsbehälter und Tarnartikel liefern, die Sie benötigen. Bei Selbstabholung dürften zudem die sonst üblichen Versandkosten entfallen.

Vergessen Sie nicht, wenn Sie Ihre Tarnstrategien entwickeln, dass ein Dieb es in der Regel eilig hat. In den meisten Fällen wird er sich nicht die Zeit nehmen, alles zu durchsuchen.

Die beste Möglichkeit, Lebensmittel in letzter Minute einzulagern

Erst in letzter Minute einen Vorrat an Konserven und großen Lebensmittelmengen anzulegen, ist nicht empfehlenswert, aber wenn die Umstände es erforderlich machen, gehen Sie kein allzu großes Risiko ein. Zögern Sie nicht, wenn Sie die ersten Warnsignale bemerken. Ihnen bleibt nur ein Tag zum Einkaufen, bevor die Horden einfallen und die Geschäfte leerräumen. Doch ich rate Ihnen, diese Einkäufe nicht in einem Supermarkt zu tätigen, sondern bei einem Großhändler einzukaufen, bei denen Sie sich allerdings eine Kundenkarte besorgen müssen. Beschaffen Sie sich diese Kundenkarte lange im Voraus und verschaffen Sie sich einen Überblick über das Angebot.

Die Großposten der Großhändler sowie die flachen, großen Einkaufswagen, die sie bereithalten, machen den Einkauf in umfangreichen Mengen wesentlich effizienter, als in einem normalen Supermarkt einzelne Konservendosen und kleine Packungen in einen herkömmlichen Einkaufswagen zu stapeln. Mit einem Wagen beim Großhändler – voll geladen mit Großgebinden – kann man etwa so viel transportieren wie mit acht Supermarktwagen. Sie können also bei einem Großhändler in sehr kurzer Zeit eine Menge Lebensmittel einkaufen – und obendrein zu günstigeren Preisen. Artikel wie Dörrfleisch, Batterien und Mineralwasser werden schnell ausverkauft sein, also besorgen Sie sich diese Dinge zuerst. Mit guter Planung müssten Sie alles in weniger als zwei Stunden zusammenhaben.

Alte Lebensmittelvorräte

Manche Leute, die mir schreiben, haben ihre Vorräte vor 20 Jahren angelegt oder haben sie sogar von Verwandten geerbt, und fragen mich, ob diese Bestände noch zu gebrauchen sind. Manches, wie zum Beispiel Salz, ist jahrhundertelang haltbar, solange es nicht durch Rost oder Zerfallsprodukte der Behältnisse verunreinigt wurde. Trocken gelagert enthält roter Winterhartweizen noch nach 20 Jahren 98 Prozent seines Nährstoffgehalts. Das Gleiche gilt für Zucker und Honig. Die meisten getrockneten Lebensmittel wie Reis, Bohnen, texturiertes Soja und das allgegenwärtige, 30 Jahre haltbare stickstoffverpackte Bœuf Stroganoff werden dagegen nach 20 Jahren einen zu großen Teil ihres Nährstoffgehalts verloren haben, um noch brauchbar zu sein, selbst wenn sie stickstoffverpackt sind. Vielleicht sind sie noch genießbar, aber welchen Zweck hat es, diese Sachen zu essen, nachdem sie rund 90 Prozent ihres Nährstoffgehalts verloren haben, wenn Sie nicht gerade abnehmen wollen?

Falls Sie unsicher sind, werfen Sie die Sachen lieber weg. Im Idealfall sollten Sie Ihre Lagerbestände regelmäßig verzehren und ersetzen, um eine solche Verschwendung zu vermeiden.

Eine wissenswerte Kleinigkeit: In einem Pharaonengrab in Ägypten wurde ein wenig Weizen entdeckt. Eine kleine Menge davon hat nach 2600 Jahren noch immer gekeimt. Falls Sie irgendwelche älteren eingedosten Pflanzensamen haben, probieren Sie es aus. Nur wenige Samen werden keimen, aber es könnte von gewissem Nutzen sein. Opfern Sie aber nicht zu viel Mühe auf die Pflege dieser Beetreihen in Ihrem Garten!

6

Treibstoff- und Energieversorgung

Die bevorstehende Energiekrise: Ob das Ölfördermaximum nach Hubbert erreicht ist oder nicht – seien Sie bereit!

In den vergangenen Jahren ist viel über die Theorie von Marion King Hubbert über das Ölfördermaximum (»Hubbert Peak«) geschrieben worden. Ich glaube daran, dass die Erdöllager der Welt irgendwann erschöpft sein werden, aber die Anhänger von Hubberts Theorie sind mit ihren Ankündigungen meiner Meinung nach wohl 20 oder 25 Jahre zu früh dran gewesen.

Wir können uns nicht darauf verlassen, dass die behäbigen Bürokratien der nationalen Regierungen uns vor der bevorstehenden Energiekrise bewahren. Selbst wenn wir in den Industrieländern das Problem lösen sollten – die Schwellenländer und die Dritte Welt, die weniger Geld für riesige Investitionsprogramme zur Verfügung und wahrscheinlich eine viel kurzfristigere Sichtweise haben, werden voraussichtlich in ein neues finsteres Zeitalter stürzen. Das bedeutet zumindest Hungersnöte, gewaltige Migrationsströme, riesige wirtschaftliche Verwerfungen und Weltkriege – das alles wahrscheinlich gegen Ende dieses Jahrhunderts. Und selbst wenn unsere Generation sich noch durchwursteln kann, sollten wir unseren Kindern und Enkeln zuliebe Vorbereitungen treffen.

Die Anfälligkeit des amerikanischen Stromnetzes

Die Erschöpfung der Ölreserven wird ein langfristiges Problem darstellen, doch wir können jederzeit durch den Zusammenbruch des amerikanischen Stromnetzes mit viel naheliegenderen Schwierigkeiten konfrontiert werden.

Ich bezeichne die amerikanischen Stromnetze (genau genommen sind es drei: das im Osten, das im Westen und jenes von Texas) häufig als die Stützen unserer modernen gesellschaftlichen Infrastruktur. Jede Unterbrechung von mehr als ein paar Wochen Dauer könnte zu einem gesellschaftlichen Kollaps führen. Deshalb hängt vieles von dem, worauf wir uns bei unserem modernen Lebensstil verlassen, vom Stromnetz ab. Die Telefongesellschaften besitzen Notstromaggregate, aber diese haben nur einen begrenzten Treibstoffvorrat. Selbst die Erdgasversorgung ist vom Stromnetz abhängig, da die Pumpstationen, die das Erdgas durch die Rohre pressen, elektrisch betrieben werden. Ich bin der festen Überzeugung, dass die existierenden Softwareprogramme zur Überwachung, Steuerung und Datenerfassung (supervisory control and data acquisition – SCADA) große Schwachstellen aufweisen. Die internetgestützten SCADA-Systeme der neuen Generation verschlimmern das Problem noch zusätzlich. (Terroristen müssen nicht einmal vor Ort sein, um einen Computervirus zu installieren und die Hardware der Schaltung und der Ventile der Strom- und Wasserversorger lahmzulegen. Das gelingt ihnen auch aus der Ferne.)

Wenn das Stromnetz zusammengebrochen ist, werden Sie Brennstoff brauchen, um Ihr Heim zu heizen. Je nach den Bestimmungen Ihres Wohnorts könnten Stapel Klafterholz, Kohle oder ein besonders großer Propangastank diesen Brennstoff liefern. Sie werden aber auch Elektrizität benötigen. Zur Beleuchtung können Sie flüssige Brennstoffe verwenden, aber Sie werden eine Möglichkeit finden müssen, um die Batterien für Ihre wichtigsten elektronischen Geräte, wie zum Beispiel die Kommunikationsgeräte und Nachtsichtausrüstung, aufladen zu können. In diesem Kapitel werden die Möglichkeiten beschrieben, die Sie haben, beginnend mit Batterien und ihrer Wiederaufladung.

Die Notwendigkeit eines Batterievorrats

Ich habe mit einem Infanteristen namens Ray korrespondiert, den ich über *AnySoldier.com* kennengelernt habe und der im Irak stationiert war. Einer der Punkte, die Ray in einer seiner E-Mails erwähnte, hat sich mir eingeprägt, nämlich dass die entscheidende Logistik für moderne Armeen darin besteht, einen ausreichenden Vorrat an Batterien zur Verfügung zu haben. Er beschrieb, dass sie Hunderte davon benötigen – für Funkgeräte, taktische Taschenlampen, Sensoren, Laserzielgeräte sowie Nachtsichtgeräte beziehungsweise Wärmebildausrüstung. Wenn ich mir mögliche schwierige Zeiten in diesem Land vorstelle, glaube ich, dass wir von den Erfahrungen im Irak profitieren können: Niemals sollten einem die Batterien ausgehen.

Ohne Batterien wären wir rasch auf Technik und Methoden des 19. Jahrhunderts zurückgeworfen. Da die modernen taktischen elektronischen Geräte *force multiplier* sind, würde ihr Fehlen die Effektivität unserer Verteidigungsmaßnahmen reduzieren. Um diesen Verlust wettzumachen, wäre der Einsatz einer deutlich verstärkten Manpower vonnöten. Und die Bereitstellung von mehr Manpower erfordert größere Rückzugsräume und mehr Nahrung. Diese zusätzliche Nahrung bedeutet, dass mehr Land kultiviert werden muss, und mehr kultiviertes Land bedeutet, dass ein größeres Gebiet zu verteidigen ist, und so weiter. Sie sehen, wohin diese Logik führt: Anstatt einen einfachen kleinen Zufluchtsort für zwei Familien mit acht Hektar Land zu unterhalten, bräuchten Sie zehn bis zwölf bewaffnete und ausgebildete Erwachsene und vielleicht 16 bis 40 Hektar Land, je nach Niederschlagsmenge und Fruchtbarkeit des Bodens. Der Besitzer eines solchen Landguts zu sein, ist einem unauffälligen Leben nicht gerade zuträglich.

Ich habe beschlossen, niemals zuzulassen, dass meiner Familie die Batterien ausgehen, selbst wenn das »Problem« ein Jahrzehnt andauern sollte. Für den Bau meines mobilen Kraftwerks habe ich mit einem kleinen Fünf-Watt-Photovoltaikmodul von *Northern Tool and Equipment* (*northerntool.com*) begonnen, das ich so aufgerüstet habe, dass es Batterien über eine Zwölf-Volt-Gleichstrom-»Autobatterie« auflädt. Die Ladeeinheit sieht wie ein gewöhnliches Aufladegerät aus, aber sie hat über einen Zigarettenanzünderstecker einen Input von zwölf Volt. Das ermöglicht mir eine direkte DC-DC-Aufladung, ohne einen energieverschlingenden Wechselrichter dazwischenschalten zu müssen.

Versuchen Sie, für so viele Geräte wie möglich wieder aufladbare Batterien zu bekommen. Die Austauschbarkeit der aufladbaren Batterien sollte bei der Auswahl sämtlicher elektrischen oder elektronischen Ausrüstungsgegenstände das ausschlaggebende Argument sein. Meine bevorzugte Bezugsquelle von Batterien über das Internet ist

AllBattery.com. Die bieten günstige Preise und eine Riesenauswahl. Falls es die Platzverhältnisse zulassen, sollten Sie alle Ihre kleinen Batterien in einer verschweißten Tüte (um Kondensation zu vermeiden) in Ihrem Kühlschrank aufbewahren. Das verlängert ihre Lebensdauer.

Batterien für die langfristige Lagerung

»Nass« gelagert, sulfieren normale Auto- und tiefentladesichere Batterien so stark, dass sie nach acht oder neun Jahren keine Ladung mehr halten. Um dies zu vermeiden, müssen Batterien »trocken«, das heißt ohne Batteriesäure, gelagert werden. Einige der großen Batterielieferanten bieten auf Bestellung wahrhaftig trockene Batterien an. Sie müssen sich jedoch vergewissern, dass Sie Batterien erhalten, die tatsächlich nie mit Elektrolyt gefüllt waren. Und natürlich müssen Sie sich ein paar Flaschen Batteriesäure besorgen. Viele der angebotenen »trocken vorgeladenen« Bleisäurebatterien waren in Wahrheit schon gefüllt, geladen und dann trockengelegt. Zwar werden sie nicht annähernd so schnell abbauen wie Nassbatterien, aber sie lassen sich nicht so gut lagern wie die tatsächlich nie gefüllten Batterien, die schwerer zu finden sind.

Wenn Sie es richtig machen wollen und genügend Geld zur Verfügung haben, könnten Sie sich eventuell einen Vorrat für mehr als 30 Jahre an Ersatzbatterien für Ihre Fahrzeuge und Ihre sonstigen Elektrogeräte anlegen. Diese Batterien wären darüber hinaus fantastische Tauschobjekte.

Falls es Ihnen an Batterien mangelt: die Bedeutung von Photovoltaikanlagen

Ohne all die batteriebetriebenen Geräte werden Sie sehr im Nachteil sein. Mit dieser Erkenntnis im Hinterkopf sollten Sie für die Batterieaufladung in eine kleine Photovoltaikanlage und in eine Unmenge Nickel-Metallhydrid-Akkus (NiMH) investieren. Falls Sie es sich leisten können, kaufen Sie sich jeweils drei oder vier Sets sämtlicher

Ausrüstungsgegenstände, die Batterien aufladen. Auch wenn Sie diese nicht alle selbst benutzen, es ist immer gut, Ersatzbatterien zum Tauschen oder Verschenken zur Hand zu haben. NiMH-Akkus mit geringer Selbstentladung sind gegenwärtig die verlässlichsten Batterien auf dem Markt.

Falls Sie sich keine große Einheit tiefentladesicherer Batterien leisten können, dann kaufen Sie sich zumindest ein »Starthilfegerät«, also eine Zwölf-Volt-Gleichstrom-Bleigelbatterie. Diese werden entweder mit 110-Volt-Wechselspannungs- (USA und Kanada) oder 220-Volt-Wechselspannungskabel (Europa) zum Aufladen geliefert. Dann können Sie über einen Zigarettenanzünderstecker mit Gleichstromkabel ein Zwölf-Volt-Gleichstromladegerät anschließen. Das ist viel effizienter, als einen Gleichstromwechsler und dann einen Wechselstromtransformator (wie diejenigen in den meisten Batterieladegeräten) zu verwenden. Auf diese Weise wandeln Sie nur eine Gleichstromladung in eine andere, statt eine Gleichstromladung in Wechselstrom und dann wieder zurück umzuwandeln, was äußerst ineffizient ist.

Falls nicht schon ein Standardstecker installiert ist, werden Sie irgendeine Zigarettenanzünderbuchse an die Anschlussleitung der Photovoltaikanlage anschließen müssen. Diese Buchsen sind in jedem Elektronikladen erhältlich. Bei Gleichstromkabeln ist das rote oder weiße Kabel normalerweise positiv, und dieses sollte an den mittleren Kontakt angeschlossen werden. (Hinweis: Überprüfen Sie in jedem Fall die Polung mit einem Multimeter, bevor Sie den Stecker einstecken!) Die Stecker und Buchsen von Zigarettenanzündern sind universell, aber wenn Sie viel Erfahrung im Umgang mit dem Lötkolben haben, empfehle ich Ihnen, Stecker von *Anderson Powerpole* anzubringen. Das sind kompakte, geschlechtslose Anschlüsse, die nicht plötzlich auseinanderfallen – wie es Zigarettenanzünderstecker gerne mal tun. Das Schöne an Starthilfegeräten ist, dass sie einen eingebauten Laderegler besitzen. (Ein Laderegler ist so etwas wie ein Schaltkreis, der ein Überladen der Batterie verhindert.) Falls Sie aufrüsten und mehr Kapazität haben wollen – zum Beispiel eine normale Autobatterie –, dann fügen Sie entweder einen Laderegler in den Schaltkreis ein oder achten beim Laden immer genauestens darauf, die Spannung zu messen, damit Sie Ihre Batterie nicht »kochen«.

Ich benutze ein *AccuManager-20*-Batterieladegerät. Das ist ein »intelligentes« Ladegerät – es wird Ihre Batterien also nicht überladen.

Geliefert wird es mit einem Zwölf-Volt-Gleichstromkabel (mit Zigarettenanzünderstecker) und einem 120-Volt-Wechselstromadapter. Das Ladegerät besitzt sechs Schächte, sodass es gleichzeitig vier AAA-, AA-, C- oder D-Batterien und zwei Neun-Volt-Akkus aufnehmen kann.

Mit einem voll aufgeladenen Starthilfegerät können Sie mindestens 20 AA-Batterien aufladen. Es könnte allerdings zwei oder drei Tage dauern, bis Ihr Starthilfegerät durch eine Fünf-Watt-Photovoltaikanlage aufgeladen ist. Eine Zehn-Watt-Anlage (oder zwei parallel geschaltete Fünf-Watt-Module) ist viel ergiebiger, und eine 20-Watt-Anlage funktioniert natürlich noch besser. Ihre Möglichkeit, mit einer kleineren Anlage auszukommen, hängt sowohl von Ihrem Geldbeutel als auch davon ab, wie viele Batterien Sie aufgeladen haben müssen und der Ihnen zur Verfügung stehenden Zeit, die Sie brauchen, um dafür zu sorgen, dass Ihre Anlage den ganzen Tag über direktes Sonnenlicht abbekommt. Ich empfehle für die Aufladung Ihres »Starthilfegeräts« die kleinen Photovoltaikmodule, die man über *Northern Tool and Equipment* beziehen kann.

Solarbatterie-Ladegeräte

Die Lösungsmöglichkeiten zum Laden von Batterien reichen von winzig über klein bis riesengroß – abhängig von Ihrem Budget. Die günstigen Solarladegeräte, die bei *Ready Made Resources* verkauft werden, funktionieren als Mikrolösung gut, aber seien Sie gewarnt, dass diese nicht wasserfest sind. Ich empfehle, sie auf einem Fensterbrett *hinter* einem nach Süden gerichteten Fenster anzubringen. Meiner Erfahrung nach ist es am besten, mindestens zwei dieser Ladegeräte zu kaufen, da sie nur langsam »gepulst« aufladen.

Um zur Minilösung zu kommen: Es gibt flexible (amorphe) 6,5-Watt-Photovoltaikmodule (PV). Selbst kleine PV-Anlagen mit einer kleinen tiefentladesicheren Batterieeinheit können sehr geeignet sein, um für einen geringen Bedarf an Beleuchtung und die Batterieladung entscheidender Sicherheitsvorrichtungen zu sorgen, wie zum Beispiel der Funk- oder Nachtsichtgeräte. Es sind so viele LED-Lampen, Batterieladegeräte und verschiedene elektronische Ausrüstung erhältlich, die direkt mit Zwölf-Volt-Wechselstrom oder einem Gleichstrom- zu Wechselstromwandler funktionieren, dass Sie sich die Kosten eines kompletten Systems mit großem Wechselstromrichter sparen können.

Falls Ihnen ein größeres Budget zur Verfügung steht: *Ready Made Resources* und andere Lieferanten bieten auch vorgefertigte größere Photovoltaikanlagen an, entweder mit oder ohne Wechselstromrichter. (Ohne Wechselrichter liefern PV-Anlagen nur zwölf oder 24 Volt Gleichstrom.) Die Leute von *Ready Made Resources* haben sogar Erfahrung im Bau von Großanlagen – von sechs Kilowatt und mehr.

Bedenken Sie, dass ans Stromnetz angeschlossene PV-Anlagen in den Vereinigten Staaten zu 30 Prozent von der Steuer absetzbar sind. Auch viele andere Länder bieten Steuernachlässe (*dsireusa.org*). In einigen Bundesstaaten wie Florida und Kalifornien können die kombinierten Steuervergünstigungen Ihre Ausgaben insgesamt um bis zu 70 Prozent reduzieren.

Photovoltaikanlagen

Es gibt im Wesentlichen drei Arten von Photovoltaikanlagen:

1. autarke
2. ans Stromnetz angeschlossene
3. ans Stromnetz angeschlossene, die aber auch autark betrieben werden können.

Von diesen dreien ist der einzige Typus, den ich nicht empfehle, der ans Stromnetz angeschlossene. Diese Systeme – normalerweise ohne Akkubank – machen Sie verletzlich, wann immer der Strom ausfällt. Falls Sie an Ihren Anbieter Strom verkaufen und dennoch autark sein wollen, dann empfehle ich Ihnen, eine ans Stromnetz angeschlossene Anlage zu kaufen, die aber auch autark betrieben werden kann. Das Gleiche gilt für Windkraft- und Kleinstwasserkraftanlagen. Für weitere Details über die Hardware, Standortwahl, Sonneneinfall und Größe alternativer Energieanlagen nehmen Sie bitte Kontakt mit *Ready Made Resources* auf. Glücklicherweise wird dort eine kostenlose Beratung über alternative Energieanlagen angeboten. Man kann für Sie eine Komplettanlage entwerfen, die bis auf das gelegentliche Warten der

Batterien keinerlei Pflege bedarf. Je nach Rechtslage in Ihrem Bundesstaat und je nach Richtlinien der Energiegesellschaften können Sie sich auch eine Anlage entwerfen, die es Ihnen erlaubt, Strom an Ihren Anbieter zu verkaufen und ins Netz einzuspeisen. Nichts macht mehr Freude, als den Stromzähler *rückwärts* laufen zu sehen – weil Sie wissen, dass die Stromgesellschaft über ein halbes Jahr *Ihnen* Geld für *Ihren* Strom bezahlt. Überall in den Vereinigten Staaten ist es möglich, Strom an die Energieversorger zu verkaufen. Doch die meisten bezahlen Ihnen nur die »vermiedenen Netznutzungsentgelte« – normalerweise zwei oder drei Cents pro Kilowattstunde – anstatt den Preis, zu dem Sie den Strom bei ihnen beziehen. Letzteres wird »Netzstromzählung« beziehungsweise »Einspeisvergütung« genannt. Versorger, die gegenwärtig zu »Netzstromzählungspreisen« bezahlen, sind in der Minderheit, aber ich wage zu behaupten, dass das in ein paar Jahren gesetzlich geregelt sein wird.

Falls Sie sich für eine ans Stromnetz angeschlossene Anlage entscheiden, kann sie mit »automatischer Umschaltung« installiert werden – das heißt, dass es bei einem Stromausfall eine sehr kurzzeitige Unterbrechung der Stromversorgung zu Ihrem Haus oder Zufluchtsort geben kann.

Die wasserfesten monokristallinen Photovoltaikmodule aller großen Hersteller sind im Wesentlichen hinsichtlich ihrer geschätzten Leistung, ihrer Betriebsdauer, ihrer Glasstärke (Schlagfestigkeit) und Wetterbeständigkeit vergleichbar. Die meisten bieten ähnliche Garantieleistungen, die bei manchen aber geringfügig besser sind. Aus diesen Gründen sollten PV-Module wie normale Waren betrachtet werden und als solche sollte der Preis pro Watt der Hauptentscheidungsfaktor für eine bestimmte Marke sein.

Auch Batterien sind Allerweltsgüter, zumindest, wenn Sie die traditionellen tiefentladesicheren Bleiakkus kaufen (von der Art wie für »Golfmobile«). Aufgrund ihres hohen Transportgewichts empfehle ich Ihnen dringend, die Batterien für Ihre Anlage bei einem örtlichen Anbieter zu erwerben. Vergleichen Sie vor dem Kauf aber in jedem Fall die Preise. Falls Ihnen der Händler eine Warengutschrift auf Altteile anbietet, und Sie eine ganz neue Anlage kaufen, sei darauf hingewiesen, dass Händler sich häufig nicht genau dazu äußern, was sie von Ihnen in Zahlung nehmen. Häufig suchen sie einfach nur nach einer Quelle für Bleiplatten zum Recyclen. Sollten die Bedingungen der Warengutschrift auf Altteile streng auf Batteriegewicht oder auf der kombinierten Amperestundenleistung basieren, lohnt es sich, sich in der näheren Umgebung nach Standorten zum Beispiel von *Craigslist* zu erkundigen, wo kostenlos gebrauchte Auto-, Lastwagen- und Traktorbatterien abgegeben werden. Hobbyautomechaniker haben häufig ein Dutzend oder mehr solcher Batterien auf Lager, die sie meist kostenlos abgeben. Je nach Größe Ihrer Anlage kann Ihnen das, wenn Sie einen kräftigen Rücken haben und sich nicht scheuen, sich die Hände schmutzig zu machen, ein paar hundert Dollar sparen.

Mobile Solaranlagen

Eine tragbare Photovoltaikanlage wie zum Beispiel diejenige, die von der Firma *Mobile Solar Power* (*mobilesolarpower.net*) hergestellt wird, ist ideal für Leute, für die Mobilität oberste Priorität besitzt, oder die für den Notfall eine Anlage haben möchten, aber keine Solarmodule dauerhaft sichtbar montieren können, weil sie an einem Ort mit strengen Bestimmungen und Beschränkungen wohnen. Im Katastrophenfall wird Ihr Problem jedoch nicht etwa der Hauseigentümerverein sein – sondern vielmehr die Frage, wie Sie die Anlage anketten können, um zu verhindern, dass sie gestohlen wird!

Wechselrichter

Ein Wechselrichter ist ein elektrisches Gerät, das Gleichstrom in Wechselstrom umwandelt. Die Wechselrichtertechnik unterscheidet sich beträchtlich, je nach Hersteller. Die Wechselrichter der Marke *Trace* werden inzwischen unter dem Namen *Xantrex Technology* (*xantrex.com*) verkauft, und sie beherrschen noch immer einen großen Teil des Marktes. Ihr Hauptkonkurrent in den Vereinigten Staaten ist *OutBack Power Systems* (*outbackpower.com*), eine aufstrebende Firma, die von einer Gruppe ehemaliger *Xantrex*-Ingenieure gegründet wurde. Die Marke *OutBack* hat in der Wechselrichtertechnik einen leichten Vorsprung.

Die Ladereglertechnik macht Fortschritte, doch die gängigen Marken sind in etwa miteinander vergleichbar. Vergewissern Sie sich jedoch, sich einen Laderegler zu besorgen, der auf Ihre wahrscheinlichen Bedürfnisse zugeschnitten ist, selbst wenn Sie im Laufe der Zeit noch ein paar Photovoltaikmodule hinzufügen sollten. Bedenken Sie darüber hinaus, dass jeder Schnickschnack an einem Laderegler eine größere Anfälligkeit für elektromagnetische Impulse (EMP) bedeutet. Laderegler sind recht billig, deshalb ist es also klug, sich ein Ersatzgerät zuzulegen und es in einem Faradayschen Käfig, beispielsweise in einer Munitionskiste aus Stahl, aufzubewahren.

Einen Laptop bei einem kurzfristigen Notfall mit einem Starthilfegerät betreiben

Mit einem Spannungsregler der richtigen Größe kann man einen Laptop laufen lassen. Auch mit einem Starthilfegerät mit einem Zwölf-Volt-Gleichstromanschluss kann ein Laptop betrieben werden. Das Starthilfegerät kann man durch einen Zwölf-Volt-Gleichstromgenerator mit Handkurbel aufladen. Bei einer kurzfristigen Katastrophe, bei der sowohl das Telefonnetz als auch das Internet noch funktionieren, kann Ihnen dies erlauben, für geschäftliche Dinge auch über Internet verbunden zu bleiben. Meiner Erfahrung nach ist der Betrieb eines Laptops (beziehungsweise das Aufladen eines Handys) über einen Zwölf-Volt-Gleichstromautoadapter (DC-zu-DC), der in Ihr Starthilfegerät eingesteckt ist, viel effizienter, als einen Wechselstromregler und dann ein Netzteil zu verwenden. Auf diese Weise wandeln Sie lediglich die Gleichspannung, anstatt den Umweg über einen Wechselrichter zu nehmen, was äußerst ineffizient ist.

Um Ihr Starthilfegerät aufgeladen zu halten, reicht ein mit Handkurbel betriebener Generator tatsächlich aus – selbst einer, der aus einer elektrischen Bohrmaschine zusammengebaut wurde. Aber ich habe herausgefunden, dass das arbeitsintensiv und zeitraubend ist, deshalb bin ich eher ein Fan von Photovoltaikanlagen wie zum Beispiel der kleinen Module, die man bei *Northern Tool Equipment* bekommt. Starterakkus sind entweder mit 110-Volt-Wechselstrom- (USA und Kanada) oder 220-Volt-Wechselstromladekabeln (Europa) erhältlich.

Natürliche Energiequellen

Sie sollten in Betracht ziehen, sich einen Zufluchtsort mit eigener Treibstoffquelle zu kaufen: Ein Gasbrunnen oder eine Kohleschicht an der Oberfläche wären fantastisch (sind allerdings natürlich sehr rar), aber Sie sollten zumindest erwägen, ein Stück Land mit einem guten Hartholzbaumbestand zu erwerben. Als Ergänzung zu Ihrer Photovoltaikanlage könnten Sie sich eine große, aber wartungsfreundliche Dampfmaschine zulegen, die die Energie zum Betreiben eines Generators liefern und andere stationäre Aufgaben übernehmen könnte. Eine weitere Möglichkeit ist, sich ein Stück Land mit steilem Gefälle zu kaufen, durch das ein recht breiter Bach fließt, der einen über Druckrohrleitungen und eine Pelton-Turbine angetriebenen Wassergenerator betreiben könnte. Solche Anlagen werden von verschiedenen Herstellern angeboten.

Windkraftgeneratoren

Aufgrund der notwendigen Wartung in großer Höhe und der mit dem Hinaufklettern verbundenen Risiken kann ich Windturbinen im Allgemeinen nicht empfehlen. Aber wenn Sie in einer sehr windreichen und häufig wolkenverhangenen Gegend wohnen, könnte ein Windgenerator eine praktikable Lösung sein.

Kleine Windkraftanlagen bereiten in der Regel mehr Schwierigkeiten, als sie einbringen. Sie neigen dazu, bei hoher Windstärke auszufallen, gewöhnlich mitten im Winter. Wenn der automatische Propellerstellungsmechanismus eines Windgenerators oder der Drehmechanismus der Flügelklappen ausfallen, kann ein Generator bei starken Windböen überdrehen und kaputtgehen. Das passiert mit besorgniserregender Regelmäßigkeit. Wer möchte ausgerechnet im Winter auf einen Turm klettern und mit Werkzeug hantieren, um Kohlebürsten und andere Teile auszutauschen? In den vergangenen 20 Jahren sind bei Photovoltaikmodulen die Kosten pro Watt ständig gesunken, während sowohl die Kosten pro Watt als auch die Verlässlichkeit von Windgeneratoren unverändert geblieben sind. Bedenken Sie auch die Risiken: Einen großen Windgenerator an einen Turm anzubringen oder abzumontieren, ist eine knifflige Angelegenheit. Heutzutage würde ich eine Kranfirma damit beauftragen. Im Katastrophenfall, wenn keine maschinelle Hilfe zur Verfügung steht, würden Sie die Sache selbst übernehmen müssen, und das könnte wirklich gefährlich werden. Außerdem ist natürlich der Sicherheitsfaktor zu bedenken: Wenn öffentliche Straßen an Ihrem Grundstück vorbeiführen, könnte das ein Aspekt sein, falls Sie sich versteckt halten wollen.

Sollten Sie sich entschließen, einen Windgenerator zu kaufen, empfehle ich die *Hornet*-Baureihe einer Firma namens *Hydrogen Appliances* (*www.hydrogenappliances.com/Hornet1000.html*). Im Grunde genommen hat das Unternehmen einen normalen Windgenerator herangezogen und diesen aufgerüstet. Die Firma baut alles einfach 20 bis 50 Prozent stärker, breiter usw. als vorgegeben. Diese Generatoren sind beinahe unverwüstlich. Zur Erleichterung der Wartung, die nötig sein könnte (was aber selten vorkommt), ist es am besten, sie auf einem Klappturm zu montieren. Ein solcher kann, falls nötig, gesenkt und wieder aufgerichtet werden.

Die meisten alternativen Energieanlagen nutzen große tiefentladesichere Batterien. Aus Sicherheitsgründen ist es beim Anschließen Ihrer Versorgungsakkus besser, sie mit Batteriekabeln und Klemmen mit hohem Querschnitt zu verbinden, als die Klemmen des Starterkabels zu benutzen. Verwenden Sie parallel zu Ihren Autobatteriekabeln einen abtrennbaren, für hohe Stromstärken geeigneten verpolungssicheren Zwölf-Volt-Gleichstrom-Pigtail-Stecker. Auf diese Weise können Sie Ihre Autobatterie schnell abklemmen und Ihr Fahrzeug benutzen, ohne zeitraubend die Kabel wechseln zu müssen. Im Idealfall ist Ihr Batteriesatz das Herzstück Ihrer Energieanlage, zu dem – soweit es Ihr Budget erlaubt – auch einige Photovoltaikmodule gehören sollten. (Folgender Leitfaden im Internet ist ein guter Ausgangspunkt: *snipurl.com/hrhfm*.)

Ein Generator, der Ihnen während eines Stromausfalls Energie liefert, wird wertvoll sein, doch auf lange Sicht nicht so zuverlässig wie eine Photovoltaikanlage. Ich bevorzuge mit Propangas oder Diesel betriebene Stromaggregate, und zwar aufgrund der längeren Haltbarkeit der Treibstoffe. Niedrig-Drehzahl-Dieselaggregate sind bei Weitem am haltbarsten (etwa 20 000 Stunden beim Diesel gegenüber von nur 3000 Stunden bei Gasaggregaten). Im Großen und Ganzen bezahlen Sie für Gasaggregate langfristig wesentlich mehr, weil Sie alle vier oder fünf Jahre ein neues kaufen müssen. Ein Dieselaggregat hält dagegen 20 Jahre und länger. Und wenn Sie sich gründlich umsehen, werden Sie feststellen, dass Dieselaggregate nicht mehr kosten als Gasaggregate mit gleicher Leistung. Sie können auch in Erwägung ziehen, ein Hybridaggregat mit einem zusätzlichen Zwölf- oder 24-Volt-Gleichstromanschluss zu kaufen, sodass Sie einen Batteriesatz effizienter aufladen können. Planen Sie für die Zukunft voraus, in der Sie vielleicht eine PV-Anlage haben werden.

Die richtige Größe eines Notstromgenerators liegt bei dauerhaft 4500 Watt und bei 5500 Watt Höchstleistung, es sei denn, Sie haben sowohl eine Kühlgefrierkombination als auch eine Gefriertruhe. Mit ein bisschen Kabelgefummel können Sie aber jederzeit zwischen den beiden Geräten wechseln. Doch falls Sie in einer normalen Vorstadtwohnsiedlung leben, würde ich Ihnen empfehlen, sich einen Zehn-Kilowatt-Generator zuzulegen, falls Sie sich einen solchen leisten können. Warum? Die Wahrscheinlichkeit ist groß, dass beim nächsten längeren Stromausfall Nachbarn an Ihre Tür klopfen werden – und zwar mit Verlängerungskabeln über der Schulter. Glauben Sie mir, sie werden das Geräusch Ihres laufenden Generators hören.

Ein Aggregat auf Rädern, das sechs oder acht Pferdestärken hat, wird sich, sobald es in Betrieb ist, »in Bewegung setzen«. Aber das Sie können verhindern, indem Sie es entweder festbinden oder die Räder vorübergehend abmontieren und das Gerät auf solidem Untergrund festschrauben. Sollten Sie sich ein mittelgroßes Aggregat für einen festen Standort kaufen, können Sie einfach auf die Räder verzichten, falls Sie einen kräftigen Rücken und eine robuste Schubkarre haben.

Aufgrund der hohen Transportkosten kommen Sie wahrscheinlich finanziell besser weg, wenn Sie vor Ort kaufen, es sei denn, Sie wohnen in einem Bundesstaat mit hoher Mehrwertsteuer, da die Steuerersparnis die Frachtkosten ausgleicht.

Meiner Erfahrung nach ist der Seilzugstarter in der Regel die Schwachstelle der meisten kostengünstigen mittelgroßen Aggregate (acht bis zwölf PS). Bezahlen Sie lieber ein bisschen mehr für einen elektrischen Starter (mit manueller Notbedienung).

Sie sollten wissen, dass bei Diesel das Problem besteht, bei niedrigen Temperaturen auszuflocken. Normalerweise werden dadurch die Treibstofffilter verstopft, wenn die Temperatur die sogenannte Filtrierbarkeitsgrenze unterschreitet. Das Ausflocken des Treibstoffs kann für Temperaturen von bis zu minus 20 Grad Celsius durch einen

Zusatz verhindert werden – damit entsteht der sogenannte Winterdiesel. Hergestellt werden diese Zusätze von der gleichen Firma, die die antibakteriellen Zusatzstoffe produziert. Dieser Zusatz verhindert angeblich auch das Ausflocken von Biodiesel der Mischungen bis B20, das heißt 20 Prozent Biodiesel und 80 Prozent »Dinodiesel« (Diesel aus Petroleum, nicht aus Pflanzen). In Deutschland wird auch ein Produkt namens Diesel-Therm hergestellt, bei dem der Diesel angewärmt wird, bevor er in den Treibstofffilter gelangt.

Ich bin für Diesel – allerdings nicht für den Einsatz in arktischen Klimazonen, wo das Ausflocken des Dieseltreibstoffs zum Problem werden kann.

Verfügbarkeit von Niedrig-Drehzahl-Dieselgeneratoren

Leider werden die langsamen Dieselgeneratoren wie der *Lister* und seine *Lister*-artigen Klone nicht mehr in die Vereinigten Staaten importiert. Aber Aggregate der Marke *Lister* tauchen hier in den USA immer wieder auf dem Gebrauchtmarkt auf. Halten Sie auf *Craigslist* und in Zeitungsinseraten unter der Rubrik »Verkäufe« gründlich Ausschau. Bedenken Sie, dass nicht alle Verkäufer in ihren Inseraten die korrekten Begriffe *Lister* oder *Lister*-artig verwenden werden, suchen Sie also auch nach »langsam laufendem Diesel« und »Ein-Zylinder-Diesel«.

Die Toleranzen und Qualitätskontrollen scheinen bei den in Indien hergestellten *Lister*-Nachbauten besser zu sein. Die chinesischen Maschinen sind dagegen Nachbauten, und einige Bauteile scheinen nach der Methode »was nicht passt, wird passend gemacht« notdürftig zurechtgefeilt worden zu sein.

Sichern Sie Ihren Generator

Jeder Besitzer eines beweglichen, nicht festgeschraubten oder in einem Generatorenschuppen mit stabiler Tür eingeschlossenen Generators sollte in Betracht ziehen, ihn mit einer Kette und einem Vorhängeschloss zu sichern. Vorzugsweise verwenden Sie dafür die Sicherheitsketten für Fahr- und Motorräder, die Bolzenschneidern standhalten, und ein großes, starkes Vorhängeschloss, das wenig Platz zum Ansetzen eines Bolzenschneiders bietet. Kurze Stücke speziell gehärterter Ketten sind über *Nashbar.com* erhältlich. Längere Ketten kann man über *JCWhitney.com* beziehen.

Notaggregat für eine Brunnenpumpe

Eine der mir häufig gestellten Fragen lautet, wie denn eine Brunnenpumpe umzurüsten ist, damit sie mit einem Generator betrieben werden kann. Dafür werden Sie zunächst eine Reihe von Fragen klären müssen: Zuerst fragen Sie Ihren Pumpenhersteller, ob Ihre Pumpe mit 120- oder 220-Volt-Wechselstrom läuft. Handelt es sich um ein 220-Volt-Modell, dann werden Sie einen speziellen Generator brauchen, oder Sie müssen Ihren Brunnen mit einer 120-Volt-Wechselstrompumpe nachrüsten. Als Nächstes werden Sie mehrere Elektriker anrufen und Kostenvoranschläge für die Installation eines kompletten Bypass-Verteilerkastens und die Verkabelung mit Ihrem Aggregat einholen müssen. Es ist schon vorgekommen, dass Leute mir stümperhafte Generatorenschaltkreise mit Stecker-Stecker-Verlängerungskabeln beschrieben haben, aber diese entsprechen nicht den Vorschriften für elektrische Anlagen und stellen eine Gefahrenquelle dar – sowohl für Sie selbst als auch für den unglücklichen Angestellten Ihres Stromversorgers, der versucht, die Stromverbindung zu Ihrer Ortschaft wieder herzustellen.

Kann man Heizöl oder Kerosin für einen Dieselgenerator verwenden?

Buchstäblich alle Dieselgeneratoren laufen gleich gut mit Diesel für Lastkraftwagen (eingefärbt), Standarddiesel, Biodiesel (einschließlich Öl aus Pflanzenabfällen und frisch gepressten Ölen) sowie Heizöl. Genau genommen kamen alle diese Arten bis zur Einführung des schwefelarmen Diesels (ULSD, Ultra-Low Sulfur Diesel) vor wenigen

Jahren normalerweise aus den gleichen Fertigungsläufen der Raffinerien. Letztlich werden sie einfach nur anders vermarktet.

Heizöl verbrennt in jedem Dieselgenerator bestens, aber in vielen Ländern ist es verboten, ein Fahrzeug damit zu betanken und auf öffentlichen Straßen zu fahren. Das ist eine Frage der Besteuerung. Bis auf den roten Farbzusatz ist Heizöl fast identisch mit dem Dieselkraftstoff, der vor der Einführung von ULSD hergestellt wurde. Der einzig bedeutsame Unterschied zwischen den beiden besteht in den staatlichen Bestimmungen hinsichtlich des Ascherückstands. In den Vereinigten Staaten, Kanada, Großbritannien und einigen anderen Ländern ist es verboten, ein Fahrzeug mit eingefärbtem (nicht versteuertem) Kraftstoff zu betreiben. Wenn Sie den Treibstoff jedoch für einen Generator oder für ein Off-Road-Fahrzeug wie einen Traktor verwenden, können Sie natürlich nicht beschuldigt werden, die »Mineralölsteuer«, die auf Kraftstoffe für Fahrzeuge auf öffentlichen Straßen erhoben wird, zu umgehen. (Kraftstoffe für den Betrieb stationärer Maschinen wie Generatoren und Bewässerungspumpen oder für den Einsatz in Off-Road-Fahrzeugen sind von dieser Steuer ausgenommen.) Die Durchsetzung dieser Gesetzesvorschriften wird sehr unterschiedlich gehandhabt, aber die Strafen können beträchtlich sein, also halten Sie sich an die Gesetze.

Bei Kerosin ist die Sachlage anders. Dieser Kraftstoff besitzt eine zu geringe Schmierfähigkeit, um einfach in einer Dieselmaschine eingesetzt werden zu können. Außerdem habe ich gelesen, dass er heißer verbrennt als Diesel, deshalb könnte er die Einspritzventile beschädigen. Doch das ist höchstens unter außergewöhnlichen Umständen ein Thema, da Kerosin normalerweise deutlich teurer ist als Diesel. Doch in einem Notfall gehen Sie vermutlich kein Risiko ein, dass Ihr Generator Schaden nimmt, wenn Sie bis zu 20 Prozent Kerosin unter Ihren Dieselkraftstoff mischen. In vielen Ländern wird die zuvor erwähnte Mineralölsteuer übrigens auch auf Kerosin erhoben.

Es ist sogar möglich, eine Mischung mit gebrauchtem Motoröl in Ihren Dieselgeneratoren zu verbrennen, aber bedenken Sie, dass gebrauchtes Motoröl nachweislich krebserregend ist, weil es polyzyklische aromatische Kohlenwasserstoffe (PAH) enthält. Achten Sie also geflissentlich darauf, dass Ihre Haut beim Transport, bei der Handhabung, beim Filtern und Mischen damit nicht in Berührung kommt.

Beginnen Sie jetzt damit, sich Diesel- oder Flex-Fuel-Fahrzeuge zu kaufen

Wie wird das Verkehrswesen wohl in einer Zeit aussehen, in der Treibstoff sehr rar und kostbar sein wird und in der Ethanol und Biodiesel nur sporadisch zur Verfügung stehen, aber fast genauso teuer sein werden wie Benzin? Um zu verhindern, dass Sie liegen bleiben, achten Sie darauf, dass jedes Fahrzeug, das Sie ab jetzt kaufen, entweder mit Diesel oder mit einer Treibstoffmischung fährt, die zu 85 Prozent aus Ethanol und zu 15 Prozent aus Benzin besteht – dass es sich also um ein Flex-Fuel-Fahrzeug handelt. Letztere sind in der Lage, mit 85 Prozent Ethanol zu laufen. Man muss sich ein bisschen genauer umsehen, bis man sie findet, aber eines Tages werden Sie froh sein, dass Sie sich die Zeit genommen haben. Geben Sie »Flex-Fuel« oder »E85« als Suchbegriff ein. Hier auf der Rawles-Ranch ist das Auto, mit dem wir meist in die Stadt fahren, ein E85-Modell des *Ford Explorer 2003* mit Allradantrieb. Und wenn unser Kleiner, der 32 Meilen pro Gallone fährt, irgendwann den Geist aufgibt, wird er durch ein kompaktes Auto mit Mehrstoffmotor ersetzt werden. Für ein Maximum an Vielseitigkeit sollte mindestens ein Fahrzeug an Ihrem Zufluchtsort ein Diesel sein – vielleicht Ihr nächster Allrad-Pick-up mit Doppelkabine, Ihr nächster Traktor oder Ihr nächstes Geländefahrzeug. Mehr Details über Fahrzeuge finden sich in Kapitel 12.

Kompakte solarbetriebene Kühlschränke für Insulin

In den meisten Klimata außerhalb der Permafrostzone ist ein Kühlschrank für die Lagerung von Insulin ein absolutes Muss. Die einfachste Lösung ist, sich einen großen Propangastank und einen propangetriebenen Kühlschrank zu kaufen. Falls Sie lieber auf Photovoltaik setzen, empfehle ich die Zwölf-Volt-Gleichstromkühlschränke der Firma *Engel*, die bei *Safecastle* verkauft werden. Eine kleine Photovoltaikanlage, wie zum Beispiel die 520-Watt-»Hütten«-Anlage mit vier Solarmodulen, die von *Ready Made Resources* vertrieben wird, liefert ausreichend Strom, um einen kompakten Gleichstromkühlschrank der Firma *Engel* plus Batterieladegerät und ein paar kleine Lampen zu betreiben.

Beleuchtung

Es ist wichtig, über die Beleuchtungsbedürfnisse Ihrer Familie bei länger anhaltendem Stromausfall gründlich nachzudenken. Welche Aufgaben werden Sie erledigen müssen? Wie viele Familienmitglieder (und andere) werden bei Ihnen wohnen? Sind diese Mitbewohner alt genug, um mit Kerzen und Laternen vernünftig umzugehen? Wie viele Batterien werden Sie regelmäßig aufladen müssen? Brauchen Sie eine Nachtsichtausrüstung? Wie werden Sie die Verdunkelung regeln?

Kerzen und Laternen

Die einfachste Lösung der Beleuchtung ist die Nutzung von Kerzen und Kerosinlaternen. Sie werden natürlich die üblichen Sicherheitsvorkehrungen treffen müssen, insbesondere bei Flüssigbrennstoffen. Beim Kauf von Kerzen sollten Sie darauf achten, solche mit besonders langer Brenndauer einzulagern. Dafür wird eine spezielle Paraffinmischung verwendet, die einen hohen Stearinsäureanteil besitzt. Man kann sie bei Firmen wie *Nitro-Pak* bestellen. Außerdem findet man auch bei Discountern häufig billige Kerzen mit langer Brenndauer, nämlich Kirchenkerzen in hohen Glasgefäßen. Stellen Sie die Gefäße eine Stunde in Wasser, dann lösen sich die Aufkleber ab.

Falls Sie eine Kerosinlaterne kaufen, legen Sie sich einen großen Vorrat an sauber brennendem K-1-Kerosin zu (»wasserklar«). Vermeiden sie kommerzielles Lampenöl (auch bekannt unter dem Namen Flüssigparaffin), da es völlig überteuert ist. Natürlich werden Sie jede Menge Ersatzdochte der passenden Stärke und ein paar zusätzliche Lampenzylinder brauchen. Eine bewährte Faustregel lautet: Je jünger Ihre Kinder sind, desto mehr Ersatzlampenzylinder werden Sie benötigen.

Kann man Alkohol in Kerosinlampen und -maschinen verbrennen?

Ich wurde gefragt, ob die Möglichkeit besteht, andere Treibstoffe als normales Lampenöl oder Kerosin für Laternen zu verwenden und ob man Alkohol in Gas- oder Dieselmaschinen verbrennen kann. Angesichts des Flammpunkts von Alkohol sehe ich keinen Grund, wieso es das Kerosin in einer Kerosinlampe mit Docht nicht ersetzen können sollte. Ich vermute, dass die Firma *Dietz* und andere Dochtlaternenhersteller den Einsatz jeglicher anderer Stoffe als Kerosin oder Lampenöl nur aus Angst vor Gerichtsverfahren untersagen. Lediglich aus Haftungsgründen stellen Produzenten diese Ausschlussklauseln auf, nämlich aus Furcht, irgendein unvernünftiger Mensch könnte eine Lampe versehentlich mit Benzin füllen, was natürlich verheerende Konsequenzen haben könnte. Doch aufgrund der Verschiedenheit von Alkohol und Kerosin sollte Alkohol nicht in Kerosinlaternen mit Glühstrumpf, wie zum Beispiel einer Lampe der Marke *Aladdin*, verwendet werden. Man kann nicht davon ausgehen, dass Alkohol den Glühstrumpf richtig zum Glühen bringt.

Was Maschinen anbelangt, so ist die Umrüstung, damit diese mit Alkohol laufen, keine einfache Angelegenheit. Eine Schwierigkeit besteht darin, den Treibstofftank, die Zuleitungen und Filtersysteme umzurüsten. In den meisten Fällen muss für den Treibstofftank Edelstahl verwendet und alle Gummileitungen müssen ersetzt werden. Ich empfehle, bei Dieselmaschinen zu bleiben.

Taschenlampen und batteriebetriebene Lampen

Die Entwicklung der LEDs (White Light Emitting Diodes) in den 1990er-Jahren hat die Taschenlampentechnologie revolutioniert. Bis vor wenigen Jahren hätte ich nicht empfohlen, eine elektrische Campinglampe zu kaufen, da sie wahre Batteriefresser waren. Aber jetzt verbraucht die neue Generation von LED-Lampen erstaunlich wenig Strom, was dazu führt, dass die Batterien überraschend lange halten. Eine LED-Lampe von *Tuff Brite* mit wiederaufladbaren Batterien funktioniert zum Beispiel bis zu 70 Stunden lang. Diese Lampen sind bei *Northern Tool and Equipment* und mehreren anderen Internetanbietern erhältlich.

7

Gärten und Nutztiere

Zwar wird Ihnen Ihr Vorratslager beim Überwinden schwerer Zeiten helfen, doch für frische, auf Ihrem eigenen Land gezogene Lebensmittel und Fleisch gibt es keinen Ersatz. Das verlangt eine enorme Investition von Zeit, Geld und anderen Ressourcen, aber es wird sich auszahlen, wenn Sie in der Lage sein werden, zu dem Maismehl, das Sie aus den gelagerten Körnern gemahlen haben, einen frischen Salat, Eier und ein Glas Milch auf den Tisch zu bringen. In diesem Kapitel geht es um die grundlegenden Techniken zur Anlage eines Gartens und zum Halten von Nutztieren. Darin ist meine Frau eine echte Expertin, deshalb habe ich mich für diese Seiten hauptsächlich auf ihre Ratschläge gestützt.

Gartenbau

Einen neuen Garten anlegen

Für eine vierköpfige Familie würde ich als absolutes Minimum einen Garten von 7,5 auf neun Meter empfehlen. Durch Nutzung der intensiven biodynamischen Anbauweise nach französischer Art (auch double-dug genannt; *snipurl.com/hrmgo*) oder der intensiven biodynamischen Techniken des Quadratgartenbaus (Square Foot Gardening; *snipurl.com/hrn4c*) können Sie auf kleiner Fläche hohe Erträge erzielen, doch wenn Sie eine große Grundstücksfläche besitzen und sich das zusätzliche Zaunmaterial leisten können, dann sollten Sie in jedem Fall einen umzäunten Garten der dreifachen Größe anlegen. Das hat mehrere Vorteile. Erstens werden Sie ausreichend Platz haben, um mit einem Traktor manövrieren zu können. Der Einsatz eines von einem Traktor gezogenen Pfluges erspart Ihnen jede Menge Arbeit, vor allem im ersten Jahr, wenn Sie die Gartenerde vorbereiten. Zweitens kann der zusätzliche Gartenraum genutzt werden, um weitere Feldfrüchte zum Tauschen und Verschenken anzupflanzen. Sie wissen nie, wie viele Verwandte am Tag, nachdem die Welt, so wie wir sie kennen, zu Ende ist, an Ihre Tür klopfen werden.

Selbst wenn Sie jetzt weder Zeit noch Lust haben, einen Zaun zu bauen, sollten Sie zumindest das Material für die künftige Umzäunung eines großen Gartens kaufen – wenn solche Dinge schwer erhältlich sein könnten.

Getreideanbau, Ernte und Verarbeitung im kleinen Rahmen

Sie werden in Ihrem Garten Saisongemüse anpflanzen wollen, um für einen abwechslungsreichen und schmackhaften Speiseplan zu sorgen. Zu den robustesten, nahrhaftesten und am einfachsten anzupflanzenden Gemüsearten zählen Rettiche, Karotten, Rüben, Tomaten, Kartoffeln, grüne Bohnen, Zucchini und Mangold. Für detaillierte Ratschläge, wie diese anzupflanzen sind, empfehle ich das Buch *Gardening When it counts: Growing Food in Hard Times* von Steve Solomon. Da Ihr Anbau je nach Region und persönlichem Geschmack sehr unterschiedlich sein wird, konzentrieren wir uns hier darauf, wie der wichtigste Teil Ihrer Ernte anzupflanzen ist: Getreide.

Adam in Ohio, Leser von *SurvivalBlog*, schickte einen Link zur historischen Literatur über Agrikultur der Cornell-Universität (*chla.library.cornell.edu*), die Tausende alter Farmhinweise umfasst, welche sich als sehr nützlich erweisen könnten. Bedenken Sie jedoch, dass die Sicherheitsstandards im 19. Jahrhundert deutlich niedriger waren als die heutigen, deshalb gibt es in alten Formelsammlungen und Sachkundebüchern über den Ackerbau kaum Sicherheitshinweise. Setzen Sie beim Umgang mit Chemikalien, entzündlichen Flüssigkeiten, fremden Geräten und Schneidklingen, schweren Objekten und so weiter Ihren gesunden Menschenverstand ein. Achten Sie auf Sicherheit.

Das Buch *Small-Scale Grain Raising* von Gene Logsdon ist ein unschätzbarer Ratgeber, den jede vorbereitete Familie im Bücherregal stehen haben sollte. Gebrauchte Ausgaben findet man häufig zu Schnäppchenpreisen bei *Ebay* oder *Amazon*.

Für den Getreideanbau brauchen Sie nicht-hybride (alte) Sorten von Saatgut, sodass die Samen, die Sie von jeder Ernte aufbewahren, tatsächlich keimen und weiterhin Jahr für Jahr Erträge bringen. Das ist bei Hybridsorten nicht der Fall. Saatgut alter Kulturpflanzen erhält man über *Seed Savers Exchange*, *Seed for Security*, *Everlasting Seeds* und *Ready Made Resources*. Große Mengen Getreidesamen sollte man bekanntermaßen an einem kühlen, dunklen und trockenen Platz lagern. Getreidesamen müssen äußerst trocken aufbewahrt werden, um Schimmelbildung oder ungewünschtes Keimen zu verhindern. Außerdem müssen sie in stabilen, ungeziefersicheren Behältnissen gelagert werden. Wählen Sie lieber Stahl anstelle von Plastik.

Eine unserer bevorzugten Getreidearten für den Anbau auf kleiner Fläche ist Gerste. Als generelle Regel gilt, dass Sie in Regionen, in denen Winterweizen angepflanzt wird, Wintergerste aussäen sollten, und Frühlingsgerste, wo Frühlingsweizen gedeiht. Wenn Sie in einer wildreichen Gegend leben, werden Sie die Verwüstungen durch das Rotwild wahrscheinlich nicht hinnehmen wollen, deshalb sollten Sie einen stabilen Zaun errichten. Falls Sie es sich nicht leisten können, hohe Zäune um Ihre Getreidefelder zu bauen, ist die Pflanzung von Bartgerste eine Alternative.

Sollte ein Teil Ihres Grundstücks von Frühling bis Herbst sumpfig sein, könnten Sie in Erwägung ziehen, auf diesen Bereichen domestizierten Wildreis anzupflanzen. Eigentlich ist Wildreis gar kein richtiger Reis, da er zur Gattung der Gräser (*Zizania*) gehört und nicht etwa zur Gattung von Reis (*Oryza*). Wie der Getreideanbau allgemein wird auch der Wildreis Wasservögel und andere Vogelarten anlocken, was ein zweifelhaftes Vergnügen sein kann. Deshalb sollten Sie überlegen, ob nicht ein Gewehr und ausreichend Munition zu Ihren wichtigsten Werkzeugen für den Getreideanbau gehören sollten.

Werkzeuge und Ausrüstung

Für den Anbau von Getreide braucht man nicht nur einen Vorrat an Samen, sondern auch die richtigen Werkzeuge und Ausrüstung. Kaufen Sie Ausrüstung von der besten Qualität, die Sie finden können. Konzentrieren Sie sich auf die Technik des 19. Jahrhunderts. Diese ist low-tech und einfach in der Wartung. Es ist erstaunlich, was man bei *Ebay* alles ausfindig machen kann, wenn man regelmäßig danach sucht. Leider werden einige praktische Dinge wie zum Beispiel Sensen und Handmühlen heutzutage als »Dekorationsantiquitäten« verkauft. Yuppies und Ruheständler, die nur ihre Häuser verschönern wollen, haben die Preise in die Höhe getrieben, aber suchen Sie weiter, denn es lohnt sich, diese Werkzeuge zu besitzen.

Das Anpflanzen

Ein Saatstreuer ist ein absolutes Muss. Besorgen Sie sich einen mit Handkurbel verstellbaren Saatstreuer, den Sie sich um die Taille binden können. Für wirklich große Felder empfiehlt sich vielleicht ein Saatwagen. Selbst beim Anbau in kleinem Maßstab stellt ein einrädriger einstellbarer Saatwagen eine große Arbeitserleichterung dar. Die praktischen »dial-a-seed«-Wagen sind über *Lehmans.com* erhältlich. Beim Anbau im großen Stil ist eine von einem Pferd oder Traktor gezogene Ausrüstung vonnöten. (Das geht über den Umfang dessen, worüber ich hier schreibe, hinaus, wird aber von Logsdon in seinem Buch recht ausführlich beschrieben.) Die Zeit der Aussaat variiert und hängt vom Zeitpunkt des letzten frostfreien Tages in Ihrer Region ab. Bezüglich der Pflanztiefe, Häufigkeit und Fruchtwechsel sollten Sie sich an die Standardempfehlungen halten.

Ernte und Verarbeitung

Für die Maisernte werden Sie ein Maismesser und ein paar Schälpflöcke brauchen, die Sie sich am Handgelenk befestigen. Für Weizen und andere kleinkörnige Getreidearten benötigen Sie für die Ernte zumindest eine Handsense, doch für jede größere Anbaufläche werden Sie eine große gabelförmige Sense brauchen. In Logsdons Buch finden sich Pläne für den Bau einer kleinen Getreidedreschmaschine. Zur Not können Sie Getreide aber auch von Hand auf dem sauberen Zementboden einer großen Scheune dreschen.

Es gibt eine Vielzahl handbetriebener Maschinen, die eigens zum Schälen von Reis und Gerste, zum Pressen von Öl, Enthülsen von Mais und Erbsen und so weiter entwickelt wurden. Falls Sie Sorghumhirse oder Zuckerrohr anpflanzen, werden Sie wieder eine andere Art von handbetriebener Presse benötigen. Es könnte ein bisschen dauern, bis man solche Maschinen findet, weil kleine handbetriebene Maschinen nur noch in der Dritten Welt in Gebrauch sind, aber für Leute wie uns, die sich auf den Tag vorbereiten, an dem die Welt, so wie wir sie kennen, zu Ende ist, sind sie ungeheuer praktisch. Manchmal findet man gebrauchte, noch voll funktionstüchtige Maschinen über das Internet, aber wenn es Ihnen nichts ausmacht, Höchstpreise für fabrikneue Maschinen zu bezahlen, empfehle ich *Lehmans.com*. In Kapitel 5 finden sich weitere Details zum Thema Getreidemühlen.

Lagerung

Ob für den menschlichen Verzehr oder als Tierfutter vorgesehen, Ihr geerntetes Getreide wird zum Schutz vor Verderbnis und Ungeziefer ordentlich gelagert werden müssen. Ist der Feuchtigkeitsgehalt niedrig genug, um Schimmelbildung zu verhindern, werden die einfachen verzinkten Mülleimer (nagelneu gekauft) für die Getreidelagerung in kleinem Maßstab unter normalen Umständen ausreichen. Für einen größeren Umfang ist ein Lagerschuppen in Fertigbauweise ideal, wie diejenigen, die beispielsweise von der Firma *Butler* hergestellt werden. Maiskolben sollten in einem traditionellen Maisspeicher aus Holzlatten oder in einem gut belüfteten *Butler*-Schuppen aufbewahrt werden. Weitere Details zur Getreidelagerung finden sich in Kapitel 5.

Handhabung

Kaufen Sie sich eine große Getreideschaufel aus Aluminium – je leichter, desto besser, damit es weniger anstrengend wird. Um Korn, das sich noch an den Ähren befindet, zu bewegen, werden Sie einen Kornrechen brauchen (einen Rechen mit lediglich drei oder vier sehr langen Zinken).

»Beereneinweichen«

Ganze Weizenkörner können für 24 Stunden in Wasser eingeweicht werden, wodurch man Weizenbeeren erhält. Diese stellen, wenn sie erwärmt und mit Milch oder Sahne und einem Löffel Honig oder Molasse serviert werden, ein recht schmackhaftes und nährstoffreiches Frühstück dar.

Samenkeimung

Um durch das Getreide, das Sie anpflanzen, das Maximum an Nährwert zu erhalten, sollten Sie planen, den größten Teil davon keimen zu lassen. Legen Sie sich Vorräte an und üben Sie die Kunst des Keimens, *bevor* der Ballon hochgeht!

Übung, Übung, Übung!

Wie jede andere frisch erworbene Fertigkeit wird auch der Getreideanbau, das Ernten, Lagern, Mahlen und Ziehen von Keimen Übung erfordern. Entwickeln Sie Ihr Geschick jetzt, zu einer Zeit, in der etwaige Fehler nur lustige Patzer sind, nicht etwa lebensbedrohliche Katastrophen darstellen können.

Handwerkzeuge

In den vergangenen Jahren wurde der amerikanische Markt mit allen möglichen Produkten schlechter Qualität überschwemmt. Leider trifft das auch auf Handwerkzeuge zu. Diese sind inzwischen so allgegenwärtig, dass man aktiv nach hochwertigen Gartenwerkzeugen suchen muss. Die wenigen noch erhältlichen, in Amerika produzierten Werkzeuge sind um einiges teurer geworden, was auf den jüngsten Preisanstieg für Stahl sowie die deutlich verteuerten Transportkosten zurückzuführen ist.

Ich habe festgestellt, dass es inzwischen besser ist, nach gebrauchten, in Amerika hergestellten Werkzeugen Ausschau zu halten. Ironischerweise sind viele Werkzeuge, die als »Antiquitäten« verkauft werden, stabiler und leisten höchstwahrscheinlich länger ihre Dienste als die »fabrikneuen« Produkte aus China. Suchen Sie bei *Craigslist* oder bei *Ebay* danach. Falls Sie ein bestimmtes Werkzeug nicht gebraucht finden sollten: Die beste Bestelladresse für neue amerikanische, kanadische und europäische Werkzeuge ist *Lehmans*.

Das richtige Schleifen, Ölen und Lagern ist entscheidend, damit Ihre Werkzeuge über mehrere Generationen ihren Dienst tun. Das gilt insbesondere in feuchten Klimazonen. Halten Sie die Werkzeuge gut geölt. Je nach Klima brauchen Sie vielleicht Werkzeugkästen mit dicht sitzenden Deckeln und jede Menge Kieselgel. Falls Ihre Werkzeuge angerostet sind, beurteilen Sie ihren Zustand. Kleine Roststellen können mit Stahlwolle bearbeitet werden. Sind Werkzeuge jedoch stark verrostet, überlegen Sie, ob Sie das Geld ausgeben wollen, um sie glasperlenstrahlen zu lassen, oder ob Sie sie notfalls gleich ersetzen. Warum? Weil ein rostiges Werkzeug, das mit Ihren anderen Werkzeugen, die noch in gutem Zustand sind, in Kontakt kommt, »solidarisches« Rosten fördert und am Ende noch mehr kaputt machen wird. Übrigens ist das Glasperlenstrahlen möglicherweise eine Nebenerwerbsidee für zu Hause, falls Sie einen Seitenhof haben, den Sie dafür nutzen können. (Die Sache ist mit einigem Schmutz verbunden.) Sie könnten dieses Geschäft sogar während einer Krise weiterbetreiben, falls Sie einen Generator beziehungsweise eine leistungsfähige alternative Energieanlage besitzen.

Gartenschädlinge

In guten Zeiten sind Gartenschädlinge normalerweise nur ein Ärgernis, aber nach einer Katastrophe können sie darüber entscheiden, ob Sie ausreichend zu essen haben oder Hunger leiden. Es gibt kein Zaubermittel, das alle Gartenschädlinge auf einmal vernichtet. Seien Sie darauf vorbereitet, mehrere Maßnahmen gleichzeitig zu ergreifen:

- Ein stabiler Zaun, der hoch genug ist, um Schutz vor Rotwild zu bieten, und der unten so feinmaschig ist, dass er Hasen und Erdhörnchen abhält.
- Mehrere Katzen, die von ihren Eltern zu effizienten Mäusejägern ausgebildet wurden. Gute Mäusefänger jagen gewöhnlich auch Erdhörnchen. Und wie wäre es mit einem Terrier? Bis zur Entwicklung der modernen Gifte wurden kleine Hunde eingesetzt, um Mäuse, Maulwürfe und Erdhörnchen zu töten.
- Jede Menge Fallen, auch in der Erde vergrabene Maulwurf- bzw. Erdhörnchenfallen sowie überirdische Mäuse- und Rattenfallen (*victorpest.com*).
- Unmengen Randfeuerpatronen im Kaliber .22 und viel Geduld. Eine Waffe im Kaliber .22 mit Zielfernrohr stellt nicht nur einen Schutz vor Vögeln und Eichhörnchen dar, sondern kann auch genutzt werden, um Erdhörnchen zu schießen, wenn sie aus ihren Tunneln herauskommen, um Erde an die Oberfläche zu schieben. Sollten Sie in einer Stadt wohnen, werden Sie sich außerdem bestimmt ein starkes Luftgewehr zulegen wollen.
- Natürliche Schädlingsbekämpfer wie Marienkäfer (gegen Blattläuse), Netzflügler und Gottesanbeterinnen. Diese kann man je nach Jahreszeit über *Buglogical Control Systems* (*buglogical.com*) und *Home Harvest* (*snipurl.com/hrm2a*) beziehen.
- Je nach persönlicher Einstellung: Pestizide zur Insektenvernichtung. Leider töten diese auch nützliche Insekten.
- Um Vögel zu verscheuchen: Besorgen Sie sich ein paar große Eulen aus Plastik, die Sie auf Ihren Zaunpfosten befestigen, jede Menge reflektierende Streifen (zum Beispiel in Streifen geschnittene gebrauchte Partyballons aus Mylar) und nicht mehr gebrauchte CDs (an einer Monofil-Angelschnur aufgereiht und so angebracht, dass sich die CDs im Wind drehen). Bei größeren Gartenversandanbietern sind auch Vogelschutznetze erhältlich.

- Als letztes Mittel gegen ein starkes Vorkommen von Maulwürfen und Taschenratten können Sie eine Ködersonde mit Strychninverteiler (wie zum Beispiel eine RCO-Sonde) verwenden, dazu einen großen Vorrat an *RCO Omega bait* (*snipurl.com/hrm2t*) oder *Gopher Getter bait* (*snipurl.com.hrm3b*). (Normalerweise enthalten diese Mittel 0,5 Prozent Strychnin.) In manchen Bundesstaaten, wie zum Beispiel Kalifornien, sind diese Dinge vor Ort schwer erhältlich, es sei denn Sie sind kommerzieller Pflanzer, deshalb sollten Sie sich über die örtlichen Bestimmungen informieren, bevor Sie diese Köder bestellen. Beachten Sie, dass dieses Gift zum Tod Ihrer Haustiere führen kann, wenn diese ihre Beute tatsächlich fressen sollten, weil sie damit das Gift indirekt zu sich nehmen. Es gibt einen Trick für den Einsatz dieser Spender: Sobald Sie beim Einführen der Sonde in die Erde plötzlich keinen Widerstand mehr spüren, heißt das, dass Sie in einen »Lauftunnel« eingedrungen sind. Das ist dann der Augenblick, in dem Sie auf den Knopf drücken, um die Köderkörner zu verstreuen. Sie werden im Katastrophenfall wertvolles Fachwissen besitzen, wenn Sie die Fertigkeit (und die Vorräte) haben, um Maulwürfe und Erdhörnchen zu vernichten – eine Fertigkeit, die Sie auch für den Tauschhandel einsetzen könnten. Informieren Sie sich aber über die Vorschriften zur Schädlingsbekämpfung an Ihrem Wohnort.

Pflanzung im Haus

Zwergobstbäume

Sie können im Haus Zwergobstbäume ziehen, aber das kann arbeitsintensiv sein, da jede Blüte von Hand bestäubt werden muss (es sei denn, in Ihrem Haus wimmelt es von Bienen, Schmetterlingen beziehungsweise Fliegen). Das heißt, dass Sie für jedes Stück Obst, das Sie zu produzieren hoffen, Pollen von einer Blüte auf eine andere übertragen müssen. Früchte entwickeln sich nur dann, wenn der männliche Pollen auf die weibliche Narbe des Fruchtblatts aufgebracht wird. Das kann mithilfe einer Federspitze erfolgen. Falls Sie nur Platz für einen einzigen Baum haben, vergewissern Sie sich, dass er selbstbestäubend ist, das heißt, dass Ihr Baum sowohl männliche als auch weibliche Blüten hat. In der Natur sind Bäume nicht selbstbestäubend, und Sie würden zwei Bäume jeder Sorte kaufen müssen. Bei den meisten Zwergarten ist das Verhältnis von Ernteertrag und Arbeitsaufwand recht ernüchternd. Außerdem scheinen diese ziemlich anfällig für Insekten- und Pilzbefall zu sein. Darüber hinaus sind Zwergarten auf Wurzelstöcke okuliert, nicht aus Samen gezogen, deshalb können Sie aus den Samen keine neuen Zwergbäume ziehen. In einem Treibhaus können Sie Zwergbäume in einem großen Topf halten (wie zum Beispiel in einem halben Weinfass oder, wenn möglich, in einem noch größeren Gefäß). Sobald die Frostgefahr vorüber ist, können Sie den Topf auf einen niedrigen Möbelroller stellen und den Baum ins Freie schieben; bei Herbstbeginn müssen Sie ihn allerdings wieder ins Gewächshaus bringen. Zitronen wären bei einer lange andauernden Krise eine Köstlichkeit, wenn Zitrusfrüchte im Laden vielleicht nicht mehr erhältlich sind. Meine Urgroßmutter erzählte mir, dass Zitronenlimonade damals, als sie sich in North Dakota ansiedelten, eine lang ersehnte Köstlichkeit war, die es nur einmal im Jahr am Nationalfeiertag, dem 4. Juli, gab. Und eine Orange zu Weihnachten galt als absoluter Luxus. Wer weiß? Vielleicht werden Orangen und Zitronen eines Tages fantastische Tauschobjekte sein.

Samenkeimung

Das Keimen von Samen ist eine großartige Möglichkeit, sich mit den wichtigsten Vitaminen zu versorgen. Gekeimter Samen stellt Gramm für Gramm die nährstoffreichste und – was das Platz-Gewicht-Verhältnis anbelangt – effizienteste Form der Nahrungsbevorratung dar. Gekeimte Samen und Keimungssets (mit Schalen) sind über eine Vielzahl von Internetanbietern erhältlich (wie zum Beispiel *Ready Made Resources*, *Nitro-Pak* und *Lehmans*), aber jedermann kann frische, gesunde und äußerst nahrhafte Sprossen mit nichts weiter als ein paar alten Eiscremepackungen aus Plastik auf einer Küchenarbeitsfläche ziehen. (Allerdings sind Behälter mit Schutzfolie wegen des häufigen Gießens praktischer.) Sprossen können eine tolle Abwechslung zu Konservengemüse darstellen, während Sie darauf warten, dass die Feldfrüchte reifen, aber auch das ganze Jahr über frisches Grünzeug liefern. Zum Keimen eignen sich besonders: Mungobohnen, Linsen, verschiedene Erbsen- und Bohnensorten, Rettich, Alfalfa und Klee. Sie können auch einen richtigen Salat mit Mesclun-Sprossen zubereiten, die Sie in der Küche auf einem Tablett ein paar Zentimeter hoch wachsen lassen. Jede Menge Informationen und Zubehör erhalten Sie über *Sproutpeople* (*sproutpeople.com*). Sie können normales Saatgut und Bohnen aber auch im Supermarkt oder in Samenhandlungen kaufen.

Aufgrund ihres hohen Gehalts an Vitamin B 12 und anderen Vitamin-B-Varianten sowie an den Vitaminen A, K und C, aber auch an Mineralien, Aminosäuren und anderen Stoffen, die für die Gesundheit des Menschen wichtig sind, sollten Sprossen eine wesentliche Komponente Ihres Überlebensspeiseplans ausmachen. Getrocknete Samen, Körner und Hülsenfrüchte sind reich an Proteinen und komplexen Kohlehydraten, doch während des Keimungsprozesses steigt ihr Vitamin- und Nährstoffgehalt deutlich an. Ein weiterer Vorteil ist, dass sie viel leichter zu verdauen – und schmackhafter – sind als im Zustand vor der Keimung.

Nachdem Sie abgebrochene oder beschädigte Samen entfernt haben (diese könnten während des Keimens faulen), weichen Sie den Rest sechs bis acht Stunden in Wasser ein (etwa vier Esslöffel Samen auf einen Liter). Spülen Sie die Samen gründlich ab, bevor Sie sie in das Pflanzgefäß geben. Neigen Sie das Gefäß nach unten, damit das Wasser abfließen kann. Gießen Sie die Samen jeden Morgen und Abend vorsichtig. Wichtig ist, sie feucht zu halten, ohne sie ganz unter Wasser zu setzen. In den ersten Tagen ist kein Licht erforderlich, kann aber später zum Einsatz kommen. Die Keimdauer variiert, aber nach drei bis fünf Tagen sollten Sie erste essbare Sprossen haben. Diese können, nachdem sie gewaschen und abgespült wurden, in roher oder gekochter Form verzehrt werden. Sie sind eine hervorragende Energiequelle, und mit vielen Gefäßen mit Sprossen in unterschiedlichem Keimstadium steht Ihnen ein endloser Nachschub zur Verfügung.

Manche Bohnensorten, wie zum Beispiel die Kidneybohne, können im gekeimten Zustand giftig sein, deshalb informieren Sie sich und erkundigen Sie sich bei Ihrem Samenhändler.

Nutztiere

Zwei- und Dreinutzungstiere

Heutzutage, im Zeitalter der Spezialisierung, werden Nutztiere gezielt so gezüchtet, dass sie in einer Hinsicht ganz besonders effizient sind. Merinoschafe beispielsweise werden daraufhin gezüchtet, dass sie jede Menge Wolle produzieren, Suffolkschafe dagegen so, dass sie schnell das erforderliche Schlachtgewicht erreichen. Viele Hühnerzüchtungen brüten ihre Eier nicht mehr aus, weil sie gezielt für die Eierproduktion gezüchtet wurden. Sie haben ihren Brutinstinkt verloren. Die meisten unserer modernen Nutztiere fallen unter diese Spezialisierungskategorie, und im Verlauf dieses Spezialisierungsprozesses haben sie einige ihrer wertvollen Eigenschaften, wie zum Beispiel das Brutverhalten, die Fähigkeit, selbst auf Futtersuche zu gehen, sowie ihre Widerstandskraft gegen Krankheiten und Parasiten eingebüßt. Deshalb sind diese modernen Züchtungen für Überlebenszwecke nicht geeignet. Im Katastrophenfall werden wir Züchtungen brauchen, die ohne Veterinär, Medikamente und Futtervorrat überleben können.

Am besten gedient wäre dem Überlebenskünstler mit »alten« Nutztierzüchtungen, die als Zweinutzungstiere bezeichnet werden. Die meisten Zweinutzungszüchtungen werden auf kleinen Familienhöfen gehalten. Sie sind ziemlich selten. Zweinutzungsschafe sind dafür bekannt, dass sie Lämmer mit hochwertigem Fleisch sowie hochwertiger Wolle hervorbringen. (Allerdings besitzt diese Wolle gewöhnlich besondere Eigenschaften, die sie für den Nischenmarkt der Handspinnerei viel wertvoller macht als für kommerzielle Hersteller). Zweinutzungsrinder sind jene, die viel Milch geben und ausgezeichnete Muttertiere sind, deren Kälber schnell wachsen. Informieren Sie sich im Internet unter »Zweinutzungsschafe« oder »Zweinutzungsrinder«, um die große Vielfalt der erhältlichen Tiere kennenzulernen. Eine hervorragende Website, um etwas über die vom Aussterben bedrohten Zweinutzungszüchtungen zu erfahren, ist *American Livestock Breeds Conservancy* (*albc-usa.org*).

Überlebenskünstler wären am besten beraten, alte Züchtungen auszuwählen, die dem Klima und Terrain ihres Zufluchtsorts angepasst sind. Die Rawles-Ranch ist gut bewässert, und die meisten Weiden sind zeitweise geradezu sumpfig. Der amerikanische Mustang, der zwar eine extrem robuste und krankheitsresistente Pferderasse ist, ist für unseren sumpfigen Boden nicht geeignet. Der Mustang wurde im Südwesten gezüchtet und ist für Überlebenskünstler in trockeneren Gegenden viel geeigneter. Eine für unsere Verhältnisse passendere Pferderasse sind in den feuchten Bergen von Wales gezüchtete Rassen wie zum Beispiel der Welsh-Cob. Gleichermaßen muss unsere Schafrasse für feuchtere Weiden geeignet sein. Das Navajo Churro würde sich hier nicht wohlfühlen, aber dem Walisischen Bergschaf geht es bei uns prächtig.

Der Überlebenskünstler könnte auch Dreinutzungstiere in Erwägung ziehen. Das sind Züchtungen, die Fleisch, Milch und Wolle produzieren. Außerdem können sie als Zugtiere eingesetzt werden. Nomadenstämme haben ihre Kulturen rund um einige dieser Tiere entwickelt. Ein paar der eher ungewöhnlichen sind das Rentier, das Kamel und der Yak. Das Rentier, das zwar keine Wolle produziert, wird wegen seiner Milch, seinem Fleisch und seinem Fell geschätzt und darüber hinaus als Zugtier eingesetzt. Das Kamel dient nicht nur als Reittier und als Milch-, Fleisch- und Felllieferant, ihm wächst auch jeden Winter eine Wollschicht, die es im Frühjahr abwirft. Die Fasern können dann sofort zum Filzen verwendet werden. Oder man kann das kratzige Stockhaar scheren und daraus luxuriöses Garn herstellen. Von den eben erwähnten Tieren ist der tibetanische Yak am leichtesten zu beziehen und am einfachsten zu halten. Yaks können genau wie Rinder gehalten werden, bieten aber den zusätzlichen Nutzen, Milch mit extrem hohem Butterfettanteil und eine äußerst weiche Unterwolle zu produzieren, die sie im Frühjahr abwerfen. Darüber hinaus liefern ihre Kälber fettarmes Fleisch.

Eine Dreinutzungspferderasse ist der »Baschkire« oder Bashkirshy aus der Wolga-Region und der russischen Steppe südlich des Urals. Baschkire-Stuten sind dafür bekannt, täglich zehn bis 20 Liter Milch zu geben. Manche Baschkire haben ein gelocktes Fell, das bis zu 15 Zentimeter lang werden kann. Im Frühjahr wird es abgeworfen und kann gesponnen, gewebt oder gefilzt werden. (Die gelockten amerikanischen Baschkire-Züchtungen werden zwar Baschkire genannt, scheinen aber eine eigenständige Rasse zu sein. Die American-Bashkir-Curly-Züchtungen haben gelocktes Fell, geben allerdings nicht so viel Milch.)

Island-Schafe sind das Paradebeispiel von Dreinutzungstieren. In Island werden sie wegen ihrer Milchproduktion, ihrer Wolle und ihrer

Fähigkeit, Zwillingslämmer in vier bis fünf Monaten nur mit Gras zur Schlachtreife großzuziehen, geschätzt.

Weil die langen Trockenzeiten in einigen Teilen der Vereinigten Staaten zu hohen Heukosten führen, befinden sich die Preise für Nutztiere in manchen Teilen des Landes auf einem Dauertief. Falls Sie sich das Heu leisten können, könnte jetzt der richtige Zeitpunkt zum Kauf von Nutztieren sein. Alte Rassen sind normalerweise äußerst teuer, und die besten Züchter werden immer Spitzenpreise verlangen und eher androhen, die Tiere zu schlachten, als den Preis zu senken. Aber viele Hobbybauern lieben ihre alten Nutztiere wie Haustiere. Sie neigen dazu, jedes Jahr viel zu viele Lämmer beziehungsweise Kälber zu behalten, weil sie so süß sind. Diese Hobbybauern verkaufen ihre Tiere lieber unter Wert an Sie, als sie zum Schlachter zu schicken. Falls Sie nicht bereit sind, sich jetzt Tiere zuzulegen, behalten Sie für nächstes Jahr im Gedächtnis, dass der Herbst für Käufer immer die günstigste Zeit ist.

Tierliebende Überlebenskünstler wie ich, die sich über die Fähigkeit des Menschen wundern, gezielt so viele Arten zu züchten, werden sich gern auf der Website über Tierzüchtungen der *Oklahoma State University* (*snipurl.com/hrm3r*) umsehen.

Tipps für den Kauf von Nutztieren

Zwar waren über die Jahre die meisten meiner Nutztierkäufe zufriedenstellend, doch der Nutztierkauf kann voller Tücken sein. In der Hoffnung, dass Sie daraus etwas lernen können, berichte ich hier von einigen Fehlern, die ich gemacht habe. Zwar lügen Viehhändler die Kaufinteressenten nicht direkt an, aber häufig rücken sie nicht freiwillig mit wichtigen Informationen heraus, deshalb ist es äußerst wichtig, dass Sie sich ein Buch über jede Art von Nutztier besorgen, das Sie zu kaufen gedenken, und einige Recherchen durchführen, damit Sie genau wissen, welche Fragen Sie zu stellen haben. Achten Sie darauf, dass das Buch ein Kapitel über die Auswahl gesunder Tiere enthält. Es sollte Ihnen Hinweise für Anzeichen auf gesundheitlich angeschlagene oder sich nur schwer anpassende Tiere geben sowie Fragen nennen, die Sie dem Händler bezüglich der Gesundheit der Tiere stellen sollten. Folgende Bücher kann ich empfehlen: *Small-Scale Pig Raising* von Dirk Van Loon, *Raising Rabbits the Modern Way* von Bob Bennett, *Raising Sheep the Modern Way* von Paula Simmons, *Ducks & Geese in*

Your Backyard: A Beginner's Guide von Rick und Gail Luttmann, *The Family Cow* von Dirk Van Loon und *Raising a Calf for Beef* von Phyllis Hobson.

Als ich das erste Mal Schafe kaufte, wusste ich nicht, dass ich fragen sollte, ob die einjährigen Lämmer, auf die ich ein Auge geworfen hatte, entwurmt worden waren. Leider war das bei den fünf Lämmern, die ich erstand, nicht der Fall. Weil sie von diesen Parasiten so stark befallen waren, waren sie nicht in der Lage, den Stress des Transports, den Futterwechsel und die Umstellung auf die neue Umgebung zu verkraften. Sie bekamen rasch eine Lungenentzündung, und obwohl ich alles Mögliche unternahm, um sie am Leben zu halten, verendeten zwei der fünf Tiere, und der Verkäufer wollte mir mein Geld nicht zurückerstatten.

Für die erste Kuh, die ich kaufte, bezahlte ich einen Spitzenpreis, weil sie angeblich in weniger als zwei Monaten kalben sollte. Ich bat den Verkäufer nicht um eine tierärztliche Bestätigung, dass sie trächtig war. Sie hat nie gekalbt, und der Verkäufer wollte mir die zusätzliche Summe, die ich für die »hochträchtige« Kuh bezahlt hatte, nicht zurückerstatten. Wegen dieses Fehlers mussten wir ein weiteres Jahr die Milch im Laden kaufen.

Und dann gab es das Angora-Kaninchenpaar, das ich gekauft habe. Fälschlicherweise ging ich davon aus, ein »Zuchtpaar« würde tatsächlich Junge bekommen. Mir kam der Gedanke gar nicht in den Sinn, den Züchter zu bitten, mir zu demonstrieren, dass das Männchen dazu überhaupt in der Lage war. Das war es nämlich nicht. Und wieder wurde das Geld nicht zurückerstattet.

Das Temperament ist beim Kauf von Nutztieren ein weiterer wichtiger Aspekt. Es kann schwierig oder geradezu gefährlich sein, mit »bösartigen« Tieren zu arbeiten. Verlassen Sie sich nicht auf die Aussage des Verkäufers, was das Temperament des Tieres anbelangt; bestehen Sie darauf, es sich vorführen zu lassen. Besser noch: Kommen Sie früh, um die Tiere zu sehen, bevor der Verkäufer die Gelegenheit hat, die Tiere »bereit« zu machen.

Als ich meine zweite Kuh kaufte, erklärte ich dem Verkäufer am Telefon, dass ich vorhätte, sie sowohl auf dem Jahrmarkt vorzuführen, als auch zu melken. Am Telefon sagte er ständig, wie wunderbar das wäre. Doch ich vergaß, um eine Vorführung zu bitten, wie sie gehalftert, geführt oder gemolken werden konnte. Und er vergaß, mir zu sagen, dass sie absolut verrückt und wild war. Mir gelang es nur ein einziges Mal, sie zu melken, nämlich als sie in einem Fangstand eingeklemmt war.

Sie sehen also, wie wichtig es ist, seine Hausaufgaben zu machen. Finden Sie heraus, welche Fragen Sie stellen, welche Körperteile Sie genau untersuchen und worauf Sie achten sollten. Bestehen Sie darauf, vorgeführt zu bekommen, wie die Tiere gehandhabt, gehalftert, geführt, geritten und gemolken werden. Wenn es dem Verkäufer nur mithilfe gut ausgebildeter Hütehunde gelingt, der Tiere Herr zu werden, wie sollen Sie dann mit ihnen fertig werden? Und lassen Sie sich nicht durch die Position des Verkäufers als Vorsitzender des Züchterverbands zu dem Glauben verleiten, er oder sie würde Sie nicht täuschen oder Informationen zurückhalten, um einen Handel abzuschließen. Leider habe ich das auf die harte Tour herausgefunden. Beim Kauf von Nutztieren sollte »Gewährleistungsausschluss« Ihr Losungswort sein.

Die Bedeutung von Fett

Wie in Kapitel 5 bereits erwähnt, besteht eine meist übersehene wichtige Komponente eines Überlebensspeiseplans im Verzehr ausreichender Mengen an Fett für die Ernährungs- und Verdauungsausgewogenheit. Das Halten von Nutztieren ist eine hervorragende Möglichkeit, nicht nur um für Protein, sondern auch für Fett zu sorgen. Die Jagd ist als Quelle für Fette keine gute Option, es sei denn, Sie wohnen in einer Gegend, in der es Bären, Wildschweine oder Emus gibt. Die meisten anderen Wildtiere haben keinen ausreichenden Fettanteil. Kaninchenfleisch ist besonders fettarm. Und auch Wildbret besitzt einen ziemlich geringen Fettanteil. Einige der besten Nutztiere, was Fette anbelangt, sind:

Schweine

Ein paar selbst aufgezogene Schweine werden Ihre Familie sowohl mit Fleisch als auch mit Fett versorgen. Sie werden wahrscheinlich so viel davon haben, dass Sie es für Tauschgeschäfte nutzen beziehungsweise verschenken können.

Emus

Lesern, die kein Schweinefleisch mögen, empfehle ich, Schafe oder

Emus zu halten. Emu-Öl ist ein erstaunliches Produkt. Jeder, der jemals ein Emu geschlachtet hat, wird Ihnen bestätigen können, dass ein ausgewachsener Vogel eine gewaltige Menge Öl gespeichert hat.

Fische

Eine weitere Möglichkeit ist, in Teichen Fische zu züchten. Jeder, der daran denkt, eine Fischkultur zu betreiben, sollte in Erwägung ziehen, mindestens eine besonders fettreiche Spezies wie zum Beispiel den Maifisch zu züchten – einfach als Quelle von Fischtran.

Kühe

Falls Sie genügend Platz haben, um eine oder mehrere Kühe zu halten, steht Ihnen eine riesige Menge an Butterfett zur Verfügung (auch in diesem Fall so viel, dass Sie einiges zum Tauschen und Verschenken übrig haben werden).

Ziegen

Sollten Ihnen Rinder zu groß sein oder sollten Sie in einer Gegend leben, in der es Einschränkungen gibt, die das Halten von Rindern verbieten, könnten Sie sich vielleicht Milchziegen anschaffen. Sie sind ganz leicht zu handhaben (allerdings manchmal nicht leicht auf eingezäunten Weiden zu halten), und außerdem beseitigen sie jegliches Gestrüpp gründlich. Ziegenfleisch selbst besitzt zwar nicht viel Fett; doch es ist möglich – wenn auch recht schwierig –, Butter aus Ziegenmilch herzustellen. Die amerikanischen Nubian-Ziegen sind von allen Züchtungen diejenigen, deren Milch den höchsten Butterfettgehalt aufweist. Dennoch muss die Milch zentrifugiert werden, bevor man daraus Butter herstellen kann.

Hühner

Eigelb ist ein weiterer wichtiger Fettlieferant.

Spare in der Zeit, dann hast du in der Not

Überlebenskünstler müssen sich ernste Gedanken darüber machen, wie sie das erlegte Wild verarbeiten. Aller Wahrscheinlichkeit nach werfen Sie derzeit Fett, Nieren, Zungen und Innereien weg. Manche Jäger geben sogar Herzen und Lebern in den Müll. In einer Katastrophensituation wäre es dumm, wertvolle Fettquellen zu verschleudern.

Die amerikanischen Indianer sind dafür bekannt, dass sie Fett horteten. Bärenfett und das Fett von Biberschwänzen standen besonders hoch im Kurs. Beide Fette sind vielfältig einsetzbar, so zum Beispiel zum Schmieren, für medizinische Zwecke und sie werden sogar als Energiequelle für Beleuchtung verwendet.

Eine wichtige Warnung vor Bären für all diejenigen, die in einer Region, in der sich Eisbären tummeln, leben: Essen Sie monatlich nicht mehr als sieben Gramm Bärenleber. Da die Bären ihre Beute im Meerespackeis jagen, enthalten ihre Lebern wie bei vielen anderen Raubtieren der Polarregion so hohe Konzentrationen der Vitamine A und D, dass es durch den Verzehr zu einer Vitaminvergiftung kommen kann. 110 Gramm Eisbärleber enthalten etwa 2 250 000 IE Vitamin A. Das ist grob das 450-Fache der empfohlenen täglichen Dosis für einen Erwachsenen mit einem Körpergewicht von 80 Kilogramm. Meines Wissens ist das bei Bären in niedrigeren Breiten zum Glück kein Thema.

Vielseitige Weideeinzäunung

Genauso wichtig wie das Fernhalten von Schädlingen aus Ihrem Garten ist, die Nutztiere auf Ihrem Grundstück zu halten. Sie werden einen guten, stabilen Zaun brauchen. Meine bevorzugte Art der beweglichen Weideeinzäunung ist ein 1,2 Meter hoher Maschendrahtzaun, der an 1,8 Meter hohen stabilen T-Pfosten – in einem Abstand von drei bis dreieinhalb Metern eingeschlagen – gespannt wird. Damit haben Sie einen Zaun, der Schafe, die meisten Ziegenarten, die meisten Rinder, Lamas, Alpakas, Esel, Pferde, Maultiere und mehr zurückhalten wird.

Das Spannen des Maschendrahtzauns erfolgt am besten mit einer 1,2 Meter langen »mit Zähnen versehenen« Stange, die den Draht hält. Solche Stangen kann man fertig kaufen oder sich in der hauseigenen Schweißerei selbst herstellen. Doch für jene, die kein Schweißgerät besitzen, gibt es hier eine einfache Notlösung, die aus Holz, Schlossschrauben und einer Kette hergestellt werden kann: Sägen Sie zwei Kanthölzer (fünf auf zehn Zentimeter) auf eine Länge von 1,3 Meter zu und bringen Sie an einer Längsseite eine Reihe vorstehender Schrauben an. Bohren Sie eine Reihe flacher Löcher in das andere Brett, sodass die Schrauben des ersten hineinpassen. (Wie die Zähne an einer kommerziell hergestellten Stange werden diese Schrauben den Druck auf die gesamte Höhe des Maschendrahts gleichmäßig verteilen.) Bohren Sie an beiden Enden Löcher in die Latten und bringen Sie 15 Zentimeter lange Zehn-Millimeter-Schlossschrauben an. Befestigen Sie Ketten an den Schlossschrauben und verbinden Sie diese Ketten mit einem Mehrzweckzug. Falls als Anker für das Spannen keine großen Bäume zur Verfügung stehen, wird auch die Abschleppkupplung eines geparkten großen Pick-ups ausreichen. **Warnung**: Hier gelten sämtliche Sicherheitsmaßnahmen für die Arbeit mit Mehrzweckzügen!

Meiner Erfahrung nach funktionieren gebrauchte, mit Kreosolöl getränkte Eisenbahnschwellen wunderbar als H-Stützen sowie als Anker- und Eckpfosten. Um die diagonalen Drähte an den H-Stützen zu spannen, benutze ich lieber Ratschenspanner als die herkömmliche Methode mit »Drehstock«-Winden. Tragen Sie in jedem Fall Handschuhe, um Hautkontakt mit dem giftigen Kreosol zu vermeiden.

Wenn sie einen Zaun auf felsigem Untergrund bauen wollen, wird eine zwei Meter lange glatte Grabstange mit verstärkter Spitze unverzichtbar sein. Sollten Sie entlang der gewünschten Zaunlinie auf extrem felsigen Untergrund stoßen, können Sie überirdisch »Steinboxen« bauen – von der Art, wie Sie sie vielleicht schon im Osten Oregons gesehen haben. Das sind etwa 1,2 Meter hohe Zylinder aus Maschendraht von sieben bis zehn Zentimeter Durchmesser, die man mit Steinen jeder Größe füllt, von der Größe einer Faust bis einer Bowlingkugel. Da der Zaun gespannt werden muss, sollten Sie sicherstellen, dass auf der Seite der Steinbox, die zum Hauptdraht des Zauns zeigt, keine Steinspitzen durch den Maschendraht herausragen, an welchen sich der Hauptdraht des Zauns beim Spannen verhaken könnte.

Vor allem Pferde neigen dazu, Maschendrahtzäune zu beschädigen. Insbesondere auf kleinen Weiden strecken sie häufig den Kopf über den Zaun, um an das Gras auf der anderen Seite zu gelangen. Sie können oben am Zaun einen »heißen« Draht anbringen, der an ein

Gleichstromladegerät wie beispielsweise jene der Firma *Parmak* (*parmakusa.com*) angeschlossen ist. Ein solches benutzen wir hier auf der Rawles-Ranch. Für den Fall, dass der Strom ausfällt, ist natürlich ein solarbetriebenes Ladegerät am besten.

Ich bevorzuge Tore aus Stahlrohr. Wenn Sie ein Stück Maschendraht oder ein Schweinegitter daran befestigen (oder anschweißen beziehungsweise anlöten), wird das Tor »schafsicher« sein.

Um die Sicherheit zu erhöhen, sollten Sie zumindest einen der Scharnierbolzen nach oben und einen nach unten zeigen lassen. Andernfalls kann ein Eindringling ein verschlossenes Tor einfach aus dem Scharnier heben. Darüber hinaus können Sie die Muttern an mehreren Punkten sowohl an die Bolzengewinde als auch an die Scharnierbänder festschweißen, um zu verhindern, dass sie auseinandergebaut werden.

8

Medizinische Ausstattung und Ausbildung

Für Familien, die wirklich vorbereitet sein wollen, sind medizinische Ausbildung und medizinische Vorräte ein absolutes Muss.

Dieses Kapitel soll Ihnen mittels einer Übersicht über einige der üblichen medizinischen Vorbereitungen und Übungen helfen, gesund und am Leben zu bleiben. Weil dieses Kapitel viele Themen umfasst, die über meine eigenen Kenntnisse hinausreichen, werde ich mich darin im Wesentlichen auf Artikel stützen, die von Gesundheitsexperten bei *SurvivalBlog* eingestellt wurden. Bitte bedenken Sie, dass diese Ratschläge keineswegs als Ersatz für die ärztliche Betreuung gedacht sind. Sie sollten sich auch im Krisenfall, wann immer möglich, von einem medizinischen Fachmann untersuchen lassen – und es ist ratsam, für Ihren persönlichen Vorbereitungsplan einen solchen zu konsultieren.

Nehmen Sie an Ausbildungskursen teil

Ungeachtet der Frage, ob zu Ihrer Gruppe eine medizinisch ausgebildete Person gehört, empfehle ich, dass alle erwachsenen Gruppenmitglieder sich so viele medizinische Kenntnisse aneignen sollten, wie es ihre Zeit erlaubt. Beginnen Sie damit, beim Roten Kreuz an Grund- und Aufbaulehrgängen in Erster Hilfe sowie an einem Wiederbelebungskurs teilzunehmen. Außerdem schlage ich vor, dass mindestens ein Mitglied der Gruppe einen Lehrgang als Rettungssanitäter absolviert. Das tut man am besten, indem man sich als Freiwilliger beim örtlichen Rettungsdienst meldet. Dabei handelt es sich gewöhnlich um bezahlte Dienste, die die Ausbildungskosten wieder wettmachen. Zusätzlich könnten Sie den Sanitäterkurs, den die Sanitätstruppe anbietet, belegen. Einige Leser von *SurvivalBlog* haben diesen Kurs absolviert, und sie haben alle berichtet, wie beeindruckt sie von ihrer Ausbildung waren. Bei diesem kostengünstigen Training, das von einem in der

Notfallambulanz tätigen Arzt mit 35-jähriger Erfahrung geleitet wird, werden Sie viele Dinge lernen, die einem beim Roten Kreuz nicht beigebracht werden. Zum Beispiel liegt hier ein Schwerpunkt auf der Behandlung von Schusswunden.

Fitness und Körpergewicht

Vorbeugung ist die beste Medizin, deshalb sollte jeder gut vorbereitete Mensch darauf achten, in Form zu bleiben. Ein guter Muskeltonus verhindert Rückenverletzungen und andere Muskelprobleme und hält Sie bereit für die Härten, die ein unabhängiges, autarkes Leben mit sich bringt. Auf jeden Fall wird nach dem Ende der Welt, so wie wir sie kennen, wie im 19. Jahrhundert jede Menge Muskelarbeit angesagt sein. Sich gesund zu ernähren und auf ein angemessenes Körpergewicht zu achten, ist ebenfalls äußerst wichtig. Dadurch werden Sie für die körperlichen Herausforderungen gerüstet sein, und Sie werden bei Ihren Vorbereitungen einen Punkt weniger haben, um den Sie sich sorgen müssen.

Für manche Leute könnten die Härten des Lebens nach einem gesellschaftlichen Zusammenbruch zu viel sein, es sei denn sie zeigen sich entschlossen, ihr Körpergewicht zu reduzieren und sehr viel Sport zu treiben. Jenen von Ihnen, die übergewichtig und außer Form sind, rate ich, ab sofort ein paar Dinge zu verändern. Streichen Sie Junkfood von Ihrem Speiseplan. Essen Sie gesunde, katabolische Snacks. Wenn Sie am Schreibtisch arbeiten, machen Sie wenigstens in Ihrer Mittagspause einen Spaziergang. Bauen Sie diesen Spaziergang fest in Ihren Tagesablauf ein. Parken Sie Ihr Auto auf dem Firmenparkplatz immer am hintersten Ende. Nehmen Sie die Treppe statt des Aufzugs oder der Rolltreppe. Melden Sie sich in einem Fitnessklub an. Kaufen Sie sich kleinere Essteller. Die Summe dieser kleinen Maßnahmen machen Sie mit der Zeit schlank und fit. Man braucht nur etwas Disziplin.

Zur Fitness gehören auch Kraft, Herz-Kreislauf-Belastbarkeit und Beweglichkeit. Von besonderer Bedeutung wird die Kraft in Ihren Händen und Unterarmen sein (das Schleppen von 20-Liter-Eimern ist keine leichte Aufgabe), aber auch die Kraft im unteren Rücken sowie ein gutes, starkes Herz.

Der Verbandskasten einer vorbereiteten Familie: Was brauchen Sie wirklich?

Sie sollten nicht nur einen umfangreichen Erste-Hilfe-Kasten haben. Sie werden auch zusätzliche »Grundvorräte« zumindest jener Utensilien brauchen, die lange gelagert werden können. Dinge wie Verbandsmull, OP-Faden, Verbandszeug und Schienen haben eine Haltbarkeit, die in Jahrzehnten gemessen werden kann. Zwar enthält einiges davon Klebstoffe, die mit der Zeit austrocknen, aber das können Sie wettmachen, indem Sie alle zwei oder drei Jahre ein paar Rollen Leukoplast kaufen. Außerdem müssen Sie an so alltägliche Dinge wie Strohhalme, Wärmflaschen, Bettpfannen und Feuchttücher für Babys denken. Darüber hinaus rate ich Ihnen, nach einem gebrauchten, über Handkurbel verstellbaren Krankenhausbett älteren Stils Ausschau zu halten.

Auf jeden Fall werden Sie für Ihren Zufluchtsort einen Verbandskasten zusammenstellen wollen. Der folgende Absatz wurde freundlicherweise vom Rettungssanitäter J. N. zur Verfügung gestellt:

Der Verbandskasten

Von größtem Interesse ist für uns, in der Lage zu sein, ein paar einfache Eingriffe durchführen zu können, die kleine Probleme beheben und uns Zeit sparen, um nur für größere Probleme einen Arzt aufsuchen zu müssen.

Was ein Mensch grundlegend zum Leben braucht, sind: **freie Atemwege, Atmung und Blutzirkulation**.

Jede Unterbrechung dieser drei führt, falls keine sofortige Intervention erfolgt, zum Tode. Es gibt noch andere häufig auftretende Probleme, die lebensbedrohlich werden können: Schock, Hyperthermie, Dehydratation, Fieber, Infektionen und schwere Verletzungen. Zudem gibt es eine Reihe kleinerer Probleme, die sich zu großen entwickeln können, wenn wir sie ignorieren. Ein verstauchter Knöchel kann dazu führen, dass Sie nicht in der Lage sind, sich in Sicherheit zu bringen. Ein kleiner Schnitt kann eitern, wenn er verunreinigt wird. Durchfall ist in erster Linie lästig, aber er kann tödlich sein, wenn er länger als ein paar Tage anhält.

Damit Ihr Verbandskasten wirklich von Wert ist, sollte jeder Artikel Ihnen bei der Behebung dieser Probleme helfen können und im Idealfall vielseitig zu nutzen sein. Der unten aufgeführte Verbandskasten wurde nach gründlichen Recherchen als guter Kompromiss zwischen Nützlichkeit und Kosten zusammengestellt. Die Artikel sind nach Kategorien geordnet.

Schutzmaßnahmen
(1) 0,05-Liter-Flasche Handsterilisierungsmittel
(4) Gummihandschuhe
(1) Beatmungsmundschutz

Instrumente
(1) Pinzette
(1) Verbandsschere
(2) Einmal-Thermometer
(1) Rasierklinge

Verbandsmaterial
(20) 2,5-Zentimeter-Wundpflaster, Stoff
(2) Rollen Zehn-Zentimeter-Verbandsmull
(1) kleine Rolle Leukoplast
(4) Mullkompressen, zehn auf zehn Zentimeter
(1) Dreieckstuch
(1) elastische Binde, 7,5 Zentimeter
(10) Wundverschlusspflaster, 0,5 auf vier Zentimeter
(2) Benzointinktur-Tupfer
(2) Kühlkompressen

Medikamente
(6) Packungen Dreifach-Antibiotika
(20) Diphenhydramin-Tabletten, zum Beispiel Betadorm, Dormutil, Vivinox
(20) Ibuprofen-Tabletten
(18) Imodium-Tabletten
(15) Aspirin

Sonstiges
(4) Plastikfläschchen
(1) Tüte, Fünf-Liter-*Ziploc*-Gefrierbeutel

Es folgt eine kurze Erklärung zu jeder Artikelgruppe, und wie sie Ihnen eines Tages nützlich sein könnte.

Schutzmaßnahmen

Diese Artikel sollen dazu dienen, dass Sie, der Retter, sich nicht bei jemandem, dem Sie helfen wollen, mit einer Krankheit anstecken.

Handsterilisation ist immer sinnvoll. Fragen Sie eine Krankenschwester, wie wichtig das ist. Das auf Alkohol basierende Gel ist nicht optimal, aber es wird das Beste sein, was Sie bekommen können, wenn das wirksamere seifige Mittel nicht erhältlich ist.

Handschuhe sind ein guter Schutz, wenn Kontakt mit Körperflüssigkeiten (Blut, Erbrochenes usw.) besteht. Die teureren Nitril-Handschuhe sind besser, zumal manche Menschen auf Latex allergisch reagieren. Außerdem sind sie stabiler.

Ein Beatmungsmundschutz ist ein absolutes Muss – er könnte darüber entscheiden, ob man jemandem ohne zu zögern hilft oder nicht bereit ist, das Risiko einzugehen.

Instrumente

Mit ein paar einfachen Werkzeugen ist das Entfernen eines Splitters, das Aufschneiden eines Kleidungsstücks oder das Messen von Vitalfunktionen wesentlich leichter. Verbandsscheren sind billige, strapazierfähige Scheren, mit denen man sogar eine Münze durchschneiden kann. Wie die anderen Artikel werden auch sie vielerlei Verwendung finden.

Verbandsmaterial

Verbände werden genutzt, um Blutungen zu stoppen und Wunden zu schützen. Ein Sortiment Wundpflaster kann Ihnen helfen, kleine Verletzungen zu behandeln, während die größeren Mullkompressen und Binden bei größeren Schnitt- und Schürfverletzungen hilfreich sein können. Mit einer elastischen Binde kann man eine Verstauchung behandeln, eine provisorische Schiene an einem Bein befestigen oder auf einer stark blutenden Wunde einen Druckverband anbringen. Ein zusätzlicher Artikel, den man im Verbandskasten haben könnte, wäre eine oder mehrere Damenbinden. Neben ihrem Einsatz als Monatshygiene eignen sie sich bei großen Verletzungen hervorragend zum Aufsaugen von Blut.

Bei schweren Schnittverletzungen kann man die Haut, ohne dass man eine besondere Ausrüstung oder Ausbildung braucht, mit Wundverschlussstreifen verschließen. Dabei handelt es sich um dünne Pflasterstreifen, etwa 0,5 Zentimeter breit und vier bis fünf Zentimeter lang, mit superhaftbarem Klebstoff beschichtet und mit Stofffasern verstärkt. Nachdem die Wunde gründlich gereinigt wurde (ein in eine Gefriertüte gebohrtes Loch erlaubt Ihnen möglicherweise, auch eine tiefe Wunde mit sauberem Wasser auszuspülen), werden Wundverschlussstreifen wie Stiche über der Wunde angebracht, sodass die Ränder zusammengezogen werden.

Benzointinktur (ein klebriges Desinfektionsmittel, das auf Wunden aufgetragen wird) führt dazu, dass Wundverschlusspflaster besser kleben. Richtig angebracht, halten die Pflaster selbst bei Wasserkontakt bis zu zwei Wochen lang. Verschwenden Sie kein Geld für Pflasterzugverbände; Wundverschlusspflaster sind diesen weit überlegen.

Medikamente

Die folgenden günstigen Mittel kann man (zumindest in den USA) rezeptfrei kaufen.

Antibiotische Wundsalben (zum Beispiel Neosporin) sollte man auf Schnittwunden auftragen, um die Infektionsgefahr zu mindern, vor allem in schmutziger Umgebung.

Diphenhydramin (zum Beispiel Betadorm, Vivinox oder Dormutil) ist ein Antihistamin (Antiallergikum), das gegen Erkältungs- und Grippesymptome, wie zum Beispiel eine Triefnase und Blutandrang, helfen kann, allergische Reaktionen weniger heftig ausfallen lässt und beim Einschlafen hilft. (Viele rezeptfreie Schlafmittel enthalten Diphenhydramin.) Darüber hinaus kann die rechtzeitige Einnahme von Diphenhydramin Ihnen das Leben retten, falls Sie einen anaphylaktischen Schock erleiden (das ist eine schwere allergische Reaktion, zum Beispiel wenn Sie von einer Biene gestochen werden).

Ibuprofen wirkt schmerzstillend, entzündungshemmend und fiebersenkend. In einer Katastrophensituation könnte es entscheidend sein, unaufschiebbare Arbeiten ohne Kopfschmerzen oder Behinderung durch eine Sportverletzung erledigen zu können. Ebenso lebenswichtig könnte es sein, bedrohlich hohes Fieber zu senken.

Aspirin besitzt ebenfalls schmerzlindernde und fiebersenkende Wirkung, allerdings sollte es aufgrund der Möglichkeit einer lebensbedrohlichen Komplikation, die unter dem Namen Reye-Syndrom bekannt ist, niemals an Kinder, die Fieber haben, verabreicht werden. Häufig wird Aspirin auch von Rettungssanitätern bei den ersten Anzeichen eines Herzinfarkts verabreicht.

Imodium (Ioperamid) wird zur Behandlung von Durchfällen eingesetzt. Durchfall kann zum Tode führen, wenn er eine schwere Dehydratation zur Folge hat. Im Notfall könnte eine Einnahme von Imodium über zwei oder drei Tage lebensrettend sein.

Wichtig ist, dass jedem Medikament in Ihrem Verbandskasten der Beipackzettel beiliegt. Fertigen Sie Fotokopien der Medikamentenpackungen und der Beipackzettel an. Achten Sie darauf, auch die Haltbarkeitsdaten zu notieren. Alle diese Medikamente sollten nach dem Kauf mindestens ein Jahr haltbar sein, aber überprüfen Sie es.

Kleine Plastikfläschchen eignen sich gut zum Verpacken von Medikamenten, die in großen Mengen eingekauft wurden. Fügen Sie ein Stückchen Watte hinzu, falls Sie die Tabletten vor dem Zerbrechen durch Erschütterung schützen müssen. Vergessen Sie nicht, für jedes Fläschchen Aufkleber auszudrucken.

Und denken Sie stets daran, dass der beste Verbandskasten der ist, den Sie in Form einer Ausbildung im Kopf haben. Melden Sie sich für einen Erste-Hilfe- und einen Wiederbelebungskurs beim Roten Kreuz an oder absolvieren Sie eine Ersthelferausbildung. Lesen Sie Bücher oder belegen Sie Onlinekurse. Im Internet gibt es verschiedene ausgezeichnete und darüber hinaus kostenlose Möglichkeiten.

Sonderzubehör

Rehydrationslösung

Falls Sie an schwerem Durchfall erkranken sollten, könnten Sie an Dehydratation und Elektrolytmangel sterben. Ein Vorrat an *Pedialyte*, *Gatorade* (mit 50 Prozent Wasser auffüllen) oder einem selbst gemischten Äquivalent kann Leben retten. Das Grundrezept besteht aus einem Teelöffel (fünf Milliliter) Salz, acht Teelöffeln Zucker und einem Liter Wasser.

SAM Notfallschiene (oder Nachahmerprodukt)
Dabei handelt es sich um ein sehr vielseitiges Gerät zum Schienen, das aus dünnem Aluminium auf einer Schaumstoffstütze besteht. Sie können es biegen und zum Schienen von Armen, Gelenken, Beinen usw. verwenden – oder es mit Ihrer Verbandsschere zerschneiden, um daraus Fingerschienen herzustellen.

N95-HEPA-Masken (High Efficieny Particulate Air Filter)
Falls Sie Angst vor Krankheitserregern in der Luft haben, empfiehlt sich dic Anschaffung solcher Masken. Die meisten Baumärkte bieten Masken an, die der N95 oder höheren Normen entsprechen, und kleine, zusammenfaltbare Masken sind in Apotheken erhältlich.

Verbesserter Beatmungsmundschutz
Der Einmalmundschutz für einen Dollar tut seine Dienste, aber ein verbesserter Schutz mit Einwegventil macht die Sache einfacher. Der Minimundschutz von MDI ist ein guter Kompromiss, weil er besser ist als die dünne Plastikfolie, ein Einwegventil besitzt und mit einem Gummiband versehen ist.

Absaugung
Freie Atemwege sind für jemanden, der eine schwere Verletzung erlitten hat oder schwer krank ist, von entscheidender Bedeutung. Es gibt zwar kommerzielle Absauggeräte, aber eine normale Bratenspritze stellt eine kostengünstige provisorische Lösung dar. Sie kostet weniger als zwei Dollar und ist eine nützliche Ergänzung für den Verbandskasten.

Dünner Filzstift und Papier
Beides ist nützlich, um Vitalparameter aufzuschreiben. Mit einem Filzstift können Sie für den Fall, dass das Papier während des Transports oder der Evakuierung verloren gegangen ist, dem Patienten die Ziffern auch auf die Hand schreiben.

Kontaktlinsen
Vergewissern Sie sich, dass Sie sich mindestens zwei Ersatzbrillen verschreiben lassen. Wenn Sie lieber Kontaktlinsen tragen, sehe ich

keinen Grund, warum Sie sich nicht einen Vorrat an weichen Wegwerflinsen und Flaschen mit Kochsalz- und Reinigungslösung anlegen sollten. Nur eine Warnung: Versuchen Sie nicht, dadurch, dass Sie die Tragedauer der Linsen ausdehnen, dafür zu sorgen, dass Ihr Vorrat länger hält. Eine Augeninfektion mitten in einer Katastrophe wäre tragisch. Sobald Sie Ihren Vorrat an Kontaktlinsen aufgebraucht haben, gehen Sie einfach dazu über, Ihre Brille zu tragen.

Ein ausgezeichneter Anbieter sehr günstiger Kontaktlinsen und Zusatzprodukte ist *1800Contacts.com.*

Hygiene bei einem Zusammenbruch des Stromnetzes

Wir nehmen das Funktionieren sanitärer Einrichtungen häufig für so selbstverständlich, dass wir möglicherweise ganz vergessen, wie wichtig sie sind. Es gibt mehrere Hygienebereiche, die es zu beachten gilt:

Lebensmittel

Der offenkundigste Bereich, den Sie berücksichtigen müssen, ist jener der Essenszubereitung. Wir sind uns alle bewusst, wie wichtig es ist, sich die Hände gründlich zu waschen und die gegenseitige Kontamination von Lebensmitteln wie Fleisch und Gemüse zu verhindern. Sämtliche Arbeitsoberflächen, auf denen Lebensmittel zubereitet werden, sollten pikobello sauber sein. Das gilt auch für Bereiche, in denen geschlachtet wird. Diese sollten mit dem Wasserschlauch abgespritzt und desinfiziert werden, und das Fleisch sollte gründlich abgewaschen werden, um sicherzustellen, dass der Inhalt der Innereien des Tieres nicht mit dem Fleisch in Berührung kommt. Man sollte die Tiere mit luftdurchlässigen Stoffsäcken abdecken, um das Fleisch während des Abhängens gegen Fliegen und Schmutz zu schützen. Sämtliche Utensilien, einschließlich derjenigen, die zum Dörren und Einmachen verwendet werden, sollten durch Kochen oder Erhitzen im Backofen sterilisiert werden. (Bitte beachten: Legen Sie die Deckel von Einmachgläsern nicht in den Backofen; tauchen Sie diese stattdessen in sehr heißes Wasser.)

Der Alltag

Wenn wir gut organisiert und ordentlich sind, hilft uns das, Dinge, die man dringend braucht, schnell zu finden, und es verringert darüber hinaus die Gefahr von Unfällen – selbst eine Bagatelle, wie etwa aufgrund von Unordnung zu stürzen, könnte lebensbedrohlich werden. Organisiert zu bleiben, verursacht weniger Stress und sorgt dafür, dass wir unseren Kopf für nützlichere Dinge frei haben. Außerdem ergeben sich dadurch für die Gruppe Aktivitäten für alle, auch für diejenigen, die vielleicht nicht in der Lage sind, schwere Aufgaben zu verrichten.

Saubere Kleidungsstücke wärmen besser und halten länger. (Wäschetrockner strapazieren das Stoffgewebe.) Und im Freien sollten stets Schuhe getragen werden. Körperpflege ist wichtig, nicht nur für Ihre körperliche, sondern auch für die geistige Gesundheit. Sie hilft uns, einen gewissen Anschein von Normalität und Anstand in unserem Leben nicht nur für uns selbst, sondern auch für die Gruppe aufrechtzuerhalten. Wenn wir sauber und gepflegt sind, ist es zudem einfacher, festzustellen, wenn es jemandem nicht gut geht.

Gebrauchte Damenhygieneprodukte sollten verbrannt werden. Stoffwindeln sollten entweder ausgekocht oder gebleicht und in der Sonne aufgehängt werden. Die ultravioletten Strahlen töten einen großen Teil der Bakterien ab.

Auch Ihre Tiere werden von Ihren gewissenhaften Bemühungen um ihr Wohlergehen profitieren. Wenn die Pferche, das Stroh und die Futtertröge sauber sind, kann das darüber entscheiden, ob die Tiere unsere Bedürfnisse erfüllen können oder ob sie krank werden und verenden. Der Mist der meisten domestizierten Tiere kann nach dem Kompostieren bedenkenlos als Dünger verwendet werden, mit Ausnahme der Ausscheidungsprodukte von Hunden, Katzen und Schweinen. Diese sollten niemals auf Bereiche aufgebracht werden, auf denen Gemüse angepflanzt wird. Und Schwangere sollten grundsätzlich nicht mit Katzenexkrementen in Berührung kommen.

Abfallentsorgung

Nicht nur der Mist muss entsorgt werden – dies gilt auch für den normalen Müll. Die meisten für Lebensmittel benutzten Behältnisse werden wahrscheinlich für irgendeinen anderen künftigen Zweck aufbewahrt werden. Das bedeutet jedoch Zeit und Mühe, um sicherzustellen, dass sie sehr gut gereinigt und ordentlich verstaut werden, damit sie keine Nagetiere oder Fliegen und Bakterien anlocken. Was nicht gebraucht wird, sollte verbrannt, kompostiert oder in einiger Entfernung von Ihrem Grundstück tief vergraben werden. Essensreste (kein Fleisch) können an Tiere verfüttert, kompostiert oder in einen Wurmeimer gegeben werden (hier ist ein klein wenig Fleisch erlaubt), der einen hervorragenden Dünger für den Garten, aber auch Würmer für Ihr Federvieh liefert.

Menschliche Exkremente

Die menschlichen Exkremente stellen ein viel größeres Problem dar. Wir sind es nicht mehr gewöhnt, unsere eigenen Ausscheidungsprodukte entsorgen zu müssen. Der Durchschnittsmensch produziert pro Tag etwa ein bis anderthalb Liter Urin und ein Pfund Kot. Multiplizieren Sie dies mit der Personenzahl Ihrer Gruppe für einen Tag, eine Woche oder eine noch längere Zeitspanne, und Ihnen wird das Ausmaß des Problems klar. Falls die Kanalisation noch funktioniert, können Sie Ihre Toilette weiterhin nutzen und einfach direkt Wasser in die Schüssel gießen, um die Exkremente wegzuspülen. Andernfalls kann ein 20-Liter-Eimer mit Toilettensitz als Mobiltoilette genutzt werden. Schichten von Kalk, Holzasche oder einfach Erde können den Geruch reduzieren. Die Eimer werden täglich in einem Bereich abseits möglicher Kontaminationsstellen geleert, sodass der Inhalt kompostieren kann, aber decken Sie den Kompost ab, um Fliegen etc. fernzuhalten. Diesen Kompost sollten Sie jedoch nicht für den Gemüsegarten verwenden.

Eine andere Möglichkeit ist eine Grabentoilette. Buddeln Sie einen 60 Zentimeter breiten, mindestens 30 Zentimeter tiefen und einen Meter langen Graben. Nach dem Gebrauch schütten Sie ihn mit der ausgehobenen Erde von einem Ende her wieder zu. Schädliche Bakterien können von ihrem Ausgangspunkt fast 100 Meter zurücklegen. Achten Sie auf Drainage und stellen Sie sicher, dass der Kot mit Kalk, Asche oder Erde bedeckt ist. Die Stelle könnte Nagetiere, Hunde und – was noch schlimmer ist – Fliegen anlocken. Das Fliegen- beziehungsweise Nagerproblem zu reduzieren und nach dem Toilettengang die Hände gründlich zu waschen sind die wichtigsten Dinge, die es zu bedenken gilt. Legen Sie sich einen Vorrat an Handsterilisierungsmittel und Seife an. Versuchen Sie nicht, die Grabenmethode für Mist zu nutzen, der später für die Gemüse- oder Getreidepflanzung verwendet werden soll.

Für jene von Ihnen, die planen, im Katastrophenfall an Ort und Stelle in Deckung zu gehen: Sollte das Stromnetz zusammenbrechen und die Kanalisation nicht mehr funktionieren, achten Sie darauf, wo sich in Ihrer Gegend die Gullis befinden. Falls Sie am Fuß eines Hügels wohnen, könnte das Abwasser durch diese Öffnungen austreten und selbst durch Ihre Abwasserrohre und Toiletten aufsteigen. Sie sollten sich über das Problem zumindest im Klaren sein.

Medizinisches

In einer Katastrophensituation könnten Angehörige, Freunde oder Fremde verspätet auftauchen oder spät in eine Gruppe aufgenommen werden, der sie nicht von Anfang an angehörten. Wir müssen bedenken, dass diese Leute, ob geliebte Menschen oder Fremde, vielleicht etwas Unerwünschtes mitbringen. Falls möglich, sollte eine Art Quarantäne eingerichtet werden, in der sich diese Leute zwei Wochen getrennt von der Gruppe aufhalten könnten, um sicherzustellen, dass sie keine Krankheitskeime einschleppen. Es mag grausam klingen, aber diese Leute sollten zunächst keinen direkten Kontakt zur Gruppe haben. Funkkontakt oder Kommunikation durch lautes Zurufen, falls das möglich ist, sind hilfreich. Ihre Mahlzeiten könnten ihnen auf Papptellern abgestellt werden, die nach dem Essen verbrannt werden. Alles, was sie brauchen, sollte ihnen gebracht und abgelegt werden, sodass keine anderen Gruppenmitglieder einem Risiko ausgesetzt werden. Die Neuankömmlinge müssten die ganze Zeit im Quarantänebereich bleiben, ohne Kontakt zu Menschen, Tieren oder Ausrüstungsgegenständen. Sind sie nach zwei Wochen bei guter Gesundheit, besteht wohl keine Gefahr, dass sie eine übertragbare Krankheit mitgebracht haben.

Auch für medizinische Behandlungen sollte ein separater Bereich zur Verfügung stehen – ein Schlaf- oder ein Badezimmer. Dieser Bereich sollte stets makellos sauber gehalten werden. Sämtliche verwendeten Gegenstände müssten vor dem nächsten Gebrauch ausgekocht oder bedampft (in einem Dampf- oder Druckkochtopf) und alle Textilien im Backofen erhitzt werden (eine Stunde lang bei 200 Grad Celsius). Tische, Tabletts und Ausrüstung sollten abgewaschen und desinfiziert werden. Alkohol ist ein fantastischer Bakterienkiller. Nach der Reinigung könnte man Tische, Stühle etc. bis zum nächsten Gebrauch mit neuen Müllsäcken abdecken. Diese sind recht hygienisch. Bei der Behandlung von Patienten sollten Einmalhandschuhe und Masken getragen werden, und falls es blutig wird, sollte man eine Schutzbrille aufsetzen (eine Schwimmbrille oder – falls man Brillenträger ist – eine Skibrille, die über die normale Brille passen müsste). Gebrauchte Verbände und dergleichen sollten verbrannt oder weit entfernt von Ihrem Bereich tief vergraben werden.

Eine Hauptsorge werden wahrscheinlich Nagetiere und Fliegen sein, die Krankheiten übertragen können. Bei anhaltendem Stromausfall würden sie sich explosionsartig vermehren. Es wird unvermeidlich sein, regelmäßig Nager zu vernichten, doch sie zu entfernen, könnte ein Problem für sich darstellen – man sollte dabei am besten Maske und Handschuhe tragen. Halten Sie Fliegen von allen Lebensmitteln und Lebensmittelbereichen fern.

Tod

Das schwierigste Kapitel der Hygiene, mit dem wir es zu tun bekommen könnten, ist der Tod. Viele der Organismen im Körper eines Verstorbenen werden einen gesunden Menschen wahrscheinlich nicht infizieren, doch Kontakt mit Blut, Körperflüssigkeiten und Gewebe jener, die an einer Infektion gelitten haben, erhöht die Gefahr einer Ansteckung. Aus dem Körper eines Verstorbenen treten verschiedene Flüssigkeiten aus, auch der Magen- und Darminhalt. Der Verwesungsgrad ist davon abhängig, wie lange der Mensch bereits tot ist, und er wird von den Temperaturen der Umgebung, den Verletzungen und den vorhandenen Bakterien beeinflusst. Beim Kontakt mit Toten gilt es, ein paar grundlegende Vorsichtsmaßnahmen zu ergreifen:

- Tragen Sie Einmalhandschuhe, wenn Sie irgendetwas mit der Leiche in Verbindung Stehendes anfassen, und decken Sie mögliche Schnitte oder Abschürfungen an Ihrem Körper mit wasserfestem Pflaster oder Tape ab.
- Tragen Sie eine Maske oder einen Gesichtsschutz sowie eine Schutzbrille beziehungsweise irgendeine andere Art von Schutz über Mund, Nase und Augen. Verwesende Leichen können unter Umständen aufgrund der sich ansammelnden Gase aufplatzen und Flüssigkeit und Gewebe versprühen.

- Tragen Sie Schürzen oder Kleidungsstücke, die anschließend vernichtet werden können.
- Wickeln Sie die Leiche in einen Leichensack oder in mehrere Müllsäcke beziehungsweise Plastikplanen. Je schneller das nach Todeseintritt geschieht, desto geringer ist die Gefahr, dass Körperflüssigkeiten austreten.

Eine Leichenverbrennung erfordert große Mengen Holz und kommt daher nicht infrage. Gräber sollten mindestens 30 Meter von offenen Wasserquellen entfernt und tief genug ausgehoben werden, dass Tiere die Leiche nicht ausgraben. Waschen Sie sich nach der Bestattung gründlich und tauchen Sie die Hände in Desinfektionslösung, auch wenn kein direkter Kontakt mit der Leiche stattgefunden hat. Desinfizieren Sie Ausrüstung, Oberflächen, Fußböden und so weiter. Vergessen Sie nicht, sich Notizen über den Verstorbenen und die Umstände seines Todes und seiner Bestattung zu machen. Falls möglich, machen Sie Fotos. Überlegen Sie, was wichtig sein könnte, falls die Polizei irgendwann auftauchen und Fragen stellen sollte. Das könnte der schwierigste Aspekt eines gesellschaftlichen Zusammenbruchs sein. Aber je schneller er geregelt wird, desto besser ist es für alle Beteiligten.

Wundversorgung: aus der Perspektive eines Notfallarztes

Wenn Sie Holz sägen und Gartenwerkzeuge schwingen, besteht die Gefahr von Verletzungen. Selbst eine kleine Wunde kann sich zu einem großen Problem entwickeln, wenn sie nicht richtig behandelt wird. Der Arzt E. C. W. schrieb folgenden Beitrag:

> »Der wichtigste Faktor bei der Wundheilung ist wohl die Infektionsgefahr.
>
> Die Natur reinigt eine Wunde durch die Blutung, und eine kleine Menge kann sehr viel bewirken. Bedenken Sie, dass die Blutung, falls die Wunde ›stromabwärts‹ vom Herzen liegt, unter Druck stehen wird, also vergessen Sie nicht, eine blutende Extremität über Herzhöhe anzuheben, um die Blutung unter Kontrolle bringen zu können. Vor allem Wunden am Schädel bluten heftig, was dem Laien Angst einjagen kann. Verwenden Sie mehrere Schichten saugfähigen Materials – sterilen Verbandsmull oder ein sauberes Handtuch (beziehungsweise das sauberste Stück Stoff, das Ihnen

zur Verfügung steht) – und üben Sie direkten Druck aus, bis die Blutung aufhört oder zumindest deutlich nachlässt. Ein Patient, der regelmäßig Aspirin einnimmt, wird länger bluten, deshalb werden Sie den Druck längere Zeit aufrechterhalten müssen.

Es hat sich erwiesen, dass sich einfache Seife und Leitungswasser ebenso gut zum Auswaschen von Wunden eignen wie antiseptische Seife und steriles Wasser. Ich würde Flüssigseife empfehlen, um die Bakterienkultur auszuschließen, mit welcher Seifenstücke meist behaftet sind, aber ich würde die überall erhältliche antibakterielle Seife meiden (die Triclosan enthält); es hat sich gezeigt, dass diese die Resistenz von Bakterien erhöht. In einer perfekten Welt würde ich Hibiclens vorziehen, aber in einem Notfall würde ich zumindest Babyschampoo (neutrale Lösung) oder sogar eine Spülmittellösung verwenden. Benetzen Sie ein sauberes, mit Leitungswasser angefeuchtetes Tuch mit der Seife und waschen Sie die Wunde vorsichtig aus.

Die sterilen Wasserlösungen, die es in Flaschen zu kaufen gibt, sind gut, solange sie nicht geöffnet wurden (einmal geöffnet, sind sie kontaminiert), doch nicht-steriles, in Flaschen abgefülltes Wasser ist Leitungswasser *nicht* vorzuziehen. Leitungswasser ist für das Auswaschen der meisten Wunden ausreichend. Bei einer offenen Fraktur würde ich es jedoch nicht verwenden. Frisch abgekochtes Wasser wäre natürlich besser als nicht-steriles, in Flaschen abgefülltes Wasser oder Wasser, das Sie zuvor in einer sauberen Milchkanne aus dem Brunnen hochgezogen haben, aber es ist besser, eine schmutzige Wunde sofort auszuwaschen, wenn Ihnen sauberes Wasser zur Verfügung steht, als sich die Zeit zu nehmen und das Wasser zuerst zu kochen und abkühlen zu lassen, und dabei eine stark kontaminierte Wunde in ihrem verschmutzten Zustand zu belassen. Sie können die Wunde ja später mit sterilisiertem Wasser noch einmal ausspülen. Die Dauer des Kontakts des Reinigungsmittels mit der Wunde und die Gründlichkeit des Ausspülens wird die Zahl der in der Wunde verbleibenden Bakterien bestimmen und somit eine signifikante Auswirkung auf die Gefahr einer Wundinfektion haben. Also lassen Sie sich für diesen Schritt ein paar Minuten Zeit. Selbstverständlich sollte der Behandelnde zuvor seine Hände und sämtliche zur Untersuchung der Wunde eingesetzten Instrumente peinlich genau säubern. Das gründliche Auswaschen der Wunde führt gewöhnlich wieder zu verstärktem Bluten. Sobald die Wunde gesäubert ist, kann wieder Druck zur Blutstillung ausgeübt werden.

Ein in der Wunde verbleibender Fremdkörper kann eine Infektion auslösen und die Heilung behindern, deshalb ist es unerlässlich, sorgsam darauf zu achten, dass alle möglicherweise vorhandenen Partikel aus der Wunde entfernt werden. Man kann eine große Spritze oder Spritzflasche verwenden, um einen Wasserstrahl unter leichtem Druck in die Wunde zu spritzen und sie somit gründlich reinigen und Partikel lösen. Bei einer Wunde, die durch eine Kettensäge verursacht wurde, wird möglicherweise ein Debridement der Wundränder erforderlich sein, das heißt das Entfernen von Gewebe sowie von Partikeln und Stofffasern mit chirurgischen Instrumenten (Pinzette und Skalpell), weil nekrotische und fibrinöse Beläge die Schließung der Wundränder und die Heilung verhindern.

Kochen Sie Ihre Ausrüstung wie zum Beispiel eine Bürste oder Pinzette aus oder sterilisieren Sie diese, bevor Sie alles Fremdmaterial aus der Wunde entfernen. (Instrumente mit Alkohol beziehungsweise Wasser und Seife zu säubern, ist in jedem Fall besser als nichts.) Auch geronnenes Blut muss durch Reiben aus der Wunde entfernt werden, weil eingetrocknetes Blut in dieser Umgebung einen Fremdkörper darstellt. Wenn eine Wunde, nachdem sie gründlich mit Wasser und Seife gereinigt wurde, genäht werden muss, kann das Desinfektionsmittel Betadine (falls vorhanden) windradförmig auf die Haut aufgetragen werden – von den Wundrändern ein paar Zentimeter nach außen.

Natürlich wäre eine Betäubung vor jeder schmerzhaften Behandlung oder Maßnahme wünschenswert, und falls möglich sollte sie bereits vor einer intensiven Wundreinigung verabreicht werden. Selbst die Stoischsten unter uns wissen Schmerzlinderung zu schätzen, auch wenn sie nur vorübergehend ist. Deshalb sollte sich in Ihrem Notfallverbandskasten eine Fertigspritze Lidocain beziehungsweise eine Ampulle Lidocain (ein- oder zweiprozentig) und eine Spritze befinden, um es zu verabreichen. Falls das Lidocain einen Epinephrin-Anteil besitzt, wird es eine stark blutstillende Wirkung haben, während Sie versuchen, die Wunde zu nähen, aber Sie dürfen Epinephrin bei einer Wunde an Extremitäten wie zum Beispiel einem Finger oder Zeh nicht anwenden, da es zu Nekrose

(Absterben von Gewebe) führen kann. Bei Gesichts- oder Schädelwunden ist Epinephrin dagegen ein willkommener Zusatz, da diese Wunden meist so stark bluten, dass Sie ohne diesen Zusatzstoff kaum sehen können, was Sie da nähen.

Neben dem Anheben des verwundeten Körperteils über Herzniveau können Sie auch einen langen Stauschlauch vorsichtig einsetzen. (In der Notfallaufnahme würde ich vielleicht eine Blutdruckmanschette verwenden, die so weit aufgepumpt wird, dass sie die Blutung stoppt.) Das sollte nur kurzfristig erfolgen, um einen blutungsfreien Wundverschluss zu ermöglichen. Das vorsichtige und langsame Einspritzen von ein paar Millilitern einer Betäubungslösung in die Wundränder – eine Technik, die man aber unbedingt gelernt haben muss – reduziert die Blutung und die Schmerzen beim Verschließen der Wunde. Dann müssen Sie ein paar Minuten warten, bis das Anästhetikum wirkt, bevor Sie Ihre Arbeit fortsetzen. Ob Sie nun ein Betäubungsmittel verwenden oder nicht – es wäre in jedem Fall sinnvoll, Schmerzmittel in irgendeiner Form zu verabreichen, entweder oral oder durch Injektion, da die Wunde auch nach dem Verschluss pochend schmerzen wird.

Der Wundverschluss spielt für den Heilungsprozess und die Infektionsrate eine entscheidende Rolle. Offen gelassene Wunden werden sich zum Teil infizieren. Die Sechsstundenregel zum Wundverschluss wird bei kleineren Wunden befolgt; das heißt, falls innerhalb dieser Zeitspanne professionelle Hilfe aufgesucht wird, kann die Wunde ungestraft gereinigt und genäht werden.

Der Wundverschluss kann durch Nähen erfolgen oder durch so einfache Maßnahmen wie den Einsatz von Dermabond (Hautkleber), Wundverschlusspflaster oder spezielle Klammern. In der Notfallaufnahme passe ich die Methode den jeweiligen Erfordernissen des Patienten und der Situation an, aber in der Wildnis oder an Ihrem Zufluchtsort kann es natürlich sein, dass Ihnen diese Möglichkeiten nicht zur Verfügung stehen. Sollte dies der Fall sein und Sie können innerhalb eines angemessenen Zeitrahmens qualifizierte medizinische Hilfe erreichen, dann rate ich Ihnen dringend, diese in Anspruch zu nehmen. Falls das aber nicht möglich ist, könnte selbst normales Klebeband besser sein als gar kein Wundverschluss.

Beim Auftragen von Dermabond müssen Sie die Wundränder

sorgfältig zusammenfügen, da jede Flüssigkeit, die in die Wunde eindringt, die Heilung verhindern kann, und bei Dermabond besteht die Herausforderung darin, zu verhindern, dass Ihre Finger an der Wunde festkleben, während Sie ein paar Sekunden warten, bis es getrocknet ist. Ich rate davon ab, Dermabond bei einer Wunde zu verwenden, die wohl wieder zu bluten beginnen wird, sobald der Druckverband entfernt ist, und auch bei einer tiefen und unter Druck stehenden Wunde. Bei einigen Gesichtswunden funktioniert es gut, aber ich setze eher auf Wundverschlusspflaster, und diese finden immer Platz in einem Verbandskasten.

Wundränder sollten vor der Anbringung jeglichen Verbundmaterials, auch bei Wundverschlusspflaster und Klebeband, eng zusammengefügt werden. Falls Ihnen nichts anderes als Klebeband zur Verfügung steht, reißen Sie die ersten Zentimeter von der Rolle ab, sodass das Bandstück, das mit der Wunde in Berührung kommt, zuvor keinen Kontakt zu schmutzigen Flächen gehabt hat. Dann reißen oder schneiden Sie sieben bis zehn Zentimeter ab und schneiden diese in 0,5 bis 0,8 Zentimeter breite Streifen. Dabei achten Sie darauf, den Teil des Bandes, der über der Wunde zu liegen kommen wird, nicht zu berühren. Pressen Sie mit der einen Hand die Wundränder zusammen (besser geht es mit einem Helfer, der die Wunde zusammendrückt), bringen Sie die Klebestreifen an, beginnend auf einer Seite der Wunde, und ziehen Sie fest, um eine gewisse Spannung zu erzeugen, bevor sie die Streifen auf der anderen Seite der Wunde festkleben. Bringen Sie diese Streifen jeweils im Abstand von einem halben Zentimeter an, damit die Wunde atmen kann, und bedecken Sie diese dann mit sterilem Verbandsmull, der mit Klebeband befestigt wird, oder mit einer elastischen Binde (oder Mullbinde), um die Wunde vor erneuter Verschmutzung zu schützen.

Ich würde mir um kleine Defekte oder gezackte Ränder keine Sorgen machen. Menschen, die auf Klebstoffe empfindlich reagieren, könnten an den Stellen, an denen das Wundverschlusspflaster oder Klebeband Hautkontakt hat, Bläschen entwickeln, aber das ist normalerweise nur eine lokale Reaktion und löst keine systemischen allergischen Symptome aus. Bei einem Menschen, der eine Klebstoffunverträglichkeit hat, können größere Wunden, die geschlossen werden müssen, genäht oder geklammert werden.

Das Nähen ist eine Technik, die erlernt wird und wirklich geübt werden sollte, was aber nicht heißen soll, dass eine versierte Schneiderin es nicht beherrschen könnte. Viele Wunden würden von Nadel und Faden sehr profitieren. Doch um die Wichtigkeit der keimfreien Wundbehandlung zu betonen, will ich noch einmal darauf hinweisen, dass eine Wunde nicht von einem ungeübten Helfer in nicht-steriler Umgebung genäht werden sollte, wenn es dazu eine Alternative gibt. Ist das nicht der Fall, wäre jede Methode zur Herstellung von Keimfreiheit, wie zum Beispiel durch Abkochen oder Autoklavieren (Sterilisieren im Dampfkochtopf), von Nutzen, und man sollte äußerste Sorgfalt darauf verwenden, dass die Wunde nicht weiter verschmutzt wird, während man versucht, sie auf die bestmögliche Art zu verschließen. Was für das medizinisch ausgebildete Personal offensichtlich ist – die Gefahr der mikrobischen Kontamination und wie diese verhindert werden kann –, stellt für den Laien das größte Hindernis dar. Sterile Tücher und sterile Handschuhe sind ein Segen. Aber die Mehrheit der Mediziner würde sich wohl der Meinung anschließen, dass in den meisten Fällen das frühe Verschließen einer großen Wunde besser ist, als diese offen zu lassen. Im derzeitigen politisch-rechtlichen Klima in unserem Land könnte man jedoch angeklagt werden, ohne Approbation ›ärztlich tätig‹ gewesen zu sein, falls herauskommen sollte, dass ein Laie, der andere Optionen hatte, außergewöhnliche Maßnahmen durchgeführt hat, also tun Sie es nur, wenn es absolut notwendig ist. Im Katastrophenfall werden Sie sich wahrscheinlich wünschen, diese Technik zumindest ausprobiert zu haben (und sich die geeignete Ausrüstung beschafft sowie an irgendeiner Tierhaut geübt zu haben).

Manche Wunden sind definitionsgemäß kontaminiert oder infiziert und sollten lieber offen gelassen werden. Dazu gehören Stichwunden (tiefer als breit), die nicht stark bluten, sowie Tier- und Menschenbisse. Diese sollten, wie zuvor erklärt, gereinigt und gesäubert werden, wobei noch größere Sorgfalt darauf verwendet werden sollte, sie – falls möglich – auszuspülen, und die Blutung sollte nur durch Ausübung von Druck unter Kontrolle gehalten werden. Falls das nicht möglich sein sollte, können ein oder zwei Stiche oder Wundverschlusspflaster strategisch platziert werden. Achten Sie darauf, die Wundränder nur so weit zusammenzuziehen, dass die Blutung unter Kontrolle zu bringen ist, aber Sie sollten sie nicht ganz zusammenzudrücken, da die Feuchtigkeit aus der Wunde leicht abfließen können muss. Das sind die Wunden, bei denen ein Notfallarzt wahrscheinlich prophylaktisch Antibiotika verabreichen würde, und zwar mit einem älteren Medikament wie zum Beispiel Doxycycline oder Trimethoprim-Sulfa oder einem Cephalosporin wie beispielsweise Cephalexin. Quetschwunden an den Extremitäten sollten ebenfalls nicht genäht werden, selbst wenn sie schrecklich aussehen, sondern sie sollten, je nach Verschmutzung, so gut wie möglich gereinigt und dann verbunden werden. Weil man davon ausgehen kann, dass Quetschwunden stark anschwellen, kann ein frühes Verschließen von Nachteil sein.

In einer Situation, in der es Tage dauern könnte, bis ein Arzt konsultiert werden kann, sollten Sie wissen, dass die Fäden nach Stichen im Gesicht oder am Schädel nach vier oder fünf Tagen gezogen werden sollten, weil sie sonst selbst Narben bilden würden. Eine nicht infizierte Gesichtswunde sollte in dieser Zeit geheilt sein. Bei Wunden an den oberen Extremitäten ist es empfehlenswert, die Fäden – je nach Größe der Wunde – sieben bis zehn Tage zu belassen, und an den unteren Extremitäten bis zu zwei Wochen. Falls Wundverschlusspflaster oder Klebeband benutzt wurden, sollten sie in diesem Zeitraum erneuert werden. Das Ziel besteht darin, die Wunde sauber und trocken zu halten, doch falls die Wunde durch Stiche verschlossen wurde, kann sie nach den ersten 24 Stunden täglich mit Wasser und Seife gewaschen werden. Falls eine Wunde sich offensichtlich infiziert hat, wenn sie Schwellung und Rötung aufweist und Eiter (gelb oder grün) austritt, muss sie zumindest teilweise wieder geöffnet werden, damit der Eiter abfließen kann, um eine Sepsis zu verhindern.

Auch die Tetanusprophylaxe sollte angesprochen werden. Stichwunden und tiefe, stark verschmutzte Wunden gelten als anfällig für Tetanus. Die Tetanusimpfung wird seit mehreren Jahrzehnten angewendet und gilt als sehr sicher, falls man nicht auf eine der Komponenten allergisch reagiert, also halten Sie Ihren Tetanusimpfstatus auf dem Laufenden.

Die beste Vorbeugung gegen Wundinfektionen besteht natürlich darin, sich erst gar nicht zu verletzen. Seien Sie also vorsichtig. Sorgen Sie dafür, dass Ihre Kinder außerhalb des Hauses Schuhe tragen. Schnittwunden durch das Treten auf Glasscherben und von Dornen oder Nägeln hervorgerufene Stichverletzungen in den Füßen bekommen wir in der Notfallambulanz recht häufig zu Gesicht, und sie sind meist vermeidbar. Selbst dem Allervorsichtigsten passieren Unfälle, doch sie kommen verhältnismäßig seltener vor als bei Unachtsamen oder Waghalsigen.«

Erweiterte Pflege chronisch Kranker im Katastrophenfall

Wenn Sie Ihre Pläne für den Katastrophenfall ausarbeiten, ist es wichtig, die Pflege chronisch kranker Familienangehöriger zu bedenken. Einige der damit verbundenen Probleme können möglicherweise im Voraus in Angriff genommen werden, wie zum Beispiel die Bereitstellung eines durch Solarstrom angetriebenen Geräts zur CPAP (kontinuierlicher Atemwegsüberdruck) für Schlafapnoepatienten sowie die Kühlung von Insulin. Doch manche chronischen Erkrankungen könnten *nach* dem Ausbruch einer Krise auftreten; sie sind daher schwer vorauszusehen, und man kann für diese Fälle kaum vorherplanen.

Pflege chronisch Kranker

Es mag uns schwer fallen, das Thema der Pflege chronisch Kranker anzusprechen, weil es so überwältigend erscheint. Doch dieses Thema erfordert unsere Aufmerksamkeit, unsere konzentrierte Planung und einen beträchtlichen finanziellen Einsatz. Es gibt so viele chronische Erkrankungen und Behinderungen, und es ist unmöglich, sie hier alle anzuführen, aber ich werde ein paar der häufigsten Krankheiten erwähnen, die eine Vorausplanung erforderlich machen:

Nierenerkrankung

Wenn das Stromnetz zusammenbricht, werden Dialysepatienten in Schwierigkeiten geraten, sobald in den Krankenhäusern der Treibstoff für die Notstromaggregate ausgeht. Einen geliebten Menschen langsam sterben zu sehen, weil sein Blut nicht mehr gewaschen werden kann, wäre absolut herzzerreißend. Die beste Lösung mag extrem erscheinen, aber sie könnte Ihre einzige Option sein: Ziehen Sie auf die Große Insel von Hawaii oder in eine Region, in der Erdgas gefördert wird, beziehungsweise in die Nähe einer Raffinerie in einem Öl produzierenden Bundesstaat. Es gibt viele verschiedene Szenarien, einschließlich eines Angriffs mit elektromagnetischen Impulsen, bei welchen die US-amerikanischen Stromnetze zusammenbrechen, die Lampen in Hawaii aber weiter leuchten werden. In Hawaii besitzt jede Insel ihre eigene unabhängige Infrastruktur zur Stromerzeugung.

Der Umzug in eine Region, in der Erdgas gefördert wird (wie etwa Teile von Oklahoma, Arkansas, Texas, Neumexiko und einige andere Staaten) würde beträchtliche Recherchen erfordern. Sie würden sich einen Ort in unmittelbarer Nachbarschaft zu den Erdgasfeldern suchen müssen, der ein Dialysezentrum mit erdgasbetriebenem Notstromaggregat unterhält und in einer Gegend mit ausreichend Quellwasserdruck liegt, damit das Wasser durch die örtlichen Leitungen gepresst wird.

Eine andere Möglichkeit besteht darin, in einem Bundesstaat, in dem Erdöl gefördert wird, nach einem Dialysezentrum mit dieselbetriebenem Notstromaggregat zu suchen, das in 40 Kilometer Umkreis zu einer Raffinerie liegt. Der Schlüsselbegriff, nach dem Sie bei Ihrer Suche im Internet Ausschau halten müssen, ist *Kraft-Wärme-Kopplung*. Ein Kraftwerk mit Kraft-Wärme-Kopplung kann seinen Betrieb auch ohne Stromnetz aufrechterhalten.

Diabetes

Relativ kleine und kostengünstige Fertigphotovoltaikanlagen mit Wechselrichter (wie diejenigen, die *Ready Made Resources* anbietet) können genutzt werden, um einen kleinen Kühlschrank zu betreiben, beispielsweise die kompakten Kühlgefrierschränke von *Engel*, die *Safecastle* verkauft. Eine Anlage dieser Größe könnte außerdem verwendet werden, um ein CPAP-Gerät oder andere mit Gleichstrom betriebene medizinischen Geräte mit ähnlichen Stromstärkeerfordernissen laufen zu lassen.

Allen Lesern, die Diabetiker sind oder an Diabetes erkrankte Familienangehörige haben, rate ich dringend, sich mit dem NEWSTART Ernährungs- und Lifestyleprogramm des Weimar-Instituts zu beschäftigen. Für Diabetiker, die nicht gänzlich auf Insulin angewiesen sind, gibt es einige pflanzliche Alternativen.

Für jene, die ungeachtet einer Ernährungsumstellung wirklich von Insulingaben abhängig sind, empfehle ich, einen ausreichenden Vorrat an Insulinspritzen entsprechend der Haltbarkeitsdauer anzulegen.

Postoperative Nachsorge

Eine weitere Kategorie chronischer Erkrankungen, die es zu bedenken gilt, ist die postoperative Pflege von Stoma-Patienten – von Menschen, die eine Kolostomie, Ileostomie, Ureterostomie oder einen ähnlichen Eingriff hinter sich haben. Hier ist häufig ein großer Vorrat an medizinischen Vorrichtungen, Beuteln, Kathedern und so weiter erforderlich. Zum Glück sind diese Dinge ziemlich lange haltbar und nicht allzu teuer.

Lungenleiden

Es gibt einige Lungenleiden, die durch einen Ortswechsel (zumindest bis zu einem gewissen Grad) gelindert werden können. Der Zustand kann sich beträchtlich verbessern, wenn man an einen Ort mit günstigerer Höhenlage umzieht und Belastungen durch Pollen oder Schimmel meidet. Sollten Sie solche Beschwerden haben, rate ich Ihnen, möglichst bald umzuziehen.

Sollten Sie an Asthma leiden, können Sie sich ein Rezept für einen Handnebulisator beschaffen, der sowohl mit einem Gleich- und Wechselstromadapter für das Auto als auch mit einer wiederaufladbaren Gelbatterie ausgestattet ist. Zum Glück verbrauchen die meisten Nebulisatoren ziemlich wenig Strom.

Der Kauf eines Holzofens – eigentlich eine der wichtigsten Maßnahmen, um vorbereitet zu sein – ist für jemanden, der einen Asthmatiker in der Familie hat, nicht empfehlenswert. Sollte das bei Ihnen der Fall sein, könnten Sie erwägen, in den Südwesten zu ziehen, wo das Heizen mit Solarstrom eine Möglichkeit darstellt, oder sich in einer Gegend anzusiedeln, in der mit Geothermie geheizt werden kann.

Für die vielen Menschen, die inzwischen auf medizinischen Sauerstoff angewiesen sind, empfiehlt es sich, zusätzliche Sauerstoffflaschen zu lagern. Eine für langfristige Krisenszenarien denkbare Alternative ist, sich einen Sauerstoffkonzentrator zu kaufen. Großvolumige Geräte sind ziemlich teuer, aber der Besitz eines solchen wäre für den Tauschhandel und für wohltätige Zwecke, aber auch für den Gebrauch in Ihrer eigenen Familie von unschätzbarem Wert.

Medikamente

Die hohen Kosten mancher Arzneimittel erschweren die Lagerung eines Zwei-Jahres-Vorrats. Und die Bestimmungen der meisten Krankenversicherungen, die sich häufig weigern, mehr als einen Monatsvorrat eines Medikaments im Voraus zu erstatten, verstärken das Problem noch zusätzlich. In diesen Fällen rate ich: 1) neue Prioritäten in Ihrem Haushaltsbudget zu setzen, um die nötigen Mittel für den Vorrat bereitzustellen, und 2) falls möglich, nach alternativen Behandlungsmethoden zu suchen, einschließlich Heilkräutern, die Sie in Ihrem eigenen Garten oder Gewächshaus anpflanzen können.

Sollten Sie sich für die Bevorratung entscheiden, bedeutet dies nicht nur jede Menge Kosten, sondern auch ein sehr gewissenhaftes Verbrauchen und Ersetzen der Bestände – immer vor Ablauf des Verfallsdatums. Lassen Sie sich von Ihrem Arzt ein Rezept für Generika Ihrer Arzneien verschreiben, damit Sie Ihre Medikamente sicher und legal in einer Apotheke kaufen können. Falls Sie die Medikamente selbst bezahlen, ohne sich auf Ihre Krankenkasse zu verlassen, wird es teurer sein, aber Sie können Ihren Vorrat ohne Probleme anlegen.

Was die Einnahme von Medikamenten nach Ablauf ihres Haltbarkeitsdatums anbelangt, sind sorgfältige Nachforschungen erforderlich. Bei manchen Medikamenten sind Verfallsdaten aufgedruckt, die überaus vorsichtig berechnet sind. Ein paar Arzneimittel sind jedoch regelrecht gefährlich, wenn man sie nach Ablauf des Verfallsdatums einnimmt. Befragen Sie Ihren Apotheker vor Ort bezüglich bestimmter Medikamente. (Ich bin weder Arzt noch Apotheker, deshalb bin ich nicht qualifiziert, in diesen Dingen Ratschläge zu erteilen.)

Meiner Meinung nach ist es besser, auf Nummer sicher zu gehen. Ich rate, sowohl eine Überdosierung als auch die Einnahme abgelaufener oder anderweitig verdorbener Antibiotika zu vermeiden. Als Mensch, der die Möglichkeit eines Zusammenbruchs der Infrastruktur und eines lange anhaltenden Stromausfalls für denkbar hält und sich vorbereitet, wäre es für mich das Letzte, mitansehen zu müssen, wie jemand auf Dauer von Dialyse abhängig wird, nur weil man an den Antibiotika gespart hat.

Alternative Behandlungsmethoden wie Kräuterheilkunde oder Akupunktur sind heikle Themen. Auch hier gilt, dass diese beträchtlicher Recherchen und qualifizierter Beratung bedürfen – und letzten Endes machen Sie sich zu Ihrem eigenen Versuchskaninchen. Falls Sie sich für dieses Vorgehen entscheiden, empfehle ich Ihnen, den Übergang nach und nach und unter qualifizierter Überwachung zu vollziehen. Sollten zahlreiche zusätzliche Besuche bei Ihrem Arzt notwendig sein, dann ist es eben so. Versuchen Sie nur einfach, den Übergang zu vollziehen, *bevor* die Katastrophe eingetreten ist.

In Vorbereitungsforen im Internet habe ich gelesen, dass manche Leute dazu raten, sich einen Vorrat an kostengünstigen Medikamenten aus der Tierheilkunde anzulegen, aber ich empfehle, solche Medikamente nur im äußersten Notfall einzunehmen (wenn Ihre einzige Alternative der sichere Tod ist).

Optionale Eingriffe

Sollten Sie ein gesundheitliches Problem haben, das mit einem Wunscheingriff geheilt werden könnte, dann empfehle ich Ihnen dringend, diesen vornehmen zu lassen, falls Sie ihn sich leisten können. Denn sollte sich Ihr Zustand verschlechtern, nachdem keine medizinischen Einrichtungen mehr zur Verfügung stehen, könnte sich eine kleine Unannehmlichkeit zu etwas Lebensbedrohlichem entwickeln.

Ich habe von einigen reichen Menschen gehört, die vorbereitet sein wollen und deshalb ihre Kurzsichtigkeit durch eine Laserbehandlung beziehungsweise eine fotorefraktive Keratektomie (PRK) haben korrigieren lassen, nur mit dem Ziel, für eine vorhergesehene neue Ära besser gerüstet zu sein, in der keine Augenärzte und keine Optiker mehr in großen Einkaufszentren zur Verfügung stehen (»Ihre Brille ist in weniger als einer Stunde fertig«). Ein Leben frei von einer Brille oder von Kontaktlinsen erleichtert auch das Tragen von Nachtsichtbrillen und Schutzmasken deutlich und ermöglicht ein zielgenaueres Schießen – vor allem auf große Distanzen.

Kaufen Sie einen Fleischwolf

Viele Verletzungen und Erkrankungen erschweren das Kauen und Schlucken fester Nahrung, und zwar aufgrund der Schwäche des Patienten, aufgrund von Zahnproblemen beziehungsweise von Kiefer-, Gaumen-, oder Halsverletzungen. Es ist wichtig, einen handbetriebenen Fleischwolf zur Verfügung zu haben, damit Sie den Bedürfnissen dieser Patienten nachkommen können. Altmodische gebrauchte Geräte (jene Modelle, die man an der Kante des Küchentischs festschraubt) findet man häufig für nur ein paar Dollar auf privaten Flohmärkten. Falls Sie einen neuen Fleischwolf kaufen wollen: Sie sind sowohl bei *Ready Made Resources* als auch bei *Lehmans* erhältlich.

Überlebens-Zahnheilkunde

Die wichtigste Quelle, die ich in Sachen Zahnheilkunde empfehlen kann, ist das Buch *Where There Is No Dentist*, als kostenloser Download über die *Herperian Foundation* erhältlich (*snipurl.com/hrpdg*). Aber ich rate Ihnen, sich eine **Hardcoverausgabe** zu besorgen. Das Gleiche gilt für das Buch *Where There Is No Doctor* (*Wo es keinen Arzt gibt*). Gebrauchte Exemplare findet man über *Amazon.com* für wenig mehr als das Porto.

Zahninstrumente könnte man sich bei Onlineauktionen ersteigern. Außerdem wäre es klug, sich andere zahnmedizinische Vorräte anzuschaffen, wie zum Beispiel Tupfer, Nelkenöl und so weiter. Wenn Sie nicht gerade im Hinterland gestrandet sind, empfehle ich unter den gegenwärtigen Bedingungen nicht, sich provisorische Füllungen machen zu lassen. Sollte eine Füllung schadhaft sein, könnte dies eine Infektion hervorrufen. Doch in einer echten Katastrophensituation könnten provisorische Füllungen Ihre einzige Alternative zu wochen- oder gar monatelangem Leiden darstellen – bis Sie einen qualifizierten Zahnarzt erreichen. Deshalb sollten Sie sich einen Vorrat an Material für provisorische Füllungen wie zum Beispiel Cimpat, Tempanol oder Cavit anlegen. Es gibt (unter Markennamen wie *DenTek* und *Temparin*) auf dem Verbrauchermarkt auch Fertigpackungen für provisorische Füllungen, die sehr kleine Mengen enthalten, doch die Kosten pro Einheit sind relativ hoch. Da bezahlen Sie vor allem für die Verpackung.

Nur in äußersten Notfällen ist es meiner Meinung nach ratsam, sich selbst einen Zahn zu ziehen. Ohne die Abdeckung durch eine Krone oder Brücke kann die durch das Ziehen des Zahns entstandene Lücke eine Kettenreaktion auslösen, da sich die anderen Zähne an die Stelle des fehlenden Zahns verschieben können. Das kann zu einer Reihe von Komplikationen führen, die man lieber vermeidet.

Ein bei der Armee beschäftigter Zahnarzt stellte auf *SurvivalBlog* folgenden Beitrag ein:

> »Die Zahnheilkunde mag bei den Vorbereitungsplanungen eines der langweiligsten Themen sein. Doch ein zahnärztlicher Notfall kann das Alltagsleben und die damit verbundenen Aufgaben schnell verkomplizieren oder sogar zum Stillstand bringen. Das ist etwas, womit Sie es im Katastrophenfall wahrlich nicht zu tun haben wollen!
>
> Im Folgenden möchte ich eine kurze Zusammenfassung der Kariesentstehung und die beste Möglichkeit vorstellen, Zahnerkrankungen von vornherein zu verhindern, eine einfache Art zur Erkennung und groben Kategorisierung von Zahnsymptomen präsentieren und schließlich ein paar einfache provisorische Behandlungsmöglichkeiten aufzeigen, bis eine qualifizierte zahnärztliche Behandlung erfolgen kann.
>
> Beginnen Sie damit, dass Sie zu Ihrem Zahnarzt gehen und alles sofort in Ordnung bringen lassen. Nachdem alle vorhandenen Probleme behoben sind, starten Sie ein Präventivprogramm, behalten Sie es bei und machen sich dieses zur Gewohnheit. Das ist nichts Schwieriges, und Sie können damit Tausende Dollar und sich selbst viele Schmerzen ersparen.
>
> Putzen Sie sich regelmäßig die Zähne und schränken Sie Ihren Zuckerkonsum ein. Das funktioniert wirklich. Wenn es Ihnen gelingt, die Bakterien aus Ihrem Mund zu entfernen, die sich hauptsächlich im Zahnbelag ansiedeln, werden Sie damit die Säurebildung reduzieren. Die Häufigkeit des Zuckerverzehrs ist entscheidender als die Zuckermenge. Jedes Mal, wenn Sie Zucker essen, bilden die Bakterien 30 Minuten lang Säure. Trinken Sie innerhalb von zehn Minuten eine Limonade und nehmen dann den Rest des Tages keinen Zucker mehr zu sich, wird es in Ihrem Mund nur etwa 40 Minuten lang zu Säurebildung kommen. Nip-

pen Sie jedoch den ganzen Tag an einer Limonade, dann werden Sie den ganzen Tag Säure im Mund haben. Schränken Sie in jedem Fall die Zuckermenge ein, die Sie konsumieren, aber noch wichtiger ist, dass Sie die Häufigkeit, mit der Sie Zucker zu sich nehmen, reduzieren. Und verwenden Sie jeden Abend eine Fluoridspülung. Sie sollten sich die Zähne putzen, den Mund ausspülen, einen Schluck Wasser trinken, falls Sie wollen, und dann den Mund mit der Fluoridlösung ausspülen. Danach sollten Sie nichts mehr essen und zu Bett gehen. Das Fluorid wird sich auf Ihre Zähne legen und den Zahnschmelz weniger angreifbar machen.

Zahnpasta ist gut, aber bei diesem Programm nicht unbedingt notwendig. Zahnpasta ist nichts anderes als ein mildes Scheuermittel mit Geschmacksstoffen und Fluorid. Falls Sie selbst Zahnpasta herstellen wollen, können Sie Fluoridspülung mit Backnatron mischen, allerdings ist Backnatron deutlich scheuernder als kommerziell produzierte Zahnpasta und kann das Zahnfleisch reizen.

Falls sich bei Ihnen eine kariöse Läsion (ein Loch) gebildet hat, lassen Sie den Zahn nicht unbehandelt. Am Ende werden Sie einen Abszess bekommen, und der Zahn wird bei Berührung extrem starke Schmerzen bereiten. Vielleicht bekommen Sie Fieber und stellen eine Schwellung fest. Manche Leute berichten, dass es sich anfühle, als sei der Zahn ›angehoben‹. Das ist er tatsächlich. Die Infektion drückt ihn hoch. Falls die Infektion jedoch in die Zunge, den Hals oder in die Nebenhöhlen wandert, kann die Sache sehr schnell sehr gefährlich werden. Zu den möglichen Komplikationen gehören Sepsis, Atemwegsobstruktion sowie Herzbeutelentzündungen. Diese Komplikationen sind nicht üblich, aber sie sind gefährlich und müssen vom Fachmann behandelt werden. Zu den Symptomen dieser schweren Infektionen zählen erhöhte Temperatur, eine Schwellung unter dem Kiefer, unter der Zunge oder um das Kinn herum, eine Schwellung, die sich in Richtung Nacken ausbreitet, eine Schwellung im Hals, die beginnen kann, das Gaumenzäpfchen zur Seite zu drücken, sowie Schluck- beziehungsweise Atemprobleme. Ignorieren Sie diese Symptome nicht! Begeben Sie sich unverzüglich in medizinische Behandlung.«

Augenschutz und Augenspülung

Augenschutz ist von entscheidender Bedeutung. Werden von einem meiner Familienmitglieder Schießübungen durchgeführt, trägt dieses immer Augen- und Ohrenschutz. Das Gleiche gilt, wenn wir eine Kettensäge benutzen. Ich besitze einen »Waldarbeiterhelm« der Firma Stihl mit integrierten Ohrschützern und einem Netzschutz über das ganze Gesicht – allerdings habe ich gelesen, dass die Helme der Marke *Peltor* besser sein könnten. Inzwischen legen wir die Werkstattschutzbrillen immer auf die Schleifmaschine, damit wir nicht vergessen können, sie aufzusetzen. Das ist für die ganze Sicherheitsausrüstung empfehlenswert. Bewahren Sie diese bei Ihren Werkzeugen auf – andernfalls ist sie »aus den Augen, aus dem Sinn«.

Wir trinken auf der Rawles-Ranch keinen Alkohol, aber wir haben immer ein Schnapsglas parat, weil es eine ideale Augenbadewanne ist, um Fremdkörper aus dem Auge zu spülen. Ich habe vor, in unserer Werkstatt eine Mini-Augen-Waschanlage zu installieren. Das ist eine kostengünstige Vorsichtsmaßnahme.

Es ist wichtig, für jedes Mitglied Ihres Haushalts eine Schutzbrille mit Seitenschutz vorrätig zu haben. Legen Sie sich auch einen Vorrat an ophthalmologischer Kochsalzlösung an, die im Notfall als Augenspülung verwendet werden kann.

Stabilisierung eines Verletzten

Wie immer ist es am besten, sich erst gar nicht zu verletzen, doch wenn jemand aus Ihrer Gruppe einen Sturz erleidet, sich den Knöchel verstaucht oder den Unterarm bricht, werden Sie ihn stabilisieren müssen, um weiteren Verletzungen vorzubeugen. Michelle, eine Rettungssanitäterin, stellte folgenden Beitrag ins Netz:

> »Bei einer Verletzung, die geschient, mit Beinhaltern ruhiggestellt oder sonst irgendwie stabilisiert werden muss, sollten Sie immer qualifizierten medizinischen Rat einholen. In einer Katastrophensituation könnte ein medizinisch ausgebildetes Gruppenmitglied diesen Rat erteilen oder das Buch *Wo es keinen Arzt gibt*, doch selbst wenn keine offensichtlich ernsthafte Fraktur vorliegt (das heißt ein

Knochen ragt aus dem Fleisch heraus, die Extremität weist Deformität auf oder kann nicht mehr bewegt werden), sollten Sie sich nach Kräften bemühen, die Hilfe von qualifiziertem medizinischem Personal zu suchen. Es ist in Ordnung, wenn Sie den Bruch für die Fahrt zu einer medizinischen Einrichtung schienen, aber Sie sollten unbedingt dafür sorgen, dass eine Verletzung von einem Mediziner angeschaut wird.

SCHIENEN

Wir schienen Gliedmaßen, um sie ruhigzustellen. Das erreicht man, indem die Gelenke oberhalb und unterhalb der Verletzung daran gehindert werden, sich zu bewegen. Geht es um das Knie, schienen Sie das verletzte Bein so, dass sich der Fußknöchel nicht bewegen und die Hüfte nur eine Vorwärts- und Rückwärtsbewegung machen kann – so kann das ganze Bein bewegt werden, ohne dass das Knie gebeugt wird. Bei Handgelenks- und Ellenbogenverstauchungen beugen Sie den Ellenbogen auf 90 Grad und stabilisieren Sie den Arm so an der Brust des Patienten. Bringen Sie die Schiene ›vor Ort‹ an – bevor Sie den Patienten transportieren. Wichtig ist, vor und nach dem Schienen zu untersuchen, ob Sie den Puls fühlen können und ob der Verletzte in dem betroffenen Körperteil noch Gefühl hat, aber auch das Maß der Beweglichkeit sollte geprüft werden. Das ermöglicht es Ihnen, die Schiene, je nach Bedarf, zu lockern oder zu festigen, falls einer oder alle drei dieser Faktoren sich während oder nach dem Schienen verändern sollten.

Beim Schienen geht es mehr um die Technik als um die Materialien, die zur Verfügung stehen. Alles, was hart und gerade ist, kann benutzt werden – von Ästen und langen Holzlöffeln bis hin zu einem festen Plastikstück. Sie können auch kommerzielles Material zum Schienen kaufen. Es gibt Arten mit Drahtgeflecht oder Kartonkern und natürlich die einfachen elastischen Binden. Außerdem empfehle ich dringend, einen Grundkurs in Erster Hilfe zu belegen, bei dem Sie das Wichtigste zum Thema Schienen und Ruhigstellen lernen werden.

Für die Behandlung von Verrenkungen und Verstauchungen empfehlen sich: Ruhe, Eis, Umschläge und Hochlagern.

TRAGEN UND WIRBELSÄULENBRETTER

Tragen sind zwar haltbar und robust, aber sie haben einige gravierende Nachteile. Eine für vorbereitete Familien bessere Lösung ist, ein Wirbelsäulenbrett zu kaufen und den Verletzten darauf auf einen Karren zu legen oder ihn damit zu tragen. Wirbelsäulenbretter kosten etwa 100 Dollar, und die Gurte (Spinnengurte) belaufen sich auf etwa 50 Dollar und sind einfach anzubringen.

Wirbelsäulenbretter haben oben und an den Seiten Schlitze zum Tragen, und man kann sie einfach mit Haken, Seilen oder Gurten vorn und hinten auf einem Gartenkarren befestigen. Die Bretter können aus Holz bestehen, aber heutzutage sind sie meist aus Plastik hergestellt. Sie sollen nur zum Transport eines Patienten genutzt werden und nicht etwa zur Vermeidung von Kopf- und Nackenverletzungen (das ist ihr eigentlicher Zweck in der modernen Medizin), es sei denn, Sie sind medizinisch gut genug ausgebildet. Ein weiterer Nutzen des Wirbelsäulenbretts besteht darin, dass Sie durch das Festschnallen eines Verletzten dessen Arme und Beine faktisch schienen.

Eine andere gute Idee ist die Befestigung Ihrer Erste-Hilfe-Ausrüstung an dem Brett. Für etwa 150 bis 200 Dollar und einen Karren, der auch für andere Zwecke eingesetzt werden kann, haben Sie eine strapazierfähige Trage, mit der Sie einen Verletzten zu Ihren Zufluchtsort zurücktransportieren können.

Als Rettungssanitäterin habe ich herausgefunden, dass *SaveLives.com* und *Galls.com* hervorragende Anbieter von Notfallausrüstungen sind.«

Transport von Behinderten im Fall einer Katastrophe

Wie bereits erwähnt rate ich Ihnen dringend, es so einzurichten, dass Sie, falls irgend möglich, mit Ihrer Familie das ganze Jahr über an Ihrem Zufluchtsort leben können. Wenn eine behinderte Person zu Ihrer Gruppe gehört, sollte das Haus einstöckig, also ein Bungalow, und mit einer Rollstuhlrampe zur Eingangstür versehen sein. Sollte ein Mitglied Ihrer Gruppe gegenwärtig einen elektrischen Rollstuhl benutzen, besorgen Sie für den Fall eines langfristigen Zusammenbruchs des Stromnetzes als Ersatz einen altmodischen zum Schieben. Und vergessen Sie nicht, Krücken und Gehstöcke für diejenigen zu kaufen, die sich womöglich den Knöchel verstauchen oder das Knie verrenken.

Legen Sie sich im Voraus einen Plan für den Transport Ihrer behinderten Familienmitglieder über weite Strecken zurecht. Eine großartige Möglichkeit stellt meiner Meinung nach ein umgerüsteter Allradvan dar. Hüten Sie sich aber davor, ein älteres Allradwohnmobil zu kaufen: Manche der Wohnmobile, die in den 1970er- und 1980er-Jahren gebaut wurden, weisen eine Menge technischer Probleme in Sachen Zuverlässigkeit auf – vor allem bezüglich des Differentialgetriebes und anderer Antriebskomponenten. Allerdings scheinen die Karosserieumbaufirmen diese Schwierigkeiten in den vergangenen Jahren in den Griff bekommen zu haben. Aber achten Sie darauf, eine schriftliche Garantie ausgehändigt zu bekommen.

Vans können »zweifach umgerüstet« werden, also sowohl mit Allradgetriebe als auch mit einem Liftapparat für einen Rollstuhl ausgestattet werden. Informieren Sie sich bei *vantagemobility.com*.

Vorbereitungen für Eltern von Säuglingen

Familien mit Säuglingen gibt meine bessere Hälfte folgenden Rat: Das Allerwichtigste ist das Stillen des Babys. Ihre größte praktische Sorge wird den Windeln gelten. Je nach den Umständen, nämlich ob Quell- oder Brunnenwasser und ob Strom für eine durch einen Generator oder eine Photovoltaikanlage angetriebene Waschmaschine zur Verfügung steht, werden Sie zwischen Stoff- und Wegwerfwindeln entscheiden müssen. Als ich mich um unsere Neugeborenen gekümmert habe, habe ich die Windeln häufig mehr als zehnmal am Tag gewechselt, um Windelausschlag vorzubeugen. Windeldermatitis kann, wenn sie unbehandelt bleibt, zu schweren Infektionen führen. Die richtige Hygiene ist entscheidend. Wählen Sie Ihre Wickelmethode und legen Sie sich dann einen Vorrat an.

Die nützlichsten Dinge sind folgende:

Für die Geburt:

- sterilisierte Nabelschnurklemme
- Desinfektionslösung
- Gummiballspritze
- Matratzenschoner (wie jene, die für Behinderte angeboten werden – erhältlich in Sanitätshäusern)

Für das Neugeborene:

- Setzen Sie aufs Stillen, aber legen Sie für den Notfall einen Vorrat an Babymilchpulver plus Flaschen und Sauger an.
- lanolinhaltige Pflegecreme
- Vaseline und Zinksalbe zur Vorbeugung von Windelausschlag
- Windeln und Windelhöschen
- Jede Menge Bodys, Strampler und Schlafsäcke sind ein wahrer Segen.

Babys spucken viel, und Windeln laufen aus. In einer Welt nach einer großen Katastrophe oder Krise, wenn das Waschen und Trocknen von Babysachen nicht mehr so einfach sein wird, würde ein großer Vorrat an Babykleidung in allen Größen das Alltagsleben erleichtern.

Außerdem würde ich nie auf einen Babytragesitz oder ein gutes Babytragetuch verzichten, wie jene, die Sie sich selbst schneidern können (*wearyourbaby.com*).

Die Bücher *Herz und Hände* sowie *Die selbstbestimmte Geburt*, in denen die Geburt als natürlicher Prozess – nicht einfach als medizinisches Problem – dargestellt wird, kann ich wärmstens empfehlen.

Wehen und Geburt unter Katastrophenbedingungen

Ein Baby zu bekommen, ist ein freudiges Ereignis, doch eine Hausgeburt sollte am besten unter Überwachung eines medizinisch ausgebildeten Menschen erfolgen. In einer Katastrophensituation könnte es jedoch sein, dass Sie auf sich allein gestellt sind. Der Arzt John O. liefert folgenden Beitrag zum Thema Geburt:

»Die meisten Überlebensgemeinschaften werden es in der Tat mit Hausgeburten zu tun bekommen. Eine ›normale‹ Entbindung mit nur geringen Komplikationen ist das Gebiet, auf dem sich eine gute Vorbereitung am positivsten auswirken kann. Bevor wir anfangen: Ich bin der Meinung, dass wir als Gemeinschaft die Tatsache akzeptieren müssen, dass im Katastrophenfall die Sterberaten sowohl der Mütter als auch der Babys beträchtlich ansteigen werden. So sehr man sich auch vorbereiten mag, diese Vorbereitung wird niemanden in die Lage versetzen, auf dem Küchentisch einen Kaiserschnitt vorzunehmen, und selbst eine Beckenendlage wird einen Laien erwartungsgemäß vor unüberwindliche Schwierigkeiten stellen.

Die Dienste einer erfahrenen Hebamme wären von unschätzbarem Wert, und als zweitbeste Wahl wäre es klug, ein Buch wie *Herz und Hände* von Elizabeth Davis zur Verfügung zu haben. Mein Ziel besteht darin, Ihnen zu helfen, damit Sie dafür sorgen können, dass eine gute Entbindung nicht am Ende schlecht verläuft, und Komplikationen vermieden werden. Selbstverständlich sind diese Informationen nur für Aufklärungszwecke und für Notfallsituationen gedacht, und ich schlage keine spezielle Vorgehensweise vor. Zum Glück nimmt die Natur in den meisten Fällen von allein ihren Lauf.

Als Betreuer einer Gebärenden sollte man dafür sorgen, dass sie regelmäßig die Blase leert und dass sie warme Füße hat. Natürlich kann sie, wenn sie das wünscht, essen und trinken, damit sie bei Kräften bleibt.

Die Geburtswehen können in zwei Phasen unterteilt werden: In der ersten Phase verstreicht der Gebärmutterhals, weitet sich ganz allmählich und bildet einen Kanal zuerst von wenigen Millimetern bis schließlich von etwa zehn Zentimetern Durchmesser; am Ende der zweiten Phase beginnt das Pressen, und die Mutter drückt das Baby tatsächlich heraus. Die erste Phase wird häufig in eine frühe Periode unterteilt, in der der Gebärmutterhals weniger als vier Zentimeter erweitert ist, die Wehen relativ schwach sind und in größeren Abständen kommen (sieben bis acht Minuten), und in die späte Phase, wenn die Wehen deutlich stärker werden und in kürzeren Abständen aufeinander folgen. Die frühe Phase dauert unterschiedlich lang – von vielleicht zwei Stunden bei *Mehrgebärenden*, bis hin zu 24 Stunden bei *Erstgebärenden.* Die späte erste Phase verläuft dagegen in der Regel gleichförmiger. Normalerweise wollen die Frauen aufstehen und herumgehen, vor allem in der späten Phase. Ermuntern Sie die Gebärende dazu, denn sie während der Wehen ins Bett zu zwingen, ist eine schlechte Angewohnheit und eigentlich nur in Krankenhäusern notwendig, wenn Epiduralanästhesie oder intravenös Betäubungsmittel verabreicht wurden. Ich habe festgestellt, dass eine vorübergehende Hockposition tatsächlich dazu beiträgt, den Geburtsvorgang zu beschleunigen und die Wehenschmerzen erträglicher zu machen. Bei einer Krankenhausgeburt wird der Muttermund der Frau häufig untersucht; zu Hause würde ich davon *dringend* abraten. Im Krankenhaus wird einer Frau, bei der der Geburtsvorgang nicht vorankommt, vielleicht eine Dosis des Wehenhormons Oxytozin verabreicht, oder es wird sogar ein Kaiserschnitt vorgenommen, doch beides wird bei Ihnen zu Hause nicht infrage kommen. Darüber hinaus haben Krankenhäuser einen unbegrenzten Vorrat an sterilen Handschuhen; daher ist die Gefahr, dass Infektionskeime in den Geburtskanal gelangen, relativ gering. Bei Hausgeburten, bei welchen der Geburtsvorgang ohne die Gabe von Oxytozin meist länger dauert, ist die Infektionsprävention von entscheidender Bedeutung. Wenn Sie die Wehenabstände kontrollieren und den Gesichtsausdruck der Gebärenden im Auge behalten, werden Sie auch ohne häufige Untersuchung eine ziemlich genaue Vorstellung haben, wie gut die Sache vorangeht.

Da schon von Infektionen die Rede ist, wäre jetzt ein guter Zeitpunkt, um eine Infektion mit Streptokokken der Gruppe B anzusprechen. Streptokokken der Gruppe B sind Bakterien, die etwa 30 Prozent der Frauen im Geburtskanal in sich tragen. Beim Austritt aus dem Geburtskanal werden etwa 60 Prozent der Kinder von Strep B besiedelt, wenn die Mutter diese Keime in sich trägt. Trotz der modernen Medizin entwickelt eines von 200 Neugeborenen ernste Komplikationen, wie zum Beispiel eine Lungenentzündung, Meningitis oder Sepsis (Blutvergiftung). In den USA werden derzeit alle Schwangeren im letzten Schwangerschaftsmonat auf Streptokokken untersucht und vor Einsetzen der Wehentätigkeit mit intravenös verabreichten Antibiotika behandelt. Das hat sich zur Verringerung der Strep-B-Keime im Geburtskanal als ziemlich erfolgreich erwiesen, was auch die Quote der von diesen Keimen besiedelten Babys reduziert. Darüber hinaus passieren auf Penicillin basierende Antibiotika problemlos die Plazenta und bieten dem Baby einen gewissen Schutz, selbst wenn es besiedelt ist.

Da ich mir nicht vorstellen kann, dass Frauen nach einer großen Katastrophe weiterhin auf Strep B untersucht werden, würde ich jeder Schwangeren empfehlen, etwa zehn oder 14 Tage vor dem errechneten Geburtstermin mit der Einnahme eines Antibiotikums zu beginnen. Inzwischen wird zwar die intravenöse Verabreichung der Antibiotika empfohlen, doch bis vor etwa zehn Jahren wurden sie noch recht häufig oral eingenommen. Ampicillin ist wahrscheinlich am besten: Cephalosporine beziehungsweise jedes Mittel, das auf -cillin endet, eignet sich (Medikamente mit ceph oder cef im Namen, wie zum Beispiel Cephalexin, Ceftin, Cefazolin, Rocephin etc.). Im Notfall oder für Patientinnen, die auf Penicillin stark allergisch reagieren, könnten Sie möglicherweise auch auf -mycin endende Antibiotika nehmen. Verwenden Sie jedoch auf keinen Fall -cycline oder etwas mit -floxin im Wirkstoffnamen, da beides für kleine Kinder giftig ist und Ungeborene geschädigt werden.

Nachdem die erste Phase überstanden ist, wird die Gebärende allmählich das Bedürfnis verspüren zu pressen, oder das Gefühl haben, auf die Toilette gehen zu müssen, weil der Kopf des Babys auf das Becken und den Enddarm drückt. Gewöhnlich empfehle ich der Gebärenden an diesem Punkt, sich wieder ins Bett zu legen, doch manche Hebammen lassen sie auf den Beinen.

Schließlich kommt der Kopf zum Vorschein. Versuchen Sie, die Gebärende dazu zu bringen, durch die Nase zu atmen und nicht mehr zu pressen, damit der Kopf kontrolliert durchtritt. Lässt man ihn unkontrolliert herausgleiten, ist die Gefahr, dass es bei der Mutter zu einem Dammriss kommt, deutlich erhöht.

Nabelschnurumschlingungen sind eine der Hauptursachen für Gehirnschädigungen oder Tod des Kindes nach ›normaler‹ Entbindung. Vergessen Sie also nicht, nachzuprüfen, ob die Nabelschnur um den Hals geschlungen ist! Gegebenenfalls kann man versuchen, die Nabelschnur über den Kopf zu streifen und zu entwirren.

Dann muss das Baby mit seinen vergleichsweise breiten Schultern das zuerst querelliptische, dann längselliptische Becken der Mutter passieren. Das kann man an der Seitwärtsdrehung des bereits zu sehenden Köpfchens erkennen. Wenn die Schultern nach der Geburt des Köpfchens noch nicht erscheinen, ist die beste Möglichkeit, das Becken der Gebärenden zu mobilisieren, folgende: Entweder passiv durch das ›McRoberts-Manöver‹ (nachzulesen bei *Google*), bei dem zwei Helfer gleichzeitig die gestreckten Beine der auf dem Rücken liegenden Frau nach unten ziehen und im Anschluss schwungvoll anwinkeln und in Richtung Rumpf drücken. Den gleichen Effekt erzielt man aktiv, wenn die Gebärende im Vierfüßlerstand ist, indem man die Frau auffordert, sich aufzurichten und nach hinten zu strecken; beziehungsweise, wenn man die auf dem Rücken liegende Frau auffordert, sich vornüber in den Vierfüßlerstand zu begeben.

Drücken Sie den Kopf des Babys nicht nach unten, da sonst die Nerven, die vom Hals in den Arm verlaufen, beschädigt werden können. Und drücken Sie auch nicht von oben auf den Uterus, da auch dies zu ernsten Problemen führen könnte. Sobald die Schultern aufgetaucht sind, wird das Baby herausgleiten.

Wischen Sie dem Baby Mund und Nase oberflächlich ab, um die Atemwege freizubekommen. Falls Sie dicken grünlichen Schleim (Mekonium bzw. Kindspech) am Körper des Babys oder in seinem Mund feststellen, heißt das, dass es aufgrund des Geburtsstresses oder wegen der zuvor erwähnten Nabelschnurumschlingung Stuhlgang hatte. Es ist sehr wichtig, dieses Mekonium jetzt aus Mund und Nase zu entfernen beziehungsweise abzusaugen (zum Beispiel mit einer der rezeptfrei erhältlichen blauen Gummiballspritzen), weil das Baby, sobald es ganz herauskommt, seinen ersten Atemzug nehmen und dabei seinen eigenen Kot in die Lungen einsaugen wird. Das Mekonium selbst ist steril und kein Grund zur Aufregung, im Gegensatz zu der Gefahr, dass es eingeatmet wird.

Nachdem das Baby geboren ist, trocknen Sie es ab und wickeln Sie es in eine Decke, damit es nicht auskühlt, da es Babys am Anfang schwer fällt, die Körpertemperatur zu halten. Klemmen oder binden Sie die Nabelschnur, wenn sie auspulsiert ist, mit dem ab, was Ihnen eben zur Verfügung steht – zum Beispiel mit einem sterilen Faden. Klemmen oder binden Sie sie oberhalb und unterhalb der Stelle ab, an der Sie sie durchschneiden wollen – gewöhnlich etwa vier bis fünf Zentimeter vom Bauch des Babys entfernt. Durchtrennen Sie die Nabelschnur unbedingt mit einer sterilisierten Schere – in der Dritten Welt stellt die unsterile Abnabelung eine Hauptinfektionsquelle dar. Lassen Sie den Faden oder die Klammer einen oder zwei Tage am Baby, bis der Nabelschnurrest komplett eingetrocknet ist.

Sie können das Baby, falls es nicht atmen sollte, stimulieren, indem Sie sanft über eine Fußsohle oder den Rücken reiben. Versuchen Sie, das Baby der Mutter umgehend an die Brust zu legen, da dies helfen wird, dass sich der Uterus schneller zusammenzieht und der Blutverlust geringer ist.

Nach der Geburt des Kindes setzen die Nachgeburtswehen ein, durch die sich die Plazenta löst. Die Frau wird erneut das Gefühl haben, pressen zu müssen, und die Plazenta gebären. Das kann eine Weile auf sich warten lassen, was unbedenklich ist, solange keine Blutungen auftreten.

Eine der wichtigsten Verhaltensregeln im Wochenbett ist, alle zwei bis drei Stunden zur Toilette zu gehen, um starke Blutungen zu verhindern und die Rückbildung der Gebärmutter zu fördern.

Das Thema Beckenendlage habe ich nicht angesprochen, weil darüber ganze Kapitel geschrieben werden könnten. Es gibt verschiedene Methoden, mit deren Hilfe das Baby, wenn man den Kopf oben statt unten tasten kann, bevor es in den Geburtskanal eingetreten ist, also lange vor Einsetzen der eigentlichen Geburtswehen, animiert werden kann, sich noch zu drehen – doch diese Maßnahmen dürfen ausschließlich von erfahrenen Hebammen oder Geburtshelfern vorgenommen werden. Und wieder: Dies dient ausschließlich Informations- und Aufklärungszwecken und ist kein Ersatz für eine richtige medizinische Betreuung!«

Gruppenplanung für eine Grippeepidemie

Falls in unmittelbarer Nähe die Grippe ausbricht, gibt es keine Möglichkeit, eine Ansteckung mit Sicherheit zu vermeiden. (Details finden sich in Anhang B.) Aller Wahrscheinlichkeit nach werden die ersten Grippefälle in fernen Regionen auftreten. Es bleibt also Zeit, etwas zu unternehmen.

9

Kommunikation und Überwachung

Es gibt da draussen ein ganzes Spektrum

Für Menschen, die sich erstmals mit den Vorbereitungen für einen Katastrophenfall beschäftigen, kann das Eintauchen in die Welt der Kommunikation und Überwachung per Funk beängstigend sein. Das ist ein Gebiet der Technik, auf dem besonders viel Fachjargon und Abkürzungen verwendet werden. Ich rate Ihnen, sich von einem Amateurfunker, der eine Funklizenz besitzt, die Grundlagen der Frequenzbänder, Funkübertragung, der verschiedenen Ausrüstungsgegenstände und der rechtlichen Bestimmungen erklären zu lassen. Ja, es gibt *jede Menge* rechtlicher Bestimmungen. Halten Sie sich an die Gesetze!

Ein Funkamateur, der neue Funkamateure betreut, wird hier in Amerika als »Elmer« bezeichnet. Einen Elmer finden Sie über ihren örtlichen Amateurfunkclub, der dem Deutschen Amateurradioclub (DARC) angegliedert ist. Elmer nehmen sich fast immer gern die Zeit, zu helfen.

Für Neulinge in der Welt der Kurzwellen und der Amateurfunker können die Bezeichnungen der Frequenzbänder verwirrend sein. Anfänger sind besonders irritiert, wenn sie Amateurfunker Dinge sagen hören wie »auf dem 40-Meter-Band« oder »ich habe mich auf zwei Meter unterhalten«. Klicken sie *snipurl.com/hsu6d* an – dort finden Sie eine nützliche Karte des amerikanischen Amateurfunkverbands, auf der die Bezeichnungen der Frequenzbänder mit einer leicht verständlichen Grafik dargestellt sind.

So geht's los

Allen Leuten, die vorbereitet sein wollen, empfehle ich dringend, sich zumindest ein Kurzwellenfunkgerät und einen Allwellenpolizeiscanner zu kaufen und sich mit dem Gebrauch der Geräte vertraut zu machen.

Im Katastrophenfall werden Festnetztelefone, Handys, Mittelwellen- und UKW-Radiosender, Internet und Fernsehen größtenteils nicht mehr verfügbar sein oder keinen Empfang mehr haben. Die meisten Radio- und Fernsehsender haben nur für wenige Tage Kraftstoff für ihre Notstromaggregate. Das Gleiche gilt für die Zentralen der Telefongesellschaften. Danach wird ein akutes Informationsvakuum herrschen. Möglicherweise werden Sie über ausländische Kurzwellensender Nachrichten hören und Ihrem Polizeiscanner lauschen, um über die aktuelle Lage vor Ort auf dem Laufenden zu sein und Bescheid zu wissen, wo sich Plündererbanden herumtreiben. Achten Sie darauf, ein CB-Funkgerät und ein paar Walkie-Talkies zu kaufen, damit Sie Sicherheitsmaßnahmen mit Ihren Nachbarn koordinieren können. (Für die Frequenzbänder CB, FRS und MURS sind in den USA keinerlei Lizenzen erforderlich.)

Was soll man sich für die Kommunikation und Überwachung nach einem Katastrophenfall kaufen?

Kurzwellenempfänger

Ihr erstes Empfangsgerät sollte am besten ein kompakter, tragbarer Empfänger für alle Bereiche (UKW, Mittelwelle, Wetter, CB und Kurzwellen) sein. Es gibt mehrere Marken, vor allem Grundig, *Sangean* und *Sony*. Ich halte den kürzlich aus dem Programm genommenen ICF-SW7600GR-Empfänger von *Sony* für einen der robustesten tragbaren Allgemeinempfänger mit gutem Preis-Leistungs-Verhältnis. Er hat die Größe eines Taschenbuchs. Die Geheimnisse, wie die Lebensdauer eines Empfängers zu verlängern sind, bestehen darin, ein paar zusätzliche von Hand einstellbare Antennen (der empfindlichste Teil) zu kaufen, darauf zu achten, dass an der Kopfhörerbuchse und an den Stromkabeln nicht herumgezogen wird, und den Empfänger samt Zubehör immer in einem robusten, gut gepolsterten und vorzugsweise wasserdichten Behältnis zu transportieren. (Ich habe festgestellt, dass ein kleiner Behälter der Marke *Pelican* mit anpassbarer grauer Schaumstoffeinlage für meine Bedürfnisse bestens geeignet ist.) Eine kostengünstige Alternative ist, Schaumstoffeinlagen so zuzuschneiden, dass sie in eine Munitionskiste für das Kaliber .30 der *United States*

Government Issue (USGI) passen. Diese Munitionskisten sind sehr stabil und billig (häufig für weniger als zehn Dollar auf Waffenmessen zu haben) und bieten einen sehr guten Schutz gegen die Wirkung nuklearer elektromagnetischer Impulse (EMP).

Manchmal findet man auf Autofriedhöfen für weniger als 50 Dollar Autoradios der Firmen Becker oder Blaupunkt, deren Modelle *Europa*, *Mexiko* oder ähnliche Modelle eines Mittelwellen/UKW/Kurzwellen-Radios aus einem europäischen Auto wie etwa einem Mercedes stammen. Diese Radios sind nicht nur sehr zuverlässig, sondern bieten Ihnen auch die Möglichkeit, Zeitsignale der Radiostationen WWV und WWVH zu empfangen, die von der NIST und einigen internationalen Sendern betrieben werden.

Sendeempfänger

Ihre ersten Sendeempfänger sollten vielleicht zwei MURS-Frequenzen-Walkie-Talkies sein.

CB-Funkgerät

Als Nächstes wäre ein SSB-taugliches CB-Funkgerät, wie zum Beispiel das bewährte *Cobra 148GTL*, anzuschaffen.

Feldtelefone

Sie werden sich für die Koordinierung der Sicherheitsmaßnahmen am Zufluchtsort auch zwei Feldtelefone aus Militärrestbeständen beschaffen wollen. Für jemanden wie mich, der an der älteren Generation von Feldtelefonen (TA-1 und TA-312) ausgebildet wurde, scheinen die jetzigen Telefone der TA-1024-DNTV-Generation hypermodern zu sein. Das Gerät ist super. Zuverlässige Feldtelefone sind für die Koordinierung der Sicherheit an Ihrem Zufluchtsort nach einer Katastrophe von großer Bedeutung. Für die halbdauerhafte Installation empfiehlt es sich, Kabel zu kaufen, die zum Verlegen unter der Erde geeignet sind, um Ihre Leitungen zu verstecken und zu schützen. Für TA-1024-Telefone brauchen Sie Vier-Leiter-Kabel (oder zwei parallele Leitungen von Zwei-Leiter-Kabeln). Das Vergraben der Kabel verhindert sowohl das absichtliche als auch das versehentliche Durchtrennen oder Unterbrechen der Leitung. Vergessen Sie nicht, sich ein paar zusätzliche Feldtelefone zu beschaffen, damit Sie Leitungen zu Ihren Nachbarn legen und sich auch mit ihnen abstimmen können. Suchen Sie bei *Ebay* nach einem Leitungsvermittler (AN/TTC-39D). Die TA-1024-DNTV-Feldtelefone sind bei *Ready Made Resources* erhältlich. Sie werden paarweise zusammen mit einem Photovoltaikmodul verkauft.

Tischfunkgeräte

Vielleicht wollen Sie sich auch ein relativ EMP-sicheres Tischfunkgerät mit Elektronenröhre, vorzugsweise eines mit Kurzwellenempfang, zulegen. Etwas wie ein *Zenith TransOceanic H500* wäre zum Beispiel eine gute Wahl. Tischfunkgeräte mit Elektronenröhre findet man häufig bei *Ebay*. Es ist klug, sich altmodische Kommunikationsgeräte zu kaufen, denn es hat eine gewisse Logik, sich lieber drei, vier oder gar fünf ältere, gebrauchte *Radio-Shack*-Empfänger für 900 Dollar zu kaufen, als die gleiche Summe für nur einen schicken neuen *Drake R8B* auszugeben.

Gegenfunksprechverkehr

Die Amateurfunkerei ist ein Hobby, bei dem man sich vieles selbst zusammenbastelt. Ich würde Ihnen dringend empfehlen, sich irgendeine Funklizenz zu beschaffen, egal welche. In den Vereinigten Staaten ist es verboten, ohne FCC-Lizenz und Rufzeichen über die Funkbänder zu senden.

Ich bin schon seit Langem ein Befürworter des Gebrauchs von Feldtelefonen und relativ schwachen Handfunkgeräten für den größten Teil der Kommunikation am Zufluchtsort. Warum unnötig 40 oder 50 Watt mit einer Zweimeterantenne verschwenden, wenn ein paar Watt für ein MURS-Gerät ausreichen? Verwenden Sie die stärkeren Sender für die Kommunikation über längere Distanzen und nur, wenn Sie sie wirklich brauchen.

Mein Lieblingsfrequenzband für Walkie-Talkies ist das Multi-Use-Radio-Service-(MURS)-Band, weil die meisten MURS-Geräte so eingestellt werden können, dass sie im Zwei-Meter-Band funktionieren, und sie haben eine viel größere Reichweite als FRS-Funkgeräte (das europäische Pendant ist der PMR-Funk). Und wie FRS-Funkgeräte unterliegen auch sie in den Vereinigten Staaten beim privaten Gebrauch keinerlei Beschränkungen. (Es ist also keine Lizenz erforderlich!) Außerdem muss festgehalten werden, dass die CB-Kanäle,

FRS-Kanäle und Zwei-Meter-Bandfrequenzen im Katastrophenfall höchstwahrscheinlich sehr überlastet sein werden, insbesondere in den Vorstädten, aber die weniger bekannten und weniger frequentierten MURS-Frequenzen werden wahrscheinlich zu jeder Zeit weitgehend zugänglich sein.

Sobald Sie die Kommunikation auf kurze Distanzen und die öffentliche Frequenzbandüberwachung beherrschen, besteht der nächste Schritt darin, Mitglied in Ihrem örtlichen Amateurfunkclub zu werden und alles Notwendige für den Erwerb der Amateurfunkerlizenz zu lernen. Irgendwann werden Sie sehr froh darüber sein.

Falls Sie eine leistungsfähigere Anlage haben wollen, würde ich Ihnen empfehlen, sich über *Ebay* gebrauchte Seefunkgeräte beziehungsweise Weltempfänger zu kaufen. (Geben Sie als Suchbegriff »Seefunkgeräte« ein.) Für diese braucht man keine Lizenz, nur für Schiffe über zwölf Meter Länge, aber seien Sie sich bewusst, dass beim Gebrauch auf dem Festland die Beschränkungen der *Federal Communications Commission* (FCC) gelten. Es kann vorkommen, dass die FCC Strafbescheide verschickt, und die Strafen sind oftmals erheblich.

Da die meisten Weltempfänger mehr Strom benötigen als ein MURS-Walkie-Talkie, werden Sie eine leistungsfähigere Notstromanlage zum Aufladen der Batterien brauchen. Ich rate zu ein paar großen tiefentladesicheren Sechs-Volt-Gleichstromakkus für jedes Funkgerät. Das Schöne am MURS-Frequenzband und am VHF-Seefunkband ist, dass sie in vielen Gegenden im Wesentlichen private Bänder sind. Aber betrachten Sie diese natürlich nicht als sicher, da sie mit einem Multibandscanner aufgespürt und abgehört werden können.

Manche Leser meines Blogs haben für die Kommunikation nach einem Katastrophenfall die Einrichtung eines elektronischen Bulletin-Board-Systems beziehungsweise eines Funknetzwerks im BBS-Stil vorgeschlagen. Da die traditionellen Telefonanlagen, DSL, Handy- bzw. Mobilfunkanlagen, Internet-Service-Provider und das Internet alle mehr oder weniger vom Stromnetz abhängig sind, rechne ich damit, dass sie im Fall einer großen Katastrophe nach ein paar Tagen alle nicht mehr funktionieren werden. Doch der funkbasierte Packet-Radio-Betrieb sowie Digipeater-Netze, die wie BBS-Server operieren und wie ein Ersatzinternet funktionieren können, könnten von großem Nutzen sein. Diese können auf den HF-Frequenzbändern über große Distanzen operieren. Es gibt auch einige regionale Zwei-Meter-Band-Netzwerke, die zum Teil durch von Photovoltaikanlagen betriebene Verstärker bedient werden, deshalb könnten Teile dieser Netze erhalten bleiben. Weil derzeit viele ältere Amateurfunker in den Ruhestand gehen, gibt es auf dem Markt eine Menge gebrauchter Funkgeräte und Terminal Node Controller (TNCs), die zu sehr vernünftigen Preisen verkauft werden.

Anstatt das Rad neu zu erfinden, empfehle ich, sich existierenden Packet-HF-BBS-Netzwerken anzuschließen und sie zu erweitern. Ein Tipp: Setzen Sie nicht einfach ein Lesezeichen auf die BBS-Seiten. Diese werden beim Zusammenbruch des Stromnetzes wie all die anderen Seiten im World Wide Web verschwinden, deshalb sollten Sie unbedingt etwa jedes zweite Jahr daran denken, einen Ausdruck zu machen. Schreiben Sie sich eine Notiz in Ihren Kalender.

Außerdem rate ich Ihnen, dass Sie sich einem existierenden, themenbezogenen und zeitlich festgelegten HF-Amateurfunkertreffen (»gleiche Zeit, gleiche Frequenz«) anschließen.

Was »off-band«- (beziehungsweise »out-of-band« oder »freeband«) Funkübertragung anbelangt: In den Vereinigten Staaten sind diese Funkübertragungen nicht legal – es sei denn im Notfall.

Reichweiten beim Funkverkehr

Häufig werde ich gefragt, welche Reichweite und Möglichkeiten die als Fertigpackung angebotenen FRS- (*Family Radio Service*) und GMRS- (*General Mobil Radio Service*) Funkgeräte bieten. Ihre tatsächliche Reichweite kann stark variieren. In geschlossenen Räumen lautet die entscheidende Frage: Wie sehr ist der Beton stahlverstärkt? Eine verlässliche Kommunikation ist bei den üblichen FRS- und GMRS-Handgeräten, die auf dem Verbrauchermarkt angeboten werden, in einer dicht bebauten städtischen Umgebung nicht garantiert. Ich bevorzuge die MURS-Band-Handgeräte. Sie haben damit nicht nur eine größere Reichweite, sondern werden auch ein normalerweise weniger belastetes Frequenzband nutzen. Das bietet Ihnen eine geringfügig verbesserte Kommunikationssicherheit (jedoch mit der oft wiederholten Warnung: Keine Funkübertragung sollte als hundertprozentig sicher betrachtet werden.) Ich empfehle die Firma *MURS-Radio*, weil sie ein seriöser Anbieter von Sendeempfängern ist. Außerdem nimmt sie die kundenspezifische Frequenzprogrammierung vor und verkauft sowohl Zubehör als auch MURS-kompatible Systeme, die Eindringlinge melden.

Lizenzbestimmungen für FRS- und GMRS- Funkübertragung

Die meisten FRS- und GMRS-Funkgeräte werden mit mehreren vorprogrammierten Kanälen geliefert, gewöhnlich von 1 bis 22 nummeriert. In den USA ist für die Funkübertragung auf den FRS-Kanälen (Kanal 8 bis 14) keine Lizenz erforderlich. Die Kanäle 1 bis 7 und 15 bis 22 sind GMRS-Kanäle. Um auf diesen Kanälen zu funken, brauchen Sie – abgesehen von einem Notfall – eine von der FCC ausgestellte GMRS-Lizenz. Auf der FCC-Webseite (*fcc.gov*) können Sie sich über Lizenzvergabe und Anmeldeformulare informieren.

Für Militärangehörige: Konsultieren Sie Ihr COMSEC-Büro beziehungsweise Ihren Bandzuweisungskoordinator, bevor Sie FRS- oder GMRS-Bänder für unverschlüsselte taktische Mitteilungen nutzen. Diese Bänder gehören, was die Abhörgefahr anbelangt, zu den unsichersten.

Alternative Möglichkeiten bei Stromausfall

Heutzutage verlassen sich viele Leute auf das Internet und die Welt der Blogs, um Nachrichten zu empfangen und sich zu informieren. Zwar ist das Internet so ausgerichtet, dass es äußerst robust ist (ein Überrest seiner ursprünglichen Funktion als Netz für das US-Militär), doch man kann nicht davon ausgehen, dass es einen Zusammenbruch des Stromnetzes übersteht. Das Beste, was wir unter diesen Umständen erwarten könnten, wäre ein kombiniertes Netzwerk aus Sprach- und Datenpaketen über Kurzwelle. Sie sollten mindestens im Besitz zweier Funkgeräte sein, von denen keines besonders teuer sein muss, um lokale, regionale und internationale Informationen, Wettervorhersagen sowie die genaue Uhrzeit zu empfangen und über die Gesamtsituation auf dem Laufenden zu sein:

1. Einen Mittelwellen/UKW/Kurzwellen-Empfänger ohne Sendesperre. Die meisten dieser Geräte decken Frequenzen von 500 KHz bis hinauf zu 30 MHz ab. In diese fallen die Mittelwellen- und UKW-Sendefrequenzen, viele der Amateurfunkfrequenzen, die internationalen Kurzwellenfrequenzen (von Stationen wie BBC, *Radio Netherlands*, HCJB – die *Stimme der Anden* –, WWV [Zeitzeichensender] und so weiter, sowie die CB-Kanäle). Die kostengünstigen *Kaito-KA1102*-Geräte sind für alle Leute mit knappem Budget ideal. Falls Ihnen ein größeres Budget zur Verfügung steht, würde ich folgende Geräte vorschlagen: das *Sony ICF-SW7600G*, das *Sony ICF-2010* (beide werden nicht mehr hergestellt, sind aber gebraucht über *Ebay* erhältlich) und, falls Ihr Budget unbegrenzt ist, ein *Drake R8A*.

Selbst wenn Sie sich irgendwann einen teureren Empfänger kaufen, empfehle ich, dass Sie ein paar der kleinen *Kaito-KA1102*-Geräte als Ersatz aufbewahren, vorzugsweise in Metallmunitionskisten, um sie vor EMP zu schützen.

2. Einen VHF-Polizei-, See-, Luft-, Wetter-Band-Scanner. Versuchen Sie, eines der neueren Modelle zu bekommen, das Bündelfunk demodulieren kann. Ein relativ günstiges »Bündelmodell« ist das *Bearcat BC898T*. Besorgen Sie sich ein digitales Modell, wenn Ihnen ein großes Budget zur Verfügung steht. Fast alle Scanner decken die Wetterbänder der *National Oceanic and Atmospheric Administration* (NOAA) ab.

Einführung in Sachen Antennen für Funkempfänger

Um es gleich zu sagen, Halbwellenantennen sind theoretisch am effizientesten. Antennen mit kürzerer fraktioneller Wellenlänge (Viertelwellen, Achtelwellen etc.) werden hauptsächlich wegen ihrer Kompaktheit und den geringeren Kosten verwendet. Hier ein paar praktische Aspekte der Wellenlänge: CB-Funkfrequenzen haben eine Wellenlänge von etwa zehn Metern. Es ist möglich, zu Hause oder an einem Zufluchtsort CB-Halbwellenantennen zu benutzen, jedoch nicht auf einem Fahrzeug montiert. (Auf einem Fahrzeug ist selbst eine

Halbwellenantenne häufig zu hoch.) Das MURS-Band (mein Favorit für die Kommunikation auf kurze Distanzen) hat eine Wellenlänge von etwa zwei Metern, also ist der Einsatz einer Halbwellenantenne viel praktikabler. Beim Deutschen Amateur-Radio-Club erhalten Sie Informationen, die Ihnen erklären, wie sowohl die Sende- als auch die Empfangsantennen funktionieren.

Eine Groundplane-Antenne ist eine reflektierende, flache Oberfläche, die die Abwärtsstrahlung einer Antenne vermindert. Wird ein Sendeempfänger mit einer auf einem Fahrzeug montierten Antenne mit normaler Stahlkarosserie verwendet, so bildet das Fahrzeug eine Groundplane. Deshalb ist es am effizientesten, eine Antenne mitten auf einem Fahrzeug zu montieren. Doch leider ist die Antenne damit einer großen Beschädigungsgefahr ausgesetzt. Das erklärt, warum man Antennen trotz ihrer schlechten Sende- und Empfangseigenschaften und Ineffizienz lieber auf Stoßstangen montiert.

Eine logarithmisch-periodische Antenne (LPDA) kann sehr effektiv sein, aber beachten Sie, dass sie, wie andere Antennen auch, richtig polarisiert werden muss. Die meisten mobilen Funksprechgeräte nutzen vertikale Polarisation. Daher sehen Ihre LPDA- oder Yagi-Antennen nicht wie die traditionellen horizontalen Fernsehantennen aus, sondern sind wegen der vertikalen Polarisation zur Seite ausgerichtet.

Stellt die Funkpeilung eine mögliche Bedrohung für Überlebenskünstler dar?

Einige Leute haben Ihre Sorge zum Ausdruck gebracht, dass die Funkpeilung von Plünderern genutzt werden könnte, um Menschen mit funktionierenden Funkgeräten (und damit logischerweise mit Strom und Vorräten) auszumachen. Doch die einzigen Leute, die eine effektive Ausrüstung zur Funkpeilung und das nötige Wissen besitzen, wie diese zu bedienen ist, sind:

1. Die *National Security Agency* (NSA) und ein paar wenige andere staatliche Organisationen wie die FCC – hauptsächlich, um Piratenstationen aufzuspüren.

2. Amateurfunker, die gerne »Hase und Igel« spielen. Amateurfunker sind in der Regel sehr gesetzestreue Zeitgenossen. Ich kann mir nicht vorstellen, dass viele von ihnen abtrünnig werden und sich in Plünderer verwandeln.

Was ich mir dagegen tatsächlich vorstellen kann, ist, dass viele Plündererbanden rudimentäre Kenntnisse im Abhören von Funksignalen besitzen und tragbare »Polizeifunkscanner« einsetzen, weshalb es besser ist, stromsparende Richtfunkantennen zu benutzen. Nennen Sie niemals unverschlüsselt Nachnamen, Ortsbezeichnungen, Längen- oder Breitenangaben, Koordinaten auf der Landkarte oder Straßennamen. Meiner Einschätzung nach ist es unwahrscheinlich, dass Plünderergruppen in der Lage sein könnten, die komplizierten Funkpeilungsgeräte zu benutzen. Im Katastrophenfall sollten Sie sich Ihre eigenen Abkürzungen ausdenken und Ihre Sendezeichen und Frequenzen häufig wechseln.

Noch eine Anmerkung: Wir leben inzwischen im Zeitalter von Bluetooth. Sie sollten im Katastrophenfall, wenn Sie WLAN für Ihre privaten Computer nutzen, planen, den Transmitter abzuschalten und ihn ausschließlich als »Festnetz«-Ethernet zu gebrauchen. Ein ausgebuffter Plünderer könnte mit eingeschaltetem Laptop herumkutschieren und im Vorbeifahren feststellen, wo ein WLAN in Betrieb ist. Selbst wenn Sie Ihr Haus verdunkeln, sodass es wie alle anderen Häuser in Ihrer Nachbarschaft aussieht, die ohne Strom sind – ein aktives WLAN könnte Ihr Haus als lukratives Ziel verraten. Das Gleiche gilt für Handys und schnurlose Telefone. Für den Fall, dass die Telefonnetze in einer Zeit der Rechtlosigkeit noch funktionieren (unwahrscheinlich, aber möglich), achten Sie darauf, nur für die Dauer Ihrer Gespräche mit dem Festnetz verbunden zu sein.

Ich beende dieses Kapitel mit einer allgemeinen Warnung: Begehen Sie nicht den Fehler, sich allzu sehr von Geräten abhängig zu machen. Zeit und Wetter werden ihren Tribut fordern. (Wie meine bessere Hälfte zu sagen pflegt: »Es geht um Entropie, Jim, um Entropie.«) Halten Sie für die Kommunikation immer einen Plan B und C parat und stellen Sie sich darauf ein, von Hightech auf gar keine Technik umzuschalten. Trainieren Sie, wenn es um Ihre elektronischen Geräte geht, sowohl für Best-Case- als auch für Worst-Case-Szenarien.

10

Sicherheit und Selbstverteidigung

Eskalation der Bedrohung

So sehr ich daran glauben möchte, dass im Krisenfall Ordnung und Anständigkeit erhalten bleiben, so sehr fürchte ich die Wahrheit, nämlich dass die dünne Fassade der Menschlichkeit unter Druck leicht bröckeln könnte. Ich hoffe, dass es nie zum Schlimmsten kommt, aber falls doch, müssen Sie darauf vorbereitet sein, sich, Ihre Familie und Ihre Vorräte zu schützen. Meiner Meinung nach besteht die größte Bedrohung durch Ihre Mitmenschen im Eindringen in Ihr Haus und in Plünderungen.

Die heutigen Militärplaner sprechen häufig von »Bedrohungsspiralen«, wenn eine vorhandene Bedrohung eskaliert und eine abwehrende Gegenmaßnahme auslöst. Im Idealfall sollten Sie die nächste Eskalation durch Ihren Gegner voraussehen und Gegenmaßnahmen ergreifen, mit welchen Sie sich vor künftigen Bedrohungen ein für allemal schützen. Hier ein paar potenzielle Bedrohungsfälle nach einem Katastrophenfall:

1. Häufung von Hausfriedensbrüchen. Je schlimmer die Lage wird, desto mehr Verbrechen sind zu erwarten. Einbrüche und Entführungen werden höchstwahrscheinlich zunehmen.
2. Einsatz von Einbruchswerkzeugen durch Eindringlinge. Man kann davon ausgehen, dass sie kommerzielle oder provisorische Türaufbruchswerkzeuge und *Hallagan-Tools* verwenden – wie diejenigen, die Polizei und Feuerwehr benutzen. Das heißt, dass normale Holzkerntüren allein nicht ausreichen werden.
3. Möglicher Einsatz von Rammböcken, die an Fahrzeuge montiert werden.
4. Größere, besser ausgerüstete und besser organisierte Plündererbanden. Größere Gruppen werden in der Lage sein, in ein Haus einzudringen.
5. Möglicher Einsatz von Handystörsendern.

6. Listigeres Vorgehen, um Hausbesitzer zu veranlassen, dass sie ihre Türen öffnen. Zum Beispiel wird der »Vorreiter« nicht nur als UPS-Fahrer verkleidet sein, es wird auch ein sehr überzeugend aussehender UPS-*Sprinter* am Straßenrand stehen.
7. Häufigerer Einsatz von Pfefferspray und anderen Reizmitteln durch Eindringlinge.
8. Große Ablenkungsmanöver, wie zum Beispiel den Einsatz von Sprengstoff, um die Gesetzeshüter vom Schauplatz eines geplanten Verbrechens abzuziehen.

Lassen Sie sich nicht überrumpeln

Seit Ende des amerikanischen Bürgerkriegs war fast die gesamte amerikanische Bürgerschaft systematisch unachtsam. Zwei grundsätzliche Schwachstellen machen die Häuser der Amerikaner für Eindringlinge verwundbar: absolute Vertrauensseligkeit und erschreckende architektonische Schwächen.

Ahnungslosigkeit und Vertrauensseligkeit

Erstens besteht eine fast universelle Ahnungslosigkeit und Vertrauensseligkeit. Jeff Cooper bezeichnet diese Einstellung als »Kondition weiß«. Die große Mehrheit der amerikanischen Stadt- und Vorstadtbewohner verbringt 90 Prozent des Tages in dieser »Kondition weiß«. Die Leute werden immer unachtsamer; sie vergessen beispielsweise, ihre Türen abzuschließen, und haben keine Waffen parat.

Architektonische Schwächen

Zweitens haben 150 Jahre relativen Friedens, relativer Stabilität, niedriger Verbrechensraten und billiger Energie dazu geführt, dass die amerikanische Wohnarchitektur zu sehr verwundbaren Entwürfen übergegangen ist. Die modernen amerikanischen Häuser sind in Sachen Verteidigung wirklich hoffnungslose Fälle. Sie haben riesige Glasflächen, ihnen fehlen vergitterte Fenster oder die Sicherheits- und Sturmfensterläden, wie sie in Europa üblich sind, ihnen mangelt es an verteidigungsfähigen freien Grundstücksflächen und sie haben häufig keine Barrieren, die heranfahrende Fahrzeuge aufhalten könnten. Eine weitere schlecht durchdachte Innovation sind die weit verbreiteten Grundrisse, bei welchen sich das elterliche Schlafzimmer genau am gegenüberliegenden Ende des Hauses zu den Kinderzimmern befindet, was im Fall eines Eindringens Fremder ein absoluter Albtraum ist.

In den vergangenen 25 Jahren galten in den Vereinigten Staaten unter anderem vergitterte Fenster und verstärkte Türen als Zeichen für ein »schlechtes Wohnviertel«. Das sind Viertel, in welchen die Kriminalitätsrate die Mehrheit der Bewohner als allgemeine Einstellung in die »Kondition gelb« versetzt hat. Angesichts des Anstiegs der Kriminalitätsrate, die zweifellos die Begleiterscheinung einer Krise sein wird, wünschte ich mir, jeder in den vermeintlich »guten Wohnvierteln« besäße diese Einstellung.

Eines der in der amerikanischen Vorstadtarchitektur besonders verbreiteten Verteidigungsmankos ist die Art der Haustür. Normalerweise befinden sich entweder unmittelbar neben der Eingangstür Fenster oder aber solche sind direkt in die Tür eingebaut. Noch schlimmer sind die allgegenwärtigen Glasschiebetüren. Man braucht die Scheibe nur mit einem Back- oder Pflasterstein einzuschlagen, und Bingo – problemloser Zutritt für Eindringlinge. Allerdings mit dem vorteilhaften Nebeneffekt, dass die Bewohner alarmiert werden.

Die beste Lösung: Sicherheitsentwurf von Grund auf

Versteckte Zufluchtsorte oder Sichtbarkeit?

Das ist eine der Fragen, die meine Beratungskunden mir am häufigsten stellen. Dabei handelt es sich um die klassische Unvereinbarkeit: Verborgenheit kontra Wehrhaftigkeit. Die meisten wehrhaften Lagen befinden sich auf kargen Hügeln, allerdings sind diese aus der Ferne am besten zu sehen.

Im Idealfall wählen Sie für Ihren Zufluchtsort ein Grundstück, das sowohl offenes Gelände mit einem Schussfeld von 40 oder 50 Metern bietet, das Haus jedoch von Straßen aus, die in der Nähe vorbeiführen, nicht zu sehen ist. Aber natürlich ist das nicht immer möglich. Deshalb müssen Sie sich fragen: Was wird meiner Meinung nach im Fall eines sozioökonomischen Zusammenbruchs in meiner Region passieren? Wird nur die Zahl der Diebstähle zunehmen oder auch die der direkten Angriffe und Einbrüche durch große, organisierte Plünderergruppen?

Meiner Einschätzung nach wird die Verdunkelungsdisziplin wichtiger sein als die Frage der Sichtbarkeit. Die Welt wird nach einer großen Katastrophe nachts sehr dunkel sein. Nach nur wenigen Wochen werden selbst die Häuser, deren Besitzer Notstromaggregate haben, dunkel sein, weil den Hauseigentümern allmählich der Treibstoff ausgehen wird. Wieder sei gewarnt: Falls Sie eine alternative Energieanlage besitzen, prahlen Sie nicht damit herum. Von entscheidender Bedeutung ist, dass Sie an sämtliche Fenster Verdunkelungsvorhänge anbringen, deren Rückseiten mit schwarzem Kunststoff beschichtet sind. Achten Sie darauf, nach Lichtlecks Ausschau zu halten, vorzugsweise unter Einsatz einer Nachtsichtbrille. Selbst innen an Ihre Fenster angebrachte schwere Wolldecken und Vorhänge werden Licht durchsickern lassen, aber wenn Sie diese mit dicken schwarzen Plastikfolien (nicht den einfachen schwarzen Müllsäcken) beschichten, wird es funktionieren. Kleben Sie die Plastikfolie mit dunklem Klebeband über das Fenster, ohne am Fensterrahmen eine Lücke zu lassen. Ohne richtige Verdunkelungsmaßnahmen wird Ihr Haus geradezu ein Leuchtturm sein, der nachts kilometerweit zu sehen ist und zu verkünden scheint: »Kommt und plündert mich!« Doch mit der angemessenen Verdunkelungsdisziplin wird zumindest Ihr Haus unverdächtig dunkel wirken – genau wie die Häuser Ihrer Nachbarn, die keinen Strom haben.

Überlegen Sie, ob Sie sich für die Außenbeleuchtung Ihres Hauses Infrarotflutlichter anschaffen wollen. Diese können durch Bewegungsmelder aktiviert werden. So wird Ihr Haus dunkel erscheinen, es sei denn, die möglichen Angreifer sind im Besitz von Nachtsichtgeräten, aber Ihr Grundstück wird in Wahrheit gut beleuchtet sein (so, als blicke man durch eine Nachtsichtbrille).

Wenn Sie es sich leisten können, ein großes Stück Land zu kaufen, empfehle ich eine mehrstufige Verteidigung, die wechselnden Umständen angepasst werden kann – bis hin zum gefürchteten »Worst Case«, dem gesellschaftlichen Zusammenbruch. Bringen Sie Ihre Bewegungsmelder an der äußersten Stufe an. Diese garantieren eine frühe Warnung vor sich nähernden Übeltätern. Falls es in Ihrem Wohnumfeld nicht allzu sehr aus dem Rahmen fallen sollte, könnten Sie überlegen, eine »dekorative« Dornenhecke so weit wie möglich um Ihr Grundstück zu pflanzen und am Anfang Ihrer Einfahrt ein Tor anzubringen. Das Tor sollte oben mit Spitzen bewehrt sein, um Bösewichte vom Überspringen abzuhalten. Kaufen Sie ein möglichst hohes Tor und lassen Sie die Hecke so hoch wachsen, wie es nur geht, ohne dass Sie gleich als Paradebeispiel eines Paranoikers gebrandmarkt werden. Außerdem sollten alle Zugangsstraßen mit drahtlosen MURS-Frequenz-*Dakota-Alert-* (oder ähnlichen) Infrarotbewegungsmeldern versehen sein. Anschließend könnten Sie, je nach Situation, vielleicht als Tarnung eine Baumreihe pflanzen. Danach folgt dann offenes Gelände, dem sich ein hoher Maschendrahtzaun anschließt. Und diesem folgt wieder offenes Gelände bis zu Ihrem Haus und den Nebengebäuden. Dieser Bereich sollte kreuz und quer mit Stolperdraht versehen sein. Zum Schluss kommen Dornenbüsche unter jedem Fenster sowie stabile Stahlfensterläden.

Selbst an gut bemannten Zufluchtsorten sollte man die Bewachung sowohl durch Hunde als auch durch Bewegungsmelder ergänzen. Auch verlässliche Nachtsichtausrüstung ist ein absolutes Muss. Aber beachten Sie bitte, dass Technologie allein nicht ausreicht. Bewegungsmelder, Kommunikations- und Nachtsichtgeräte dienen der Verstärkung der Kräfte, ersetzen diese Kräfte jedoch in keinem Fall. Zur Verteidigung eines Zufluchtsorts ist eine Bemannung rund um die Uhr vonnöten. In meinem Roman *Patriots* habe ich beschrieben, wie man einen Horch- und Überwachungsposten sowie einen Leitstand einrichtet und bemannt.

Aber kehren wir zur Frage der Verborgenheit zurück: Bei den meisten Grundstückslagen ist es von Vorteil, ein paar Sichtschutzbäume zu pflanzen, um den Blick auf Ihr Haus von einer regelmäßig befahrenen Straße zu verstellen. Je nach Lage wird, wenn man etwa 30 Meter Gelände frei lässt (zur Verteidigung) und dann zehn Meter für Sichtschutzpflanzung berechnet, eine Grundstücksgröße von mindestens vier Hektar vonnöten sein.

Zu den schnell wachsenden abschirmenden Baumarten gehören der Portugiesische Lorbeer (*Prunus lusitanica*) und die Leyland-Zypresse. In kaltem Klima gedeihen Lombardei-Pappeln. Eine durchgehende Hecke der gleichen Baumsorte wird auf den ersten Blick als offensichtlich künstliche Pflanzung wahrgenommen, deshalb ist es besser, verschiedene Bäume in zufällig wirkenden Abständen zu pflanzen, damit Ihr Sichtschutz natürlicher aussieht.

Was Sie auch immer in Sachen Verborgenheit zu tun gedenken, achten Sie darauf, mindestens 20 Meter offenes Gelände zu belassen, damit Sie sich im äußersten Notfall mit Schusswaffen verteidigen können. Außerdem sollten Sie, um Eindringlinge abzuhalten, an Tore, Drähte und »dekorative« Böschungen denken, die Fahrzeuge stoppen. Ein Maschendrahtzaun wird Ihren Hund oder Ihre Hunde auf dem Gelände halten und die Bösewichte zumindest bremsen.

Legen Sie sich einen Vorrat an Stacheldraht oder NATO-Draht an, aber installieren Sie ihn nicht vor einem Katastrophenfall. Erst nachdem klar ist, dass Recht und Ordnung komplett zusammengebrochen sind, sollte dieser Draht ausgelegt werden. Zu diesem Zeitpunkt sind die Wahrung des äußeren Scheins und Rücksichtnahmen nämlich nicht annähernd so wichtig wie Verteidigungsbereitschaft. Aller Wahrscheinlichkeit nach werden Ihre Nachbarn, wenn sie Sie Stacheldraht ausrollen sehen, Sie sogar fragen, ob Sie nicht etwas übrig haben, das Sie abgeben können! Sie können Stacheldraht oben auf Ihrem Zaun anbringen, und wenn Sie genügend davon haben, legen Sie direkt hinter Ihrem Zaun horizontal ein paar Rollen aus und pflocken Sie sie fest.

Sowohl vor als auch hinter Ihrem »allerletzten« Zaun können Sie ein paar Stolperdrähte anbringen. Diese Drähte sind dafür gemacht, um Angreifer auszubremsen – und sie davon abzuhalten, Ihr Haus zu stürmen. Sie sollten in unterschiedlichen Höhen zwischen 20 und 100 Zentimeter über dem Boden gespannt werden. Dies ist nur einer der letzten Schritte Ihrer Stufenverteidigung. Jede Sekunde, die Ihre verschiedenen Hindernisse mögliche Angreifer ausbremsen, verhilft Ihnen zu einer zusätzlichen Sekunde der Vorbereitung, um sie mit Waffen zu stoppen.

Maschendrahtzäune für die schrittweise Erhöhung der Sicherheit an Ihrem Zufluchtsort

Ein Maschendrahtzaun kann kurz nach einem Katastrophenfall schnell mit Stacheldraht aufgerüstet werden, den Sie oben befestigen, jedoch nur, wenn Sie den Draht und das Zubehör zur Befestigung im Voraus gekauft haben. Darüber hinaus ist es wichtig, sich zum Schutz ein paar

Stacheldrahthandschuhe, ein Gesichtsvisier und irgendeinen robusten Schutz für Ihre Unterarme zu kaufen, damit Sie sich beim Auslegen des Drahts nicht verletzen. Von diesen Gegenständen sind die verstärkten Stacheldrahthandschuhe am schwierigsten aufzutreiben. Doch sie sind ein absolutes Muss, um Ihre Hände bei der Arbeit mit NATO-Draht oder zivilem Stacheldraht zu schützen.

Sie werden natürlich nur im schlimmsten Fall und bei einem absoluten gesellschaftlichen Zusammenbruch mehrere Reihen von NATO-Draht installieren wollen, doch für alle Fälle wäre es sinnvoll, die Materialien dafür zur Hand zu haben.

Falls Ihnen kein großes Budget zur Verfügung steht, um kommerziell hergestellten Stacheldraht (auch *Gilette*-Draht genannt) zu kaufen, sollten Sie an militärische Überschüsse denken. Armeeauktionen sind die beste Möglichkeit, um kostengünstig an Stacheldraht zu gelangen. Gebrauchter, leicht angerosteter Draht ist in zweierlei Hinsicht von Vorteil: Erstens glänzt er nicht so wie neuer Draht, deshalb ist er für beiläufige Betrachter aus großer Entfernung nicht so leicht zu erkennen. Zweitens wird der Anblick rostigen Stacheldrahts die Bösewichte möglicherweise an Tetanus denken lassen. Ja, ich weiß, dass die Tetanusgefahr durch Verletzungen an neuem Draht fast genauso groß ist wie an schmutzigem, altem Draht, aber zumindest hier in Nordamerika sind die Bösewichte alle mit ständigen Warnungen vor den Gefahren »rostiger Nägel« aufgewachsen.

Temporäre und dauerhafte Hindernisse für die Sicherheit Ihres Zufluchtsorts

In stark bewaldeten Gegenden ist das Fällen einiger Bäume für einen Baumverhau eine denkbare Notlösung. Aber beachten Sie, dass Hindernisse häufig in beide Richtungen wirken: Damit werden Sie zwar die Bösewichte fernhalten, aber zugleich sich selbst einsperren. Deshalb ist meine bevorzugte Straßensperre ein *Caterpillar* oder ein ähnlich starker Traktor, an einer beengten Stelle mit heruntergelassener Schaufel und deaktivierter Zündung quer über die Straße gestellt. Das wird – bis auf einen anderen *Caterpillar* – so gut wie jedes Fahrzeug aufhalten. Der größte Vorteil dieser Methode ist, dass ein *Caterpillar* schnell zur Seite gefahren werden kann, um »befreundete Einheiten« durchzulassen.

Falls Sie keinen *Caterpillar* besitzen, sei darauf hingewiesen, dass auch das Querstellen von Lastwagen und Autos an einer beengten Stelle ziemlich gut funktioniert. Bedenken Sie: In den meisten vorhersehbaren Umständen ist das Aufstellen mehrerer, weniger nützlicher Hindernisse genauso wirkungsvoll wie die Blockade durch lediglich ein massives Hindernis. Eine recht kostengünstige Methode besteht darin, viele Stahlkabel mit einem Durchmesser von 1,5 Zentimetern in Abständen von sechs bis 15 Metern auf einer Höhe von 45 Zentimetern über dem Boden zu spannen und mit massiven Vorhängeschlössern zu sichern. Um sich Zufahrt zu verschaffen, müssen selbst mit starken Bolzenschneidern ausgerüstete Eindringlinge jedes Hindernis einzeln entfernen. Und in dieser Zeit könnten sie vom Grundstück verwiesen oder gleich mit ein paar Warnschüssen vertrieben werden.

Tipps für Bezugsquellen von Sandsäcken und Sandsackfüllung

Eine häufig übersehene Sicherheitsmaßnahme besteht darin, sich einen Vorrat an Sandsäcken anzulegen. Die moderne amerikanische Wohnarchitektur ist nicht mit Blick auf den Schutz vor Geschossen entworfen. Sandsäcke können sehr schnell – allerdings mühsam – mit Erde aus dem Garten hinter Ihrem Haus gefüllt und so aufgestapelt werden, dass sie Kampfstellungen bilden. Das mag ein bisschen übertrieben klingen, aber ich spreche hier von einem absoluten Worst-Case-Szenario, in dem keine Polizei mehr zur Verfügung steht, die man rufen könnte, beziehungsweise es kein funktionierendes Telefonnetz mehr gibt, um sie zu rufen. Sie werden auf sich allein gestellt sein. In unruhigen Zeiten werden Sandsäcke eine billige Sicherheitsmaßnahme darstellen, mit deren Hilfe Sie Ihre Chancen, nicht überfallen zu werden, deutlich erhöhen können.

In den USA gibt es mehrere gute Anbieter von Sandsäcken, aber die Preise variieren beträchtlich (von immerhin 3,75 Dollar pro Sack in kleinen Abnahmemengen bis hin zu 38 Cent ab 1000 Stück), deshalb sollten Sie sich informieren. Schauen Sie zum Beispiel bei *prepared ness.com* und *1st Army Supply* (*snipurl.com/hnfk9*) nach.

Falls Sie große Mengen einkaufen wollen (vielleicht durch eine Sammelbestellung, die Sie sich dann mit anderen teilen), ist es am besten, direkt vom Hersteller – wie zum Beispiel *Dayton Bag and Burlap* (*snipurl.com/hnfpb*) – zu bestellen oder bei *Mutual Industries* (*snipurl.com/hnfrv*) oder *United Bags* (*snipurl.com/hnfwj*).

Achten Sie darauf, die neueren synthetischen Sandsäcke (zum Beispiel aus Polypropylen) zu kaufen. Die früheren Leinensäcke neigen dazu, zu schnell zu verrotten und aufzureißen. Die neuesten und besten Sandsäcke für den militärischen Einsatz sind aus linearem Low-density-Polyethylen (LLDPE) oder einem Polyethylenmaterial angefertigt, das mit einer dritten Lage aus flüssigem Polyethylen beschichtet ist. Diese bieten den besten UV-Schutz und damit die längste Haltbarkeit im Freien, aber sie sind natürlich die teuersten. Auch die normalen militärischen Polyethylensäcke halten in der prallen Sonne mindesten zwei oder drei Jahre, und wenn sie mit Farbe besprüht werden oder im Schatten liegen, noch viel länger.

Sollte Sand in Ihrer Gegend teuer sein, empfiehlt sich für das Füllmaterial ein Preisvergleich mit Straßenkies von weniger als 1,25 Zentimeter, der mit einem Muldenkipper geliefert wird. Dabei handelt es sich um gesiebten Kies, sodass die größten Kiesel nicht mehr als 1,25 Zentimeter Durchmesser haben. Erde empfehle ich nicht als Füllmaterial, da Sand und Kies besser geeignet sind, um Geschosse zu stoppen. Falls Sie Erde nehmen müssen, versuchen Sie, entweder sehr sandige oder schwere Tonerde zu verwenden. Trockener Lehmboden ist als Füllmaterial für Sandsäcke am wenigsten geeignet. Bedenken Sie: Je mehr Pflanzenmaterial sich in der Erde befindet, desto geringer ist der ballistische Schutz.

Rechtmäßigkeit und Ethik des Blockierens von Straßen und Brücken nach einem Katastrophenfall

Von Rechts wegen und aus ethischer Sicht dürfen Sie als Individuum nur Privatstraßen auf Ihrem eigenen Grundstück blockieren. Aber wenn eine kleine Gemeinde zusammen die Entscheidung trifft, eine Straße oder Brücke zu sperren, ist das eine andere Sache. Ich gehe davon aus, dass in jedem amerikanischen Bundesstaat Gesetze erlassen wurden, die das Blockieren jeglicher öffentlicher Straßen verbieten. Das Bundesgesetz untersagt das Blockieren von Autobahnen.

Durch den Einsatz einer mobilen Straßenblockade, die rund um die Uhr von bewaffneten Helfern überwacht wird, werden Sie das Risiko minimieren, Ihre Nachbarn zu verärgern. Wer kann schon sagen, wie lange eine Krise anhalten wird? Doch wenn Sie eine Straßen mit Erde oder Steinhaufen blockieren oder aber mit kaputten Autos, würden Sie wahrscheinlich Nachbarn erzürnen, die beschließen, ihr normales Arbeits- und Pendlerleben wieder aufzunehmen, und auch alle anderen, die ihre Erzeugnisse wieder zum Markt bringen wollen.

Beachten Sie: Hindernisse bedeuten lediglich Verzögerung – und sind kein absoluter Schutz. Menschen werden sie zu überwinden wissen – zur Not zu Fuß.

Herumtreiber und Beleuchtung

Im Hinblick auf die Sicherheitsbeleuchtung muss ich zwei getrennte Umstände ansprechen: vor und nach einer Katastrophe.

Vor einer Katastrophe

Unter den gegenwärtigen Umständen ist Sicherheitsbeleuchtung von Vorteil. Sie können jederzeit die Polizei rufen. Es ist nicht wahrscheinlich, dass Herumtreiber auf Sie schießen. In der Zeit vor einer Katastrophe ist es am besten, an aktive Verteidigungsmöglichkeiten zu denken, wie zum Beispiel Quecksilberdampflampen, Zwölf-Volt-Gleichstrom-Spotlights (mit 1 000 000 Candela), Vollspektrumalarmlampen, bellende Hunde, Pfauen und laute elektronische Alarmanlagen.

Nach einer Katastrophe

Irgendwann in der Zukunft könnte die Sicherheitsbeleuchtung eine mögliche Gefahr darstellen. Sollte das Stromnetz zusammenbrechen, werden die wenigen Familien, die alternative Energieanlagen besitzen, sehr leicht auszumachen sein, vor allem mit der Zeit, wenn bei den anderen der Treibstoffvorrat für die Notstromgeneratoren allmählich zur Neige geht. Sollten Sie noch immer Strom haben, werden Sie sehr auffallen, es sei denn, Sie achten gewissenhaft darauf, dass von außen nichts von der Beleuchtung in Ihrem Haus zu sehen ist.

Für die Zeit nach einer Katastrophe ist es am besten, an passive Verteidigungsmöglichkeiten zu denken, wie zum Beispiel an Nachtsichtgeräte, an Infrarotleuchtkerzen, die durch Stolperfallen ausgelöst werden, leise (aber wachsame) Hunde, Stolperdrähte, Stacheldraht und stumme Alarmanlagen.

Mit Ausnahme der Infrarotbeleuchtung rate ich generell davon ab, Lampen auf Waffen zu montieren, die für den Einsatz nach einer Katastrophe gedacht sind. Wenn diese länger als einen Augenblick vor dem Schuss eingeschaltet bleiben, kann ein auf eine Waffe montiertes sichtbares Licht Sie zur Zielscheibe machen. Falls Sie der Meinung sind, für Ihre Sicherheit nach einer Katastrophe Ziele beleuchten zu müssen, rate ich Ihnen, der in der Dunkelheit verborgene Bewaffnete zu bleiben, der aus der Distanz ein ferngesteuertes Flutlicht einschaltet – und nicht etwa der Mann, der eine Lampe hält – beziehungsweise die Waffe mit einer daran befestigten Lampe – und damit verkündet: »Hier bin ich!«

Durch Bewegungsmelder aktivierte Flutlichter sind günstig zu erstehen und sehr einfach zu installieren. Man erhält sie in jedem Heimwerker- und Baumarkt. Wenn das Stromnetz zusammenbricht und Sie gezwungen sind, an Ort und Stelle zu bleiben, können Flutlichter ausreichen. Unter diesen Umständen wäre eine Nachtsichtbrille ein absolutes Muss. Und falls Sie eine solche besitzen, könnten Sie Ihre Flutlichter nachrüsten und Infrarotlampen einsetzen. Da Ihr Alarmsystem (zum Beispiel der Marke *Dakota*) mit Batterien betrieben wird, wird es auch ohne Stromnetz weiter funktionieren. Aber Sie sollten natürlich jede Menge Ersatzbatterien für alle Ihre Taschenlampen und die anderen für die Sicherheit und Kommunikation erforderlichen elektronischen Geräte bereithalten.

Sicherheit im Haus

Ich rate Ihnen, dass Sie, wenn Sie das nächste Mal umziehen, ein Haus aus Backstein, in jedem Fall eines mit festem Mauerwerk, kaufen und es in Sachen Sicherheit nachrüsten, oder besser noch, ein unbebautes

Grundstück erwerben und ein stabiles, auf Ihre Bedürfnisse zugeschnittenes Haus mit integriertem Schutzraum errichten. Zwei gute Grundrisse sind: Häuser mit einem von Mauern umgebenen Innenhof im mexikanischen Stil oder Gebäude mit quadratischen Ecktürmen. Mit diesen hervorstehenden Ecken werden die toten Winkel beseitigt, die bei normalen quadratischen und rechteckigen Häusern bestehen.

Für Details zu diesem Thema möchte ich Ihnen die Lektüre von Joel Skousens Buch *The Secure Home* ans Herz legen. Und in meinem Roman *Patriots: Surviving the Coming Collapse* finden sich ein paar detaillierte Beschreibungen schusssicherer Fensterläden und Türen sowie Einzelheiten für den Bau von Türriegeln – jenen ähnlich, die man im Mittelalter kannte.

Wenn Sie ernsthaft in Erwägung ziehen, ein Haus nachträglich sicherer zu machen beziehungsweise einen Sicherheitsraum einzubauen, dann kann ich Ihnen den architektonischen Beratungsdienst sowohl von *Safecastle* als auch von *Hardened Structures* empfehlen (*hardendstructures.com*)

Sicherheitsräume und Tresore

Ich kenne keine bessere Möglichkeit, um Bösewichten einen Strich durch die Rechnung zu machen, als den Bau eines speziellen Sicherheitsraums. Ein solcher Raum kann verschiedenen Zwecken dienen: als Panikraum, als Tresorraum für Waffen und Wertgegenstände sowie als Sturm- und Falloutschutzraum. Wenn mir manche meiner recht wohlhabenden Beratungskunden erzählen, dass sie keinen Waffentresor oder Sicherheitsraum haben, bin ich jedes Mal erstaunt. Ja, der Einbau ist teuer, aber er kommt nicht annähernd so teuer wie der Verlust einiger Ihrer wichtigsten Überlebenswerkzeuge.

Es reicht nicht aus, ein Schloss an Ihre Schlafzimmertür anzubringen. Da die meisten Türen für den Innenbereich Wabentüren sind, werden normalerweise leichte Scharniere eingesetzt, und diese sind mit dürftigen Schließblechen versehen. Die meisten dieser Türen sind in sehr kurzer Zeit problemlos zu durchstoßen oder zu durchtreten. Ich empfehle, die Schlafzimmertüren durch schwere Eingangstüren (vorzugsweise aus Stahl) mit stabilen Scharnieren und einem oder mehreren Riegelschlössern zu ersetzen. Sollten bei Ihrem Haus alle Schlafzimmer an einem Flur liegen, können Sie an dessen Ende auch eine stabile Tür anbringen und diese nachts abschließen, sodass Sie quasi einen Sicherheitsflügel schaffen. In diesem Sicherheitsflügel sollten Sie einen noch deutlich verstärkten Schutzraum einrichten, in den sich Ihre ganze Familie zurückziehen kann.

Ein von der Wohnung aus zugänglicher Sicherheitsraum im Keller ist ideal. In Gegenden mit hohem Grundwasserspiegel, in denen ein Keller nicht angeraten ist, kann ein Schutzraum im Erdgeschoss eines neu errichteten Stein- oder Betonhauses oder als Anbau an ein vorhandenes Haus eingerichtet werden – mit verstärktem Boden, Wänden und Decken aus gegossenem Beton. Welchen Grundriss Sie auch immer wählen, wichtig ist, eine Tresortür einzubauen, die sich nach innen öffnet, sodass sie im Fall eines Tornados, Hurrikans oder einer Bombenexplosion nicht von Trümmern blockiert werden kann. Die Leute von *Safecastle* können Ihnen die Tresortür entwerfen und beschaffen.

Ein weiterer wichtiger Aspekt für Ihren Sicherheitsraum ist, dass unbedingt Möglichkeiten für redundante Kommunikation vorhanden sein müssen, damit Sie Hilfe von außen rufen können. Sowohl das Elternschlafzimmer als auch der Sicherheitsraum sollten mit Festnetztelefonanschlüssen versehen sein, die mit unter der Erde verlegten Leitungen ohne sichtbare Verteilerdosen verbunden sind. Achten Sie darauf, in jedem Zimmer den Einsatz von Handys (als Ersatz) zu testen. Außerdem ist es sinnvoll, im Sicherheitsraum ein CB-Funkgerät vorrätig zu haben.

Mir ist klar, dass sich die meisten Leser einen richtigen Sicherheitsraum mit Zugang aus der Wohnung nicht leisten können, aber 95 Prozent von Ihnen können sich zumindest einen stabilen Waffentresor mit mechanischer Skalenfeststellvorrichtung und verstärktem Schloss von *Sargent and Greenleaf* leisten. Achten Sie darauf, Ihren Tresor am Boden zu befestigen, und ihn – falls möglich – in einem versteckten Bereich oder Raum einzubauen. In den Vereinigten Staaten und in Kanada gibt es zahlreiche Tresorbauer, deshalb herrscht auf diesem Markt starke Konkurrenz. Recherchieren Sie im Internet und vergleichen Sie, dann können Sie bei Ihrem Tresorkauf viel Geld sparen. Tresore sind recht schwer (normalerweise wiegen sie um die 300 Pfund), und der Transport ist teuer, deshalb ist es in der Regel am besten, einen Tresor im Umkreis von 300 Kilometern von Ihrem Wohnort zu kaufen. Falls Sie häufig umziehen, empfehle ich Ihnen den freistehenden Waffentresor von *Zanotti Armor* (*www.zanottiarmor.com*). *Zanotti* stellt Tresore her, die zum leichteren Transport in sechs Teile zerlegt werden können. Sie kosten nur etwa 100 Dollar mehr als vergleichbare Tresore, die auf traditionelle Weise zusammengeschweißt sind. Für den Zusammenbau des *Zanotti*-Tresors sind drei Mann erforderlich, da zusätzliche Hände gebraucht werden, um alles auszurichten, bevor die Bolzen mit viel Lärm eingeschlagen werden können. Das dauert nur etwa eine halbe Stunde, und das Auseinandernehmen gerade einmal zehn Minuten.

Bau eines Verstecks für Wertsachen im Haus

Ihre letzte Verteidigungslinie wird innerhalb Ihres Hauses verlaufen. Falls Sie keinen Tresor besitzen, empfehle ich Ihnen, ein oder mehrere geheime Lager in Ihrem Haus zu bauen. Ist das Gewicht nicht allzu groß, können Sie eine Tüte oder Schachtel mit Silbermünzen einfach zwischen dem Dämmmaterial Ihres Speichers verstecken. Das Gewicht wird wohl auf der horizontalen Trockenmauer der Decke liegen, deshalb sollte es nicht mehr als sieben Pfund betragen.

Um 90 Kilogramm Silber zu verstecken, können Sie nach Rawles-Art ein Versteck hinter einem Spiegel in einer Wand oder Tür bauen. Selbst mit nur rudimentärem Handwerkergeschick kann man eines dieser Verstecke zwischen den Wandpfosten anfertigen. Sie sind einfach zu bauen und fallen nur den scharfsinnigsten und besonders methodisch vorgehenden Dieben auf. Hier die Anleitung, wie selbst unerfahrene Heimwerker ein solches Versteck in einem typischen nordamerikanischen Holzrahmenhaus mit modernen Rigipswänden bauen können:

Wählen Sie einen Abschnitt einer Trockenbauinnenwand in einem Schlafzimmer, wo ein Wandspiegel nicht fehl am Platz wirkt. Gehen Sie zu ihrem örtlichen Baumarkt und kaufen Sie einen Spiegel, der mindestens 40 Zentimeter breit und 1,2 Meter hoch ist. Im Idealfall finden Sie einen, der die gleiche Breite hat wie die Ständer Ihrer Wände, sodass die Schrauben für den Spiegel durch die Trockenmauer in die Ständer eindringen. Spiegel werden normalerweise mit L-förmigen

Befestigungsklammern geliefert, die mit Schrauben an eine Wand oder Tür anzubringen sind. Finden Sie heraus, wo mögliche Kabel durch die Wand führen. Normalerweise verlaufen sie zwischen den Steckdosen horizontal etwa 30 Zentimeter über dem Fußboden. Wählen Sie keinen Wandabschnitt nahe bei Lichtschaltern, da durch diesen vertikale Leitungen verlaufen können. Planen Sie, den Spiegel mindestens 15 Zentimeter über den Leitungen anzubringen. Suchen Sie nach kleinen Vertiefungen, Unebenheiten oder anderen Anzeichen der Nägel der Trockenbauwand. Normalerweise befinden sie sich im Abstand von 45 oder 60 Zentimetern. Falls es Ihnen nicht gelingt, die Nägel oder Schrauben ausfindig zu machen, können Sie sich einen magnetischen Balkensucher ausleihen oder für wenig Geld kaufen. Außerdem kann es hilfreich sein, ein bisschen an die Wand zu klopfen, um Veränderungen im Ton wahrzunehmen. Die Nägel werden in vertikale Balken geschraubt sein, und Sie werden das Loch zwischen zwei dieser Latten (fünf mal zehn Zentimeter) ausschneiden. Das wird einen Versteckraum von 40 Zentimetern Breite und neun Zentimetern Tiefe ergeben.

Sobald Sie herausgefunden haben, wo sich die Ständer befinden, bohren Sie im rechten Winkel ein paar kleine Probelöcher in die Rigipsplatte. Führen Sie einen festen Draht in das Loch ein, um sich zu vergewissern, wo sich die senkrechten Ständer befinden und ob an der Stelle horizontale Feuerschutzblocks eingebaut sind. Diese befinden sich normalerweise auf halber Wandhöhe. Dann schneiden Sie mit einer Motorstichsäge ein Loch (oder mehrere Löcher), um an den Hohlraum in der Wand zu gelangen. Achten Sie darauf, rund um das Loch, das durch den Spiegel verdeckt sein wird, mindestens fünf Zentimeter Rigipswand zu belassen. Entfernen Sie eventuelles Dämmmaterial aus dem Hohlraum und saugen Sie den Rigipsstaub heraus. Verstauen Sie Ihre Wertsachen in dem Versteck. Falls diese recht schwer sind, sollten sie nicht direkt auf irgendwelche Leitungen unterhalb des Verstecks gelegt werden. In einem solchen Fall sollten Sie zuerst eine Stütze aus einem Kantholz (fünf mal zehn Zentimeter) zusägen und diese mit Trockenwandschrauben befestigen. Dann montieren Sie den Spiegel ordentlich über der Öffnung, wobei Sie sorgfältig abmessen beziehungsweise eine Wasserwaage benutzen, damit der Spiegel wirklich gerade hängt.

Um an das Versteck zu gelangen, braucht man nur ein paar Minuten, bis der Spiegel abgehängt ist. Falls Sie häufig auf Ihr Versteck zugreifen, werden Sie feststellen, dass die Schraubenlöcher, wenn die Schrauben nur in die Trockenwand und nicht in die Ständer dahinter geschraubt wurden, ausleiern und die Schrauben mit der Zeit locker werden. Sollte das passieren, können Sie hinter den Schrauben Ankerbolzen anbringen. Mit der gleichen Technik kann man ein ähnliches – allerdings flacheres – Versteck in Wabentüren einbauen. Ein toller Trick bei einem Türversteck besteht darin, nur die oberen Spiegelhalterungen zu entfernen, wenn Sie auf Ihr Versteck zugreifen wollen. Sind diese nämlich entfernt und die Tür leicht geöffnet, können Sie den Spiegel einfach nach oben schieben, um an Ihr Versteck zu gelangen.

Alarm- und Kameraanlagen

Welche Art von Tresor oder Versteck Sie auch wählen, Sie sollten es durch eine Sicherheitsanlage ergänzen. Überwachte Alarmanlagen können teuer sein – vor allem bei monatlichen Serviceverträgen. Doch heutzutage sind Webcams spottbillig. Kaufen Sie ein paar und montieren Sie sie an Stellen, an denen sie nicht sofort entdeckt werden, zum Beispiel zwischen den Büchern auf Ihren Bücherregalen. Wenn die durch Bewegungsmelder ausgelösten Aufnahmen nicht unmittelbar an einen außerhalb gelegenen Server übermittelt werden, ist es von entscheidender Bedeutung, dass der Computer, der die Kameras kontrolliert, sowie die Festplatte, die die Bilder speichert, sich in Ihrem Tresor- beziehungsweise Sicherheitsraum befinden. Andernfalls können die Einbrecher mit den Beweisaufnahmen einfach davonspazieren. Vergessen Sie nicht, dass jede Unterbrechung der Telefonleitungen oder des Stromnetzes den Schutz einer Alarmanlage zunichte macht. Jeder, dessen Haus nicht ans Stromnetz angeschlossen ist oder der eine Phase lang anhaltender Stromausfälle voraussieht, sollte sich eine batteriebetriebene, netzunabhängige Alarmanlage anschaffen, wie jene, die von *Ready Made Resources* verkauft werden. Fotografische Beweise sind sowohl für das Ergreifen als auch für die Begründung von Versicherungsansprüchen unabdingbar. Knausern Sie nicht bei diesem wichtigen Aspekt Ihrer Vorbereitungen.

Versicherungen

Eine Versicherung gegen Feuer und Diebstahl ist ein weiteres Muss. Entschlossene Diebe schaffen es, selbst den besten Tresor zu knacken, vorausgesetzt sie haben genug Zeit. In den USA gibt es bei vielen Hausratsversicherungsverträgen hinsichtlich von Waffen spezielle Beschränkungen, häufig mit absurd niedrigen Beträgen, und Sie müssen für zusätzliche Kosten gesonderte Nebenbestimmungen zu Ihrer Police anfügen. Falls Sie sich über Ihren Versicherungsschutz im Unklaren sind, holen Sie Ihre Verträge hervor und lesen Sie diese sorgfältig durch. Die *National Rifle Association* bietet für geringes Geld eine Waffenversicherung an, für die man nicht einmal Mitglied der NRA zu sein braucht.

Außerdem empfehle ich, eine Liste der Seriennummern mit genauer Beschreibung jeder Waffe, Kamera und jedes Ihrer elektronischen Geräte zu erstellen. Ich habe herausgefunden, dass mittlere Karteikarten für Updates praktisch sind, da sich Ihr Inventar mit der Zeit automatisch verändert. Machen Sie auch von jedem Gegenstand ein paar Nahaufnahmen. Bewahren Sie die Karteikarten und die Fotoabzüge, versehen mit der Seriennummer des jeweiligen Gegenstands, im Tresor eines Verwandten oder guten Freundes auf und bieten Sie ihm an, das Gleiche für ihn zu tun.

Rat eines Experten: Ausrüstung zur Brandbekämpfung für abgelegene Häuser und Zufluchtsorte

Todd S. war früher Mitglied der Freiwilligen Feuerwehr und lässt uns von seinen Kenntnissen in Sachen Brandbekämpfung profitieren: »Aufgrund der Anfahrtszeiten sollte jeder, der es sich leisten kann, folgende Ausrüstung auf seinem Gelände parat haben, die er in den 15 bis 30 Minuten einsetzen kann, bis Feuerwehr und Krankenwagen eintreffen. So lange kann es nach Ihrem Anruf dauern, bis die Löschausrüstung vor Ort ist. Je abgelegener Sie wohnen, umso länger wird es dauern, und im Winter kann es passieren, dass Sie aufgrund unpassierbarer Straßen ganz auf sich allein gestellt sind.

Kunden schlage ich gelegentlich vor, sich ein altes Feuerwehrauto oder einen Wassertender zu kaufen, der noch gut in Schuss ist, jedoch nur, wenn sie in der Lage sind, diese Art von Fahrzeugen auch zu steuern. Die Preise variieren, aber meistens sind noch gut erhaltene alte Fahrzeuge aus den 1960er- und 1970er-Jahren für 5000 bis 10 000 Dollar erhältlich.

Kaufen Sie sich eine tragbare Pumpe samt Leitung, falls Sie keinen Teich, Swimmingpool oder das ganze Jahr über Wasser führenden Bach in 30 bis 50 Meter Abstand zu Ihrem Zufluchtsort haben, und schließen Sie dann einen Schlauch von vier Zentimetern Durchmesser und einen oder zwei Strahlregler an. Damit haben sie einen recht preisgünstigen Schutz bei Gebäude- oder Buschbränden auf Ihrem Grundstück.«

Operationelle Sicherheit: Führen Sie Ihre Vorbereitungen unauffällig durch

Von all den Aspekten der Vorbereitung für eine Krise wird in der Überlebensliteratur die Unauffälligkeit und operationelle Sicherheit vielleicht am häufigsten übersehen. Ihre Vorbereitungen müssen vor allen Menschen geheim gehalten werden – mit Ausnahme Ihrer besten Freunde und Familie. Ansonsten könnte Ihre gesamte teure Ausrüstung nach einem Katastrophenfall in wenigen Stunden verschwunden sein. Ihre Verstecke könnten von Plünderern oder übereifrigen Beamten, die im Ausnahmezustand »Autorität« ausüben, leergeräumt werden. Sie müssen Ihrem Drang widerstehen, irgendjemandem gegenüber, der darüber nicht Bescheid zu wissen braucht, von Ihren Vorbereitungen zu erzählen. Damit will ich nicht etwa sagen, dass Sie jemanden anlügen sollen, aber seien Sie diskret und lernen Sie, ein Gespräch in eine andere Richtung zu lenken. Das ist einfach vernünftig.

Was heute legal ist, kann morgen im Ausnahmezustand oder nach Gutdünken irgendeines Bürokraten, dem im Krisenfall zusätzliche Autorität verliehen wird, für illegal erklärt werden. Man denke nur an die Massenkonfiszierungen von Waffen in Privatbesitz in der Folge von

Hurrikan *Katrina* 2005. Unmittelbar nach einer Katastrophe könnten die Prinzipien von Sparen und Bevorraten mithilfe der Medien möglicherweise verteufelt und als »Horten oder Hamstern« umdefiniert werden.

Wenn Sie in Zeiten des Überflusses gespart haben, sind Sie kein Hamsterer. Ein Hamsterer ist jemand, der unverhältnismäßig große Mengen an Gütern an sich reißt, *nachdem* es zu Engpässen gekommen ist. Indem Sie jetzt, lange vor einer Krise, sparen und bevorraten, werden Sie ein Mensch weniger sein, der nach dem Katastrophenfall in den Supermarkt stürmt. Sie werden nicht Teil des Problems sein. Im Gegenteil, Sie werden Teil der Lösung sein, vor allem, wenn Sie Ihre Überschüsse wohltätig verteilen.

Wenn Sie Grund zu der Annahme haben, dass Ihre Anonymität schon jetzt gefährdet ist, sollten Sie Folgendes bedenken:

1. Anonymität kann man nicht zurückgewinnen, es sei denn, man wechselt den Namen und taucht komplett unter (was für die meisten nicht umsetzbar ist).
2. Sie werden Gegenmaßnahmen ergreifen müssen.

Die vielleicht beste Gegenmaßnahme ist ein Neuanfang, wenn Sie das nächste Mal umziehen (im Idealfall an Ihren Zufluchtsort). Stellen Sie keine Nachsendeanträge für irgendwelche Zeitschriftenabonnements. Ziehen Sie in Erwägung, den Kauf Ihres nächsten Hauses im Namen eines anderen, vielleicht einer Schwester, Tante oder eines Onkels mit anderem Vornamen und unauffälligem Verhalten abzuwickeln. Eine andere Möglichkeit besteht darin, einen Landtrust zu gründen und diesen den Hauskauf abwickeln zu lassen. Ihr Anwalt könnte als Treuhänder eines Fonds fungieren, dem das Land gehört. Noch eine andere Option wäre, eine Gesellschaft nach dem Recht von Nevada oder Delaware zu gründen und das Unternehmen den Landkauf vornehmen zu lassen. Lesen Sie das Buch von Boston T. Party *Bulletproof Privacy* (*javellinpress.com*), wenn Sie sich über weitere Details für einen kompletten Neustart informieren wollen.

Wickeln Sie sämtliche Einkäufe von Waffen, großen Mengen Munition und umfangreichen Vorratsmengen in bar ab, sodass Sie keinerlei Spuren hinterlassen, die zurückverfolgt werden könnten. Verwenden Sie für diese Zwecke niemals eine Kreditkarte. Widerstehen Sie der

Versuchung, Munition, Ratgeberliteratur und diverse Ausrüstungsgegenstände über das Internet zu bestellen, es sei denn, Ihre Vorbereitungen sind schon allseits bekannt. Die einzige Ausnahme wäre, unter falschem Namen zu bestellen und an eine Packstation liefern zu lassen.

Schärfen Sie Ihrer Familie die Bedeutung der Verschwiegenheit über Ihre Vorbereitungen ein. Will man unauffällig bleiben, muss man seinen gesunden Menschenverstand einsetzen und wissen, wann man den Mund zu halten hat – das könnte tatsächlich verhindern, dass Ihre Sicherheit in Gefahr gerät.

Die Nachbarschaftswache

Sollten wirklich schlimme Zeiten anbrechen, wird die Kriminalitätsrate zweifellos in die Höhe schießen. Sie müssen in der Lage sein, die Sicherheit Ihrer Familie zu gewährleisten. Da Sie nicht rund um die Uhr Wache schieben können, kann ein Zusammenschluss mit den Nachbarn nötig werden, um das zu bilden, was ich nur halb im Spaß als »Nachbarschaftliches Ausschauhalten nach Steroiden« bezeichne.

11

Schusswaffen für ein Autarkes Leben und zur Selbstverteidigung

Um wirklich autark zu sein, werden Sie Wild jagen und Nutztiere schlachten müssen. In diesem Kapitel geht es um die besten Waffen für die jeweilige Situation, einschließlich des nicht wünschenswerten Szenarios, dass Sie sich als letzte Rettung möglicherweise auf Waffen verlassen müssen, um Ihr Heim zu verteidigen. Die richtigen Waffen und Munition parat zu haben, ist ein wichtiger Teil jedes Vorbereitungsplans.

Die Wahl der Waffen

Bei der Auswahl von Waffen für den Einsatz auf einer Farm, einer Ranch oder an einem Zufluchtsort müssen mehrere Anforderungen in Erwägung gezogen werden. In erster Linie müssen sie vielseitig sein. Eine einzelne Waffe mag ja dafür genutzt werden können, um aus 30 Metern Entfernung Krähen oder Stare, aus 300 Metern Kaninchen oder Kojoten beziehungsweise aus 15 Metern Klapperschlangen zu schießen. Obwohl es keine für alle Aufgaben geeignete Waffe gibt, ist es wichtig, Schusswaffen mit zumindest einem gewissen Maß an Vielseitigkeit zu wählen. Der Gedanke, dass Sie mit nur einer einzigen Waffe oder gar nur einem Gewehr, einer Pistole oder einer Schrotflinte auskommen, ist unrealistisch. Wie die Werkzeuge in einer Zimmermannskiste hat jede Waffenart ihren speziellen Sinn und Zweck.

Die zweite wichtige Überlegung im Hinblick auf Überlebenswaffen ist, dass sie robust und zuverlässig sein müssen, um dem ständigen Herumgetragenwerden und dem regelmäßigen Gebrauch standzuhalten. Wenn der nächste Büchsenmacher nur mit einer zweistündigen Autofahrt erreichbar ist, werden Sie von Ihren eigenen Ressourcen abhängig sein. Da Farm-, Ranch- und Überlebenswaffen ziemlich häufig bei Wind und Wetter herumgetragen werden, müssen sie strapazierfähige Oberflächen haben. Edelstahl ist in den meisten Fällen die beste Wahl. Doch leider sind nicht alle Waffen in Edelstahlausführung erhältlich. Für Waffen, die nur brüniert geliefert werden, sind verschiedene Beschichtungen zu bekommen. Mein persönlicher Favorit exotischer Beschichtungen wird METACOL (metal color) genannt, die von *Arizona Response Systems* (*snipurl.com/ht0fs*) in einer großen Vielzahl von Ausführungen angeboten wird. Exotische Materialbeschichtungen sind recht haltbar und bieten einen Schutz gegen Rost, der nur von Edelstahl übertroffen wird.

Weil Fahrten in die Stadt, um sich mit Munition einzudecken, wohl eher selten unternommen werden (oder in einem ernsthaften Überlebensszenario unmöglich sein könnten) und das Wiederladen bei all jenen, die nach Autarkie streben, wahrscheinlich die Norm sein wird, werden Sie die Zahl der Kaliber, die Sie bevorraten, beschränken wollen. Zehn verschiedene Waffen in zehn verschiedenen Kalibern würden die Bevorratung verkomplizieren. Außerdem ist es am besten, nur Waffen zu wählen, die für überall erhältliche Patronen ausgerichtet sind. Kleine Waffenläden auf dem Lande haben vielleicht Patronen wie .22 l.r., .308 *Winchester*, .30-06 und Kaliber 12 auf Lager, aber wahrscheinlich nicht .264 *Winchester Magnum*, .300 *Weatherby Magnum* oder Kaliber .28.

Niederwild

Es gibt mehrere Kategorien von Waffen, die in den Gewehrständern fast jeder Farm oder Ranch zu finden sind. Die erste und am häufigsten benutzte Art sind Gewehre zum Erlegen von Kleinwild und Schädlingen. Diese Gewehre werden für die Jagd auf Kleinwild für den Kochtopf (Eichhörnchen, Kaninchen usw.), auf Gartenschädlinge (Krähen, Stare, Erdhörnchen usw.) und zum Abschrecken herumstreunender Raubtiere (Kojoten, Füchse, Wiesel, Frettchen usw.) genutzt. Am Ende sind das auch die Waffen, die am häufigsten zum Töten von Nutztieren verwendet werden.

Zu den geeigneten Patronen für die Jagd auf Kleinwild und Schädlinge gehören .22 l.r. und .223 *Remington*. Die gebräuchlichsten Schrotpatronen für diese Zwecke sind .410 sowie Kaliber 20 und 12. Für alle Tiere bis zur Größe eines Kaninchens ist .22 l.r aus üblicher Distanz ausreichend. Der einzelne Schuss ist billig, leise und hat einen geringen Rückstoß. .223 *Remington* ist eine gute Patrone für die Jagd auf sitzende Vögel, die mit einer Randfeuerpatrone im Kaliber .22 unerreichbar wären, oder für die Jagd auf Wildhunde, Wildkatzen oder Kojoten.

Sowohl Handfeuerwaffen als auch Langwaffen werden für die Jagd auf Kleinwild und Schädlinge benötigt. Eine Waffe mit langem Lauf wäre in den meisten Fällen dank der höheren Geschossgeschwindigkeit und der längeren Visierlinie (und damit der größeren Zielgenauigkeit) natürlich die beste Wahl. Es gibt jedoch Gelegenheiten, bei denen es unpraktisch ist, eine lange Waffe mit sich zu führen. Beim Reparieren der Zäune, beim Füttern der Nutztiere, beim Holzholen, beim Traktorfahren oder bei den meisten Gartenarbeiten ist es normalerweise hinderlich, eine lange Waffe herumzutragen. Auf Farmen und Ranches werden lange Waffen gewöhnlich in Gebäuden oder in der Waffenhalterung von Fahrzeugen zurückgelassen. Sie werden bei der Arbeit oder beim Gang zum Briefkasten an der Landstraße nur selten mitgeführt. Und da kommen die Handfeuerwaffen ins Spiel.

Randfeuer-Kurzwaffen

Eine hochwertige Randfeuerpistole im Kaliber .22 könnte eine der nützlichsten Kurzwaffen in Ihrem Arsenal sein. Diese Waffen werden zum Töten der »nicht fassbaren« Hühner für den Kochtopf, für die Jagd auf Kleinwild und Schädlinge sowie zum kostengünstigen Üben der Treffsicherheit bei größeren (und pro Schuss teureren) Kurzwaffen eingesetzt. Meine Frau und ich verwenden eine *Ruger Mark II* aus Edelstahl mit schwerem Lauf von 140 mm Länge und *Pachmayr*-Griffschalen. Die Ruger wird auch mit Lauflängen von 172 mm und 265 mm angeboten. Aber wir sind der Meinung, dass der 140-mm-Lauf eine praktische Länge zum Tragen im Holster hat. Eine andere gute automatische Pistole aus Edelstahl im Kaliber .22 ist das Modell 622 von *Smith & Wesson*. Sie ist mit 115-mm- und 150-mm-Lauf zu haben. Falls Sie einen Revolver bevorzugen, wäre das Modell 617 aus Edelstahl von *Smith & Wesson* eine gute Wahl. Er wird mit 100-, 150- und 210-mm-Lauf angeboten.

Welche Waffe im Kaliber .22 Sie sich von welcher Marke auch kaufen, Sie sollten in Erwägung ziehen, ein Zielfernrohr montieren zu lassen. Wegen seiner geringen Geschossenergie kann das genaue Zielen mit einer Randfeuerpatrone im Kaliber .22 den Unterschied zwischen dem Verwunden oder dem sauberen Abschuss von Kleinwild ausmachen. Ein Zielfernrohr wird Sie in den meisten Fällen in die Lage versetzen, nicht nur mitten auf den Rumpf eines Tieres zu schießen, sondern einen bestimmten Zielpunkt, wie zum Beispiel seinen Kopf oder sein Genick, zu treffen. Falls Sie sich zur Montage eines Zielfernrohrs entschließen, wählen Sie ein 26-mm-Zielfernrohr statt der billigen mit 18 mm, die speziell für Luft- und Kleinkalibergewehre hergestellt werden.

Zentralfeuer-Kurzwaffen

Falls Sie nach einer besonders vielseitigen Kurzwaffe suchen, könnten Sie die *Thompson/Center G2 Contender* oder das Vorläufermodell *T/C Contender* wählen. Diese einschüssigen Pistolen haben leicht wechselbare Läufe in vielen verschiedenen Kalibern. Einige der nützlichsten der mehr als 20 verschiedenen Kaliber sind .22 l.r., .223 *Remington* und der .45 *Colt*/.410 Schrotlauf.

Auf der Rawles-Ranch benutzen wir inzwischen *Gold Cup* (*Colt* Modell 1911) aus Edelstahl .45 ACPs mit *Pachmayr*-Griffschalen, verlängerten Schlittenfanghebeln und Tritiumvisierung. Als wir ins Bärenland umgezogen sind, haben wir die *Smith & Wesson* 686er verkauft und uns alle mit den Automatikpistolen im Kaliber .45 ausgestattet. Wir wollten in der Lage sein, schnell viele Schüsse auf einen Bären abfeuern zu können, und die .45er-Automatik sind unserer Erfahrung nach viel schneller zu laden als Revolver – zumindest unter Stress. Zugegeben, die Gefahr, von einem Bären angegriffen zu werden, ist relativ gering, doch wir sind der Meinung, dass unsere Chancen mit den *Gold Cups* besser stehen. Wenn man am Ende all die ausgeworfenen Hülsen rund um unsere übel zugerichteten Leichen finden sollte, kann man zumindest feststellen, dass wir uns ordentlich zur Wehr gesetzt haben.

Da gerade von Bären die Rede ist: Leuten, die in Gegenden leben, in denen Braun- oder Grizzlybären beheimatet sind, ist häufig eine stärkere Kurzwaffe als selbst die .45 ACP zu empfehlen: Eine *Smith & Wesson* Modell 629 mit Sechszolllauf in .44 *Magnum* aus Edelstahl, eine .44 *Magnum Ruger Redhawk* (5,5 Zoll) oder vielleicht eine .44 *Magnum Colt Anaconda* wären eine gute Wahl.

Gewehre

Ein leichtes Gewehr im Kaliber .223 *Remington* ist insbesondere für die Jagd auf sitzende Vögel und Raubtiere nützlich. *Remington*, *Ruger* und *Sako* stellen alle hochwertige .223 Repetiergewehre her. Bei der Auswahl geht es im Wesentlichen um persönliche Präferenzen. Wir verwenden unsere .223er für Kojoten, die zurzeit im Westen der Vereinigten Staaten überhand nehmen und in unserer Gegend ständig für Probleme sorgen. Sie reißen mit Vorliebe Enten, Hühner, Hauskatzen und neugeborene Lämmer. Wir verwenden bei den seltenen Gelegenheiten, wenn wir eine Chance haben, auf Kojoten zu schießen, drei verschiedene Gewehre. Zu diesen Waffen zählen ein *Remington*-Modell-7-Repetiergewehr im Kaliber .223 *Remington*, ein *Colt* CAR-15 in der Art eines M4 und ein L1A1-Selbstlader mit Zielfernrohr im Kaliber .308 *Winchester* (praktisch identisch mit 7,62 x 51 mm NATO-Patronen, die vom Militär genutzt werden, und in den meisten Fällen damit austauschbar sind). Ein .308 *Winchester* wird genommen, wenn wir einen Kojoten in mehr als 300 Metern Entfernung ausmachen. Falls man das *Remington* Modell 7 zur Verfügung hat, ist das CAR-15 weitgehend überflüssig. Aber wir mögen seine einfache Handhabung – und die Tatsache, dass wir schnell einen zweiten Schuss abgeben können, wenn wir auf rennende Hasen oder Kojoten schießen.

Kombinierte Waffen

Die nächste Kategorie sind die Kombinations- oder »Garten«-Waffen. Dazu zählen teure importierte Gewehre beziehungsweise Schrotflinten, aber auch kostengünstige kombinierte Waffen aus einheimischer Produktion. Die europäischen dreiläufigen kombinierten Waffen beziehungsweise Drillinge kosten gut und gerne 2000 Dollar. Waffen dieser Art sind die Sauer-Drillinge, Krieghoff-Drillinge und die

Büchsflinten von *Valmet*. Normalerweise zeichnen sie sich durch einen Büchsenlauf aus, der unter nebeneinanderliegenden Schrotläufen im Kaliber 12 montiert ist. Zweiläufige kombinierte Waffen aus einheimischer Produktion kosten deutlich weniger als europäische Drillinge, können ästhetisch allerdings nicht mit diesen mithalten. Diese Waffen bieten die Möglichkeit, eine einzelne Schrotpatrone oder eine Büchsenpatrone nur durch das Umlegen eines kleinen Schalters abzufeuern. Diese Waffen eignen sich am besten dafür, sie zur Arbeit im Freien mitzunehmen. Sie bieten Ihnen die nötige Vielseitigkeit, um ein lästiges Erdhörnchen oder räuberische Vögel, ob im Flug oder sitzend, zu vernichten. Eine der besten heute auf dem Markt befindlichen kostengünstigen kombinierten Waffen ist das *Savage* Modell 24F mit Fiberglasschaft. In der Vergangenheit wurden die *Savage*-Modell-24-Reihen in einem breiten Spektrum von Kalibern hergestellt – zum Beispiel .22 l.r. über einem Lauf im Kaliber .410, .22 l.r. über einem Lauf im Kaliber 20, .22 *Magnum* über einem Lauf im Kaliber .410 und .357 *Magnum* über einem Lauf im Kaliber 20. Alle diese Waffen, die jetzt nicht mehr produziert werden, hatten Holzschäfte. Man findet sie häufig zu günstigen Preisen gebraucht auf Waffenmärkten oder in Waffenläden. Dank ihrer Vielseitigkeit lohnt es sich durchaus, nach ihnen Ausschau zu halten. Weil die meisten Gewehre der *Savage*-24-Reihe brüniert geliefert werden, empfiehlt es sich, sie mit einer haltbareren Beschichtung, wie zum Beispiel Teflon oder einer Parkerisierung, zu versehen.

Long-Range-Gewehre

Waffen für die Großwildjagd oder für das Bekämpfen von Scharfschützen stellen die nächste Gruppe dar, die in Erwägung zu ziehen ist. Die Wahl einer solchen Waffe hängt von der Art des Wildes ab, das gejagt werden soll. In den südlichen 48 Staaten der USA ist ein Gewehr mit Zylinderverschluss im Kaliber .308 *Winchester* oder .30-06 für das meiste Wild ausreichend. Regionale Unterschiede bestimmen, was Sie genau brauchen. Welches Kaliber Sie auch wählen, wichtig ist, dass Sie ein gutes Gewehr mit einem stabilen System kaufen. Neben anderen stellen *Remington*, *Ruger* und *Winchester* Waffen von dieser Qualität her. Wahrscheinlich werden Sie nach dem Kauf des Gewehrs die

Metalloberflächen mit einer haltbareren Beschichtung versehen lassen. Vielleicht wollen sie auch ein Zielfernrohr montieren, falls Sie im freien Gelände auf die Jagd gehen werden. Sollten Sie in buschreichem oder dicht bewaldetem Terrain jagen, stellen Sie vielleicht fest, dass ein Zielfernrohr eher hinderlich als hilfreich ist. Zielfernrohre sind anfälliger für Beschädigungen als jedes andere Teil eines Gewehrs, deshalb empfiehlt es sich, ein Gewehr mit hochwertiger offener Visierung zu wählen, egal ob Sie nun vorhaben, ein Zielfernrohr zu montieren oder nicht. Falls ein Zielfernrohr kaputtgeht, werden Sie dieses entfernen und auf die offene Visierung zurückgreifen können. Gewöhnlich ist nur in Alaska und in Teilen Kanadas, wo Elche und Grizzlybären beheimatet sind, daran zu denken, dass stärkere Patronen als .30-06 vonnöten sein könnten. Derzeit werden verschiedene große Patronen bevorzugt. Dazu gehören 9,3 x 62, .338 *Winchester Magnum* und .375 H&H *Magnum*. Meine Frau und ich haben für unsere Art der Großwildjagd (normalerweise Hirsche, jedenfalls keine Tiere, die größer sind als Elche) zwei *Winchester* Modell 70er gewählt. Weil beide Gewehre auch taktisch genutzt werden könnten, haben wir die Mündungen von *Holland Shooters Supply* in Oregon mit einem Gewinde für Mündungsfeuerdämpfer versehen und von *Holland* schlanke Mündungsbremsen anbringen lassen (*hollandguns.com*). Für die Mündungsbremsen haben wir uns entschieden, weil sie nicht so viel Aufmerksamkeit erregen wie Mündungsfeuerdämpfer. Doch falls wir wirklich in Schwierigkeiten geraten sollten, können wir schnell auf Mündungsfeuerdämpfer umschalten.

Schrotflinten

Die nächste Waffenkategorie, die man in Erwägung ziehen sollte, sind Schrotflinten für die Jagd auf Hochlandwild und Wasservögel. Sollten Sie die Gelegenheit haben, Hochlandwild und Wasservögel zu jagen, werden Sie natürlich eine oder mehrere gute Schrotflinten für die Vogeljagd in Ihr Arsenal aufnehmen wollen. Da Sie Ihre Schrotflinte wahrscheinlich häufiger herumtragen werden als der durchschnittliche Stadtbewohner seine Waffe, ist eine strapazierfähige Beschichtung wünschenswert. *Remingtons* Special Purpose Versions von Modell 870, Modell 11-87 und Modell 1100 erfüllen diese Anforderungen. Sie kommen mit einer matten Schaftbeschichtung und einer mattgrauen Parkerisierung aller Metallteile aus der Fabrik. Einige Hersteller produzieren (beziehungsweise produzierten) parkerisierte Pumpguns und Automatikwaffen, die mit den Sonderversionen von *Remington* vergleichbar sind. Eine solche ist das *Winchester*-Modell 1300 *Waterfowler*. Wie die meisten anderen derzeit aus einheimischer Produktion stammenden Schrotflinten werden die *Remington*-Special-Purpose-Gewehre serienmäßig mit wechselbaren Chokes geliefert. Für die Jagd auf Hochlandwild ist eine Lauflänge von 65 Zentimetern am besten geeignet, während Lauflängen von 70 oder 75 Zentimetern in der Regel für das Schießen auf sich bewegende Enten und Gänse empfohlen werden. Weil Patronen in ungewöhnlichen Kalibern in ländlichen Gegenden (oder in unruhigen Zeiten ungeachtet Ihres Wohnorts) schwer erhältlich sein können, ist es am besten, eine Schrotflinte entweder im Kaliber 12 oder 20 zu kaufen. Angesichts des Trends hin zu Stahlschrot beziehungsweise Weicheisen ist zudem ein 76-mm-Patronenlager empfehlenswert. Die längere Kammer ermöglicht den Gebrauch von *Magnum*-Patronen, die benötigt werden, um dem weniger dichten Stahlschrot die gleiche Durchschlagskraft zu verleihen wie die der traditionellen Bleischrotpatronen. Außerdem sind Wechselchokes zu empfehlen. Da Stahlschrot die Chokes schnell verschleißt, können auswechselbare Chokes die Lebensdauer eines Gewehrs deutlich verlängern.

Eine Waffe, die eine gesonderte Erwähnung verdient, ist die einläufige Schrotflinte .410 *Snake Charmer II*, hergestellt von *Sport Arms of Florida*. Die leichte, kleine Waffe erfüllt gerade die von der Regierung gesetzten Minimalgrößen (45-Zentimeter-Lauf, 72 Zentimeter Gesamtlänge). Sie ist aus Edelstahl gefertigt und besitzt einen Plastikschaft mit einem Fach für Ersatzpatronen. Weil sie kompakt und leicht ist, wird unser *Snake Charmer* auch auf Spaziergängen mitgenommen, wenn schwerere und sperrigere Langwaffen gewöhnlich zurückgelassen werden. Mit dieser Waffe sind einige Klapperschlangen und eine ordentliche Zahl Wachteln getötet worden.

Entgegen des von Hollywood in die Welt gesetzten weit verbreiteten Irrglaubens muss auch mit Schrotflinten gezielt werden, genau wie mit Gewehren. Das Perlkorn, mit dem die meisten Schrotflinten ausgestattet sind, ist unzureichend. Ich empfehle entweder den Kauf eines separaten Laufs mit Kimme und Korn oder die nachträgliche Ausstattung mit Kimme und Korn.

Verteidigung Ihres Zufluchtsorts

Waffen zur Verteidigung von Farmen, Ranches und Zufluchtsorten sind die letzte Kategorie, die es zu bedenken gilt. Im Katastrophenfall sind wir möglicherweise alle auf uns selbst gestellt – wenn es keine Polizei mehr gibt oder wir keine Möglichkeit haben, sie zu rufen. Selbst in relativ friedlichen Zeiten kann eine Menge passieren, bis die gerufene Hilfe eintrifft, deshalb ist es sinnvoll, vorbereitet zu sein. Falls Sie mit wirtschaftlich schlechten Zeiten oder anderen Ursachen sozialer Unruhen rechnen, sollten Sie große Anstrengungen unternehmen und sich einen Vorrat an Verteidigungswaffen, jede Menge Munition, Unmengen an Ersatzmagazinen und eine gute Sammlung an Ersatzteilen anlegen. Auf unserer Farm haben wir eine Vielzahl an Waffen, deren Hauptzweck die Verteidigung ist, die aber auch für andere Zwecke genutzt werden. Unsere zwei L1A1er werden auch zum Schießen von Kojoten aus großer Distanz eingesetzt. Unsere Großkaliberkurzwaffen dienen in erster Linie der Selbstverteidigung, aber sie sind auch für die Jagd und das Töten von Schädlingen zu gebrauchen.

Wenn Ihnen das Schussverhalten der .45 ACP zusagt, Sie aber einen Revolver bevorzugen, könnten Sie den Kauf eines *Smith-&-Wesson*-Revolvers Modell 625 in Betracht ziehen. Das ist ein Edelstahlrevolver, der als Basis den »N-Rahmen« benutzt – denselben großen Rahmen, der für die .44 *Smith & Wesson Magnums* verwendet wird. Modell 625 nutzt »full-moon«-Clips aus Stahl, um sechs Schuss der .45 ACP zu halten. Im Gegensatz zu den meisten Speedloadern gibt es durch die full-moon-Clips keinen Knopf zum Drehen noch irgendeinen Mechanismus, der kaputtgehen könnte. Man steckt einfach das Ganze in die Trommel. Das macht diese Waffen genauso schnell, wenn nicht sogar schneller als jeden Speedloader. Modell 625 wird mit Lauflängen von 75 mm, 100 mm und 125 mm angeboten, wobei Letztere fast ideal ist. Weil die .45 ACP denselben Laufdurchmesser besitzt wie die .45 *Colt cartridge*, kann eine Ersatztrommel und ein Trommelkran für die stärkere .45 *Colt cartridge* gebaut werden (üblicherweise, jedoch inakkurat ».45 long *Colt*« genannt). Diese Kombination würde eine besonders vielseitige Kurzwaffe ergeben.

Schrotflinten sind auch zur Verteidigung gut geeignet. Ein zusätzlicher sehr kurzer Lauf für eine Pumpgun oder für eine halbautomatische Flinte beziehungsweise Selbstladeflinte kann diese zu einer hervorragenden Waffe zur Verteidigung Ihres Zufluchtsorts machen.

Das »Arsenal«

Und wie viele Waffen brauchen Sie nun wirklich? Falls Ihr Budget begrenzt sein sollte, werden Sie mit einem hochwertigen Repetiergewehr im Kaliber .308 oder .30-06, einer Pumpschrotflinte im Kaliber 12 mit einem zusätzlichen sehr kurzen Lauf, einem .22 l.r. und einer Automatikpistole im Kaliber .45 auskommen. Doch um die für die vielen Schießaufgaben auf den meisten Farmen und Ranches notwendige Vielseitigkeit zu gewährleisten, werden Sie wahrscheinlich mindestens doppelt so viele Waffen brauchen. Das Buch des verstorbenen Mel Tappan, *Survival Guns* (*The Janus Press*, Rogue River, Oregon), gilt allgemein als der beste Ratgeber auf dem Markt für eine umfassende Darstellung der für ein autarkes und selbstständiges Leben geeigneten Waffen. Und für eine noch vollständigere Beschreibung von Waffen zur Selbstverteidigung kann ich das Buch *Boston's Gun Bible* wärmstens empfehlen.

Die Anschaffungen sollten systematisch und leidenschaftslos vorgenommen werden. Wie beim Kauf anderer Werkzeuge sollten Sie nicht bei der Qualität knausern. Eine hochwertige Waffe kann über Jahre oder gar über Generationen hinweg gute Dienste leisten.

Eine letzte Bemerkung: Sie können sich die besten Gewehre der Welt kaufen, aber wenn Sie nicht mit ihnen üben, sind Sie nicht vorbereitet. Schießübungen in einem erstklassigen Schützenverein sind in jedem Fall gut angelegtes Geld. Grundsätzlich ist natürlich darauf hinzuweisen, dass Sie sich über die Waffengesetze in Ihrem Land informieren müssen!

Aufbewahrung von Waffen und Munition

Welche Vorsichtsmaßnahmen Sie ergreifen müssen, hängt im Wesentlichen davon ab, wo Sie wohnen. Leben Sie in feuchtem Klima, müssen Sie mit Ihren Waffen, Magazinen und anderen Werkzeugen besonders vorsichtig sein. Je höher die Feuchtigkeit, desto mehr Schutzmaßnahmen sind erforderlich und desto häufiger müssen die Waffen auf Rost untersucht werden.

Tragen Sie bei der Pflege Ihrer Waffen leichte Baumwollhandschuhe. Das ist besonders wichtig, wenn Sie schnell schwitzige Hände bekommen. Mein Zimmergenosse am College war bekannt dafür, dass er aus diesem Grund Rostbildung auf Waffen hervorrief, und er musste immer besondere Vorsichtsmaßnahmen ergreifen.

In trockenem Klima ist eine dünne Schicht Waffenöl, wie zum Beispiel Ballistol, ausreichend. Zwar sind exotische Schmierstoffe wie *Break-Free CLP* toll als Schmieröl, doch meiner Erfahrung nach hinterlassen sie so wenig Rückstand, dass sie in Wahrheit den traditionellen Waffenölen in Sachen Rostvermeidung unterlegen sind. In feuchten Klimazonen empfehle ich *Birchwood Casey Barricade* (früher unter dem Produktnamen *Sheath* verkauft). Ballistol und *Barricade* sind über eine Vielzahl von Internetanbietern, einschließlich *Brownells* (*snipurl.com/hneta*), erhältlich. Inzwischen kann man *Barricade* sogar über *Amazon.com* beziehen.

Zur langfristigen Aufbewahrung sollten sämtliche inneren und äußeren Metallteile, insbesondere das Laufinnere, das Patronenlager und der Stoßboden eingefettet werden. Es gibt noch immer das altbewährte USGI-»Waffenfett«, aber ich bevorzuge das Antirostfett, das über *Brownells* und andere Internetanbieter bestellt werden kann. Auch wenn Sie wissen, wie die Waffe vor der Einlagerung behandelt wurde, könnte es sein, dass eines Ihrer Familienmitglieder das nicht weiß. Deshalb rate ich dringend, an der Waffe einen Warnhinweis anzubringen: »Warnung: Eingefettet – Laufinneres, Patronenlager und Stoßboden! Vor dem Schießen Fett entfernen!«

Kleine Mengen von Magazinen – in einem Waffentresor, in dem die Feuchtigkeit kontrolliert wird (mit einem Luftentfeuchter) oder in dicht verschlossenen Munitionskisten mit einem großen Paket Kieselgel aufbewahrt – werden wahrscheinlich nichts weiter als eine dünne Schicht Öl und eine jährliche Inspektion erforderlich machen. Größere Mengen von Magazinen, die außerhalb Ihres Tresors in nicht luftdicht verschlossenen Behältnissen gelagert sind, sollten wohl mit einem Antirostfett eingeschmiert werden. In den meisten Fällen ist dazu erforderlich, die Magazine auseinanderzunehmen, um an ihr Inneres zu gelangen. Vergessen Sie nicht, dass auch die Magazinfeder Rostschutz braucht.

Häufigkeit der Schiessübungen

Ich empfehle, so häufig zu schießen, wie es Ihre Zeit und Ihr Budget erlauben. Einmal pro Woche wäre ideal, um in Topform zu bleiben. Trockenübungen (üblicherweise »Trockenfeuern« mit einer ungeladenen Waffe genannt) sind recht nützlich, vor allem um Muskelkraft und motorische Kontrolle zu entwickeln. Beachten Sie jedoch, dass ein paar strenge Sicherheitsregeln eingehalten werden und ein sicherer Kugelfang gebaut werden müssen, um der Gefahr einer unachtsamen Entladung vorzubeugen.

Meine bessere Hälfte erinnerte mich daran, zu erwähnen, dass Vogelbeobachtung mit einem schweren Fernglas oder einer Kamera mit großer Linse ebenfalls eine hervorragende Übung ist, um die Armmuskulatur zu stärken, Ziele ins Visier zu nehmen und das absolute Stillhalten mit einem beträchtlichen Gewicht in der Hand zu trainieren.

Wie viel Munition soll eingelagert werden?

Es ist bei Ihren Vorbereitungen wichtig, auf Ausgewogenheit zu achten. Lebensmittelvorräte, Erste-Hilfe-Vorräte und die Einlagerung von Samen alter Kulturpflanzensorten sollten Priorität besitzen. Ist das erledigt, dann ist es sinnvoll, einen Vorrat an Munition anzulegen. Solange Sie Ihre Munition in dicht verschlossenen Munitionskisten lagern, besteht keine Gefahr, dass Sie sich zu viel kaufen, da Munition eine Haltbarkeit von über 50 Jahren besitzt, wenn sie vor Öldämpfen und Feuchtigkeit geschützt wird. Bedenken Sie, dass jede zusätzliche Munition ein idealer Tauschgegenstand ist. Der verstorbene Waffenexperte Jeff Cooper bezeichnete sie zu Recht als »ballistischen Zaster«.

Als Tauschvorrat empfehle ich Ihnen, sich an die gebräuchlichsten Kaliber zu halten. Für Gewehre: .22 l.r, .223, .308, .30-06 (und im *Commonwealth* .303 *British*). Für Kurzwaffen: 9 mm, .40 *Smith & Wesson* und .45 ACP. Für Schrotflinten: Kaliber 12 und Kaliber 20. Sie könnten auch eine kleine Menge der in Ihrer Region gängigsten Patrone für die Hirschjagd kaufen (*snipurl.com/hofoq*) sowie die

Standardkaliber Ihrer örtlichen Polizei beziehungsweise des Sheriffs. (Erkundigen Sie sich im Waffenladen vor Ort.)

Ich halte die folgenden Mengen für das Minimum:

2000 Schuss pro großkalibrigem Selbstladegewehr
500 Schuss pro Jagdgewehr
800 Schuss pro Kurzwaffe
2000 Schuss pro .22 Randfeuerkurzwaffe
500 Schuss pro kurzläufige Schrotflinte

Die dreifache Menge dieser Zahlen wäre in den Augen der meisten Überlebenskünstler beruhigend. Das sollten Sie beherzigen, wenn Sie es sich leisten können. In Zeiten von Inflation ist Vorrat besser, als das Geld auf einem Bankkonto liegen zu haben. Die Munitionspreise sind in letzter Zeit in die Höhe geschossen, deshalb sollten Sie vor dem Kauf die Preise vergleichen. Nehmen Sie zum Einkauf Fotokopien und Ausdrucke von Preislisten als Unterlagen zum Feilschen mit.

Zu den Internetanbietern von Munition, die ich empfehle, gehören:

AIM Surplus (*snipurl.com/hoft7*)
Cheaper Than Dirt! (*snipurl.com/hofrw*)
Dan's Sporting Goods (*snipurl.com/hoftv*)
J&G Sales (*snipurl.com/hofvt*)
MidwayUSA (*snipurl.com/hofx9*)
AmmoMan.com (*snipurl.com/hofy1*)
Natchez Shooters Supplies (*snipurl.com/hofz6*)
The Sportsman's Guide (*snipurl.com/hog02*)

Ich halte es für ratsam, dass Sie, um Geld zu sparen und Ihre Privatsphäre zu schützen, bereit sein sollten, auch eine große Strecke zu fahren und Ihre Munition persönlich bei einem regionalen Verkäufer abzuholen, weil es ziemlich auffällig ist, wenn unzählige schwere Kisten aus einem UPS-Laster ausgeladen werden. Munition kauft man am besten in Pick-up-Ladungen von 750 Kilogramm. Bedenken Sie auch, dass Sie, wenn sie in großen Mengen auf einmal bei einem Großhändler einkaufen, normalerweise in jedem Kaliber Munition der gleichen Herstellung haben, was zu größerer Treffsicherheit führen wird.

Erschwingliche und trotzdem zuverlässige Nachtsicht-Zielgeräte

Der Vielseitigkeit halber bevorzuge ich auf Waffen montierte Zielfernrohre, die als normale Monokulare abgenommen werden können. Ein solches sollten Sie als erstes kaufen. Sollte Ihnen ein großes Budget zur Verfügung stehen, können Sie sich auch eine Nachtsichtbrille zulegen, aber besorgen Sie sich zuerst Ihr Waffenzielfernrohr.

Ich möchte Ihnen den Kauf eines professionell wiederaufgearbeiteten Gen-2-Zielfernrohrs der US-Armee, wie zum Beispiel das AN/PVS-h2B ans Herz legen. Hüten Sie sich vor den vielen »Hobbyaufbereitern« da draußen. Kaufen Sie sich ein richtiges Militärzielfernrohr von einem namhaften Anbieter wie *Ready Made Resources* oder *S.T.A.N.O. Components* (*snipurl.com/hiouh*), das Bildverstärkerröhren der zweiten Generation besitzt und dem ein Datenblatt beiliegt, welches die Echtheit der Herkunft belegt.

Die neuesten Nachtsichtzielfernrohre der dritten Generation (auch Gen 3 genannt) könnten bis zu 3000 Dollar das Stück kosten. Aufgearbeitete Zielfernrohre der ersten Generation (Technologie der frühen 1970er-Jahre) sind häufig schon für 500 Dollar zu haben. In Russland hergestellte Monokulare (mit miserabler Optik) sind sogar schon für unter 100 Dollar erhältlich. Ein russisches Modell, das einen piezoelektrischen Generator anstatt Batterien benutzt, ist das Beste in dieser untersten Preiskategorie. Solche Geräte benutzt man am vorteilhaftesten als Ersatzgeräte – für den Fall, dass Ihre teuren, in Amerika hergestellten Zielfernrohre kaputtgehen. Sie sollten nicht für den Gebrauch als Hauptnachtsichtgerät erworben werden, es sei denn, Ihr Budget ist sehr begrenzt, aber sie sind immerhin besser als nichts. Kaufen Sie die besten Nachtsichtzielfernrohre, die beste Nachtsichtbrille und die besten Monokulare, die Sie sich leisten können. Sollte Ihr Budget nur ein Gerät zulassen, kaufen Sie sich ein Waffenzielfernrohr wie zum Beispiel ein AN/PVS-4 mit einer Röhre der zweiten Generation (oder ein besseres) oder aber das sperrigere AN/PVS-2, falls Ihr Budget knapp bemessen ist. Achten Sie besonders darauf, dass die Röhre entweder neu ist oder nur sehr wenige Stunden im Einsatz war, das heißt, dass sie einen Spannungszähler haben muss, der eine minimale Szintillation anzeigt. Und auch hier gilt, dass Sie Ihr Nachtsichtgerät von einem namhaften Anbieter kaufen sollten. Auf diesem Markt tummeln sich unzählige Halsabschneider und Betrüger.

Selbst passive Nachtsichtgeräte verursachen eine Rückstrahlung. Das ist das Licht des Bildes, das auf Ihr Gesicht geworfen wird. Durch ein anderes Nachtsichtgerät gesehen, wirkt es wie der helle Schein einer Taschenlampe. Aus diesem Grund rate ich vom Kauf eines Nachtsichtgeräts ohne dämpfenden Augenschutz ab. Die Klappe öffnet sich erst, wenn Sie das Gerät an Ihr Auge drücken und verringert so eine Rückstrahlung. Fast alle kommerziellen Nachtsichtgeräte auf dem Markt sind mit diesem Fehler behaftet.

Meine bevorzugten Anbieter von Nachtsichtzielgeräten und -brillen sind *JRH Enterprises* (*jrhenterprises.com*) und *Ready Made Resources.* Nach echten militärischen Nachtsichtgeräten sowie Ersatzlichtverstärkern erkundigen Sie sich am besten bei *S.T.A.N.O. Components.*

Eine technisch einfachere Alternative zur Nachtsicht-Technologie stellt ein Tritium-Zielfernrohr dar, wie jene, die zum Beispiel von *Trijicon* hergestellt werden. Die Halbwertzeit von Tritium (einem gasförmigen Isotop von Wasserstoff) beträgt 11,2 Jahre, das heißt, dass es durch den radioaktiven Zerfall nach 11,2 Jahren noch die Hälfte seiner ursprünglichen Helligkeit besitzt, sodass die effektive Haltbarkeit eines Tritium-Zielfernrohrs praktisch 22 Jahre beträgt und die von Tritium-Visiereinrichtungen über 33 Jahre.

Auswahl und Anschaffung von Westen und Geschirren

Im Hinblick auf Westen und Geschirre gibt es da draußen unzählige Meinungen, deshalb sollten Sie das Folgende nur als persönliche Ansicht verstehen. Zwar sind Westen für Traglasten zurzeit ganz groß in Mode, aber ich bin kein Fan davon. Ich verwende noch immer die altbewährte ALICE-Trageausrüstung, allerdings habe ich den traditionellen Y-förmigen Gurt durch einen dicker gepolsterten H-Gurt von *Eagle Industries Ranger* ersetzt.

Die neuen MOLLE-Westen nach dem Baukastenprinzip sind vielseitiger als die älteren Tarnwesten von *Woodland* mit den eingenähten Magazinbeuteln, aber ich habe lieber alles auf Gürtelhöhe griffbereit. Ich habe nämlich festgestellt, dass es zeitraubend und mühsam ist,

Magazine in Taschen zu stecken beziehungsweise herauszufischen, die sich oberhalb meines Solarplexus befinden.

Kommt eine Panzerweste ins Spiel, sieht die Sache wiederum ganz anders aus, weil eine wirklich schusssichere Panzerweste (IBA) mit einem modularen/integrierten Kommunikationshelm (MICH) zwischen 8,5 und 11,5 Kilogramm wiegt – je nach Größe und der Zahl der Zusatzteile, wie zum Beispiel Einlageplatten gegen Handfeuerwaffen (SAPI). Und bedenken Sie, dass in diesen Angaben das Gewicht der Munition, der Magazine, dcs vollen Trinkrucksacks und verschiedener Geräte nicht einberechnet ist. Wenn Sie keine Tarnpanzerweste tragen, ist eine Einsatzweste durchaus sinnvoll. Erkundigen Sie sich bei den Leuten von *BulletProofME* (*bulletproofme.com*) nach Einzelheiten zur Zusammenstellung von Panzerweste, Munitionstasche und Trinksystemen, die praktisch und bequem sind. Die Passform ist bei Panzerwesten entscheidend, deshalb sollten Sie sich an einen erfahrenen Händler mit großer Auswahl und gutem Kundenservice wenden, der Sie richtig ausstaffieren kann.

Für einen kurzen Überblick über die älteren Kampfwesten der ALICE-Generation der US-Armee können Sie *snipurl.com/hnd4h* anklicken. Umfassendere Darstellungen finden sich in *Care and Use of Individual Clothing and Equipment* (Kampfvorschrift 21-15), die man häufig bei *Amazon.com*, *MidwayUSA.com*, *GR8Gear.com* und *LoadUp.com* entdecken kann.

Die meisten Teile von ALICE und MOLLE sind untereinander austauschbar – das heißt also, dass man in den meisten Fällen eine ALICE-Magazintasche an einer MOLLE-Weste befestigen oder eine MOLLE-Tasche an einem ALICE-Gürtel anklipsen kann. Machen Sie sich über das Zusammenpassen von Farben oder Tarnmustern keine Gedanken. Das praktische Überleben als Zivilist ist keine Modeschau. Ist Tarnung wirklich angesagt, dann ist es sogar gut, wenn nicht alles zusammenpasst. Jeder, der Ihnen weiszumachen versucht, dass Ihre Ausrüstung farblich zusammenpassen muss, ist ein Wichtigtuer.

Sowohl die Ausrüstungsgegenstände von ALICE als auch von MOLLE können über eine Vielzahl von Internetanbietern bestellt werden.

Empfehlungen für Holster, Riemen und Koppelsysteme

Machen Sie sich Gedanken darüber, wie, wo und wann Sie Ihre Waffen wohl tagtäglich mit sich herumtragen oder darauf Zugriff haben müssen. Wie werden Sie sie in Ihrem Auto, auf Ihrem Traktor, auf Ihrem Quad oder auf Ihrem Pferd transportieren? Wie werden Sie eine Pistole mit sich führen, wenn Sie diese verbergen müssen? Wie werden Sie Ihre Waffen bei schlechtem Wetter tragen? Was werden Sie mitnehmen, wenn Sie Arbeiten im Garten oder sonstige Aufgaben im Freien erledigen müssen? Wie und wann werden Sie Zubehör – wie beispielsweise Putzzeug, Gewehrzweibeine und Spektive – bei sich tragen? Welche anderen Gegenstände werden Sie ins Freie mitnehmen müssen, die Sie ebenfalls in Reichweite aufbewahren müssen, wie zum Beispiel Feldstecher, Taschenlampen, Nachtsichtgerät und GPS-Empfänger?

Folgendes kann ich gar nicht häufig genug betonen: Sie müssen für *jede* Ihrer Langwaffen ein komplettes Tragegurtzeug zusammenstellen. Dazu sollte ein USGI-LC-2-Gürtel gehören: ein gepolstertes Y-Gurtzeug (oder H-Gurtzeug), zwei Munitionstaschen, ein paar Beutel für Erste-Hilfe-Material beziehungsweise Kompass und ein Kochgeschirr samt Hülle. Zugegeben, Sie können nur eine Langwaffe auf einmal tragen, aber aller Wahrscheinlichkeit nach werden Sie nach einem Katastrophenfall viele Familienmitglieder oder Freunde bewaffnen müssen. Deshalb werden Sie ein Tragegurtzeug für jede Waffe brauchen. Um die Sache zu vereinfachen, habe ich einige neue Nylonbeutel für Schlafsäcke in verschiedenen Erdfarben gekauft und in jedem davon ein Gurtzeug und Magazine untergebracht. Dann habe ich an das Zugband eines jeden Beutels ein Schild befestigt, das den Beutel der jeweiligen Waffe zuordnet, um im Notfall schnell zugreifen und loslaufen zu können.

Ich bin kein Befürworter von Hüftpistolenholstern. Solche scheinen in den vergangenen Jahren eine starke Verbreitung gefunden zu haben, weil sie in Fernsehshows und Filmen über Spezialeinheiten schick aussehen. In Wahrheit sind sie in so gut wie allen Situationen ziemlich unpraktisch – mit Ausnahme beim Abseilen. Beim Laufen ist eine Pistole in einem Holster auf Hüfthöhe recht unangenehm zu tragen. Außerdem hat man keinen schnellen Zugriff. Ich rate stattdessen zum Kauf eines stabilen Pistolengürtels und überlasse diese Hüftpistolenholster gern den Waffennarren.

Was Pistolenholster anbelangt, so empfehle ich *Kydex*-Holster und Magazintaschen der Marke *Blade-Tech* (*blade-tech.com*). Die *Blade-Tech*-Holster sind so günstig, dass ich ein Holster plus Pistolenmagazintasche am Gurtzeug für jede meiner Langwaffen befestigt habe. Und wenn wir nur eine Pistole tragen, dann benutzen wir die kostengünstigen schwarzen Nylongürtel mit Klettverschlüssen der Marke *Uncle Mike's*. Diese sind schlicht und einfach, aber robust und funktional. Wir haben ein paar spezielle leichte lederne Holster für das verdeckte Tragen der Waffe, hergestellt von *Milt Sparks Holsters* (*miltsparks.com*). Die Holster und Gürtel dieser Firma werden allseits gepriesen. Ich kaufe seit mehr als 20 Jahren bei diesem Hersteller ein, weil dieser nicht an der Qualität spart.

Schulterholster sind in den meisten Situationen ungünstig. Sie sind jedoch sinnvoll, wenn Sie länger als eine Stunde im Auto sitzen.

Bei Gewehrriemen empfehle ich ein traditionelles militärisches Design mit zwei Schlingen. Sie helfen wirklich, ein Gewehr für exakte Distanzschüsse ruhigzuhalten. Die Teilnahme an einem Wochenendkurs bei der *Western Rifle Shooters Association* (*snipurl.com/hn8xj*) oder der *Appleseed rifle-shooting clinic* (*appleseedinfo.org*) ist sehr empfehlenswert und wird Ihnen zeigen, wie man einen Zweischlingenriemen für verschiedene Schießpositionen richtig einsetzt. Sobald Sie die Schnallenlöcher Ihrer »Sommer«-Riemenposition (wenn Sie nur ein Hemd tragen) in Bauchlage oder sitzender Position herausgefunden haben, empfehle ich, die Löcher mit einem schwarzen Filzstift zu umranden und sie mit einem »B« und »S« zu markieren, um sie schneller schließen zu können. Ziehen Sie eine weitere Linie oder schreiben Sie bei jeder Anpassung lieber ein »W« – für Winter – und umrahmen Sie erneut die Schließenlöcher, um die weitere Verstellung anzuzeigen, die Sie brauchen, wenn Sie einen Wintermantel beziehungsweise eine Jagd- oder Arbeitsjacke tragen. Ich bin weder bei der Jagd noch beim defensiven Schießen ein Befürworter von ungestützten aufrechten Positionen. Es dauert nur einen Augenblick, sich hinzusetzen, und nur wenig länger, um sich auf den Bauch zu legen.

Was Gewehrriemen für Schrotflinten anbelangt, so tut es meiner Erfahrung nach eine extra lange gepolsterte Nylonschlinge genauso gut (wie zum Beispiel eine M60-Schlinge).

Schnell lösbare Riemenbügelhalter sind ein Muss, weil es viele taktische Situationen gibt, in denen Sie überhaupt keinen Riemen werden benutzen wollen. Sie müssen also in der Lage sein, einen Gurt schnell zu befestigen und zu lösen.

Als Gewehrtasche beim Reiten oder auf einem Quad bevorzuge ich die braunen *Cordura*-Taschen, die inzwischen auf dem Markt sind. Leder wirkt zwar traditioneller, aber es dauert furchtbar lange, bis es trocknet, was in kürzester Zeit zu Rostbildung an einer Waffe führen kann. Braunes Nylon wird zwar keinen Schönheitswettbewerb gewinnen, aber es ist praktisch.

Sie werden sich gewiss mit mattem (nicht glänzendem) olivfarbenem Klebeband anfreunden. Kaufen Sie ein paar große Rollen davon. Draußen im Freien gibt es dafür unzählige Einsatzmöglichkeiten. Ich umwickle jede meiner Schließen an meinem Y-Gurtzeug mit Klebeband, um zu verhindern, dass sie klappern oder sich lösen. Außerdem ist es nützlich zum Abkleben reflektierender Objekte. Die beste Ausrüstung im Freien ist eine sehr leise, sehr sichere und sehr unauffällige. Olivfarbenes Klebeband ist für alle drei Aspekte hilfreich.

Stöcke, Spazierstöcke und Regenschirme zur Selbstverteidigung

Schlagwaffen sind zur Selbstverteidigung im öffentlichen Raum von gewissem Nutzen. Ich rate dringend, den Einsatz eines Stocks, eines Spazierstocks oder eines herkömmlichen langen Regenschirms zu üben. Das ist insbesondere für diejenigen Leser wichtig, die in Ländern leben, in denen man Schusswaffen skeptisch gegenübersteht, oder in amerikanischen Bundesstaaten wie Kalifornien, New York und New Jersey, wo es sehr schwierig ist, die Genehmigung für eine verdeckt getragene Waffe zu erhalten. Und selbst wenn Sie tatsächlich eine solche Genehmigung besitzen, sollten Sie diese wertvollen Fertigkeiten erlernen. Warum? Man kann nie wissen, wann die Umstände es eventuell unmöglich machen, dass Sie eine Pistole mit sich führen können.

Falls Sie gut gekleidet und gepflegt erscheinen, werden Sie Polizeibeamte in den meisten Ländern kaum genau unter die Lupe nehmen, wenn Sie einen Spazierstock mit sich tragen. Sehen Sie jedoch schäbig aus, dann können Sie davon ausgehen, dass Sie jede Menge Schwierigkeiten bekommen. Stöcke, vor allem die aus Aluminium, die wie echte Gehhilfen aussehen, werden wahrscheinlich viel weniger Verdacht erregen als Spazierstöcke. Auch Faltschirme können recht effektiv zum Zustoßen eingesetzt werden.

In den meisten Situationen bevorzuge ich im Allgemeinen den beidhändigen Griff auf Schulterbreite, um die Kontrolle über den Stock zu haben, und – noch wichtiger – um ihn im Kampf nicht an den Gegner zu verlieren. Das ist dem ähnlich, was viele Jahre lang in Polizeischulen für den Umgang mit langen »Randale«-Stöcken gelehrt wurde. Was Sie nämlich am Allerwenigsten haben wollen, ist der Verlust Ihrer Waffe an den Bösewicht.

Informieren Sie sich über die Gesetzeslage vor Ort. In den meisten Rechtssystemen gilt jeder Hieb mit einer Schlagwaffe gegen Nacken oder Kopf eines Kontrahenten als potenziell tödlich. Also halten Sie sich zurück, es sei denn, Sie sind sich absolut sicher, dass Sie sich in Lebensgefahr befinden und Ihnen keine andere Wahl bleibt. Im Grunde genommen ist es das Gleiche wie beim Abfeuern einer Waffe – zumindest in den Augen des Gesetzes. Die meisten Gerichte beurteilen die Sachlage unter dem Aspekt der Verhältnismäßigkeit der Mittel und der angemessenen Reaktion etwa wie folgt: Setzt der Angreifer seine Fäuste ein, können Sie ebenfalls die Fäuste schwingen. Benutzt er eine Waffe, dann können Sie eine vergleichbare Waffe einsetzen. Schlägt er oberhalb der Brust zu, können auch Sie oberhalb der Brust zuschlagen.

Zeigen Sie Zurückhaltung und lassen Sie sich nie zu Selbstjustiz hinreißen. Verringern Sie lediglich die Bedrohung mit einem oder zwei kurzen Schlägen, machen Sie sich frei und greifen Sie dann auf die Nike-jitsu-Technik zurück: Rennen Sie davon! Wenn Sie eine Schlagwaffe oder eine scharfe Waffe zur Selbstverteidigung mit sich führen, sollten Sie die gleichen Fähigkeiten zur Einschätzung einer Situation entwickeln, die sie brauchen, sobald Sie eine Schusswaffe verdeckt mit sich tragen. Selbst umfangreiches Training der Kampftechniken zur Selbstverteidigung ist sinnlos, wenn Sie einen Angriff nicht kommen sehen. Seien Sie wachsam.

Falls in Ihrer Nähe keine Kurse in Stockkampf angeboten werden: Es gibt eine 40-minütige Trainings-DVD mit dem Titel *Defensive Techniques: Walking Stick*, die von der *Gunsite Academy* produziert wurde. Sie kann über *Blade-Tech* oder direkt von *Gunsite* bezogen werden.

Blendende Lampen zur Selbstverteidigung?

Laserstrahlen machen auf Dauer blind, weil sie die Retina des menschlichen Auges zerstören. Jemanden zu blenden, ist etwas ganz anderes, als blind zu machen. Setzen Sie niemals einen »nicht augensicheren« Laser gegen einen Angreifer ein, denn Sie würden höchstwahrscheinlich strafrechtlich verfolgt werden.

Es gibt tatsächlich Taschenlampen zur Selbstverteidigung mit vorübergehender Blendwirkung, aber ich habe diese noch nicht getestet. Zumindest einer dieser angepriesenen Prototypen verwendet pulsierende LEDs, die Schwindel beziehungsweise Übelkeit verursachen sollen. Bedenken Sie, dass diese Blendwirkung vielleicht unter kontrollierten Bedingungen bei schwachen Lichtverhältnissen funktionieren könnte, dass man sich aber bei echten Konfrontationen, bei denen es auf Sekundenbruchteile ankommt und die unter allen möglichen Lichtverhältnissen stattfinden können, nicht darauf verlassen kann.

Messer

Ich bin mitnichten ein Messerexperte. (Obwohl meine bessere Hälfte behauptet, ich sei ein Experte im *Kauf* von Messern.) Im Allgemeinen bevorzuge ich Klappmesser, weil man ein solches immer in der Tasche hat. Große Messer lässt man in der Regel aufgrund ihrer Abmessungen zu Hause – häufig gerade dann, wenn man sie am dringendsten brauchen könnte.

Ich gebe einfachen Edelstahltaschenmessern mit Verriegelung durch einen Stift und Tanto-Klinge den Vorzug. Der Vielseitigkeit halber tendiere ich auch zu Messern, deren hintere Klingenhälfte gezahnt ist (gewöhnlich 50/50 oder »halbgezahnt« genannt). Das Messer, das ich jeden Tag bei mir trage, ist ein extra großer *Cold Steel 29 Voyager* (mit 13 Zentimeter langer Klinge). Bei den Gelegenheiten, bei denen ich ein kleineres brauche, nehme ich das CRKT M16 mit sieben Zentimeter langer Klinge. Auch dieses ist aus Edelstahl, halb gezahnt und hat eine Tanto-Klinge. Während der Hirsch- und Elchjagdsaison ersetze ich es durch ein Klappmesser von *Case*.

Mehr als 50 Dollar habe ich für keines meiner Taschenmesser ausgegeben – für die meisten sogar deutlich weniger. Ein Messer sollte ein Alltagswerkzeug sein, kein Kunstobjekt, das es zu bewundern gilt. Die Messer der Marken *Cold Steel*, CRKT und *Benchmade* zählen zu den besten auf dem Markt zu erschwinglichen Preisen.

Für die Suche nach gebrauchten Taschenmessern bei *Ebay* habe ich einen Trick herausgefunden, nämlich den gewünschten Markennamen *plus* »Messer« *plus* »TSA« (Flugsicherheitsbehörde) einzugeben (oder alternativ den gewünschten Markennamen *plus* »Messer« *plus* »konfisziert«). Mit diesen Suchbegriffen werden Ihnen jede Menge gebrauchter Messer angeboten, die bei den Sicherheitskontrollen an Flughäfen eingezogen wurden. Häufig werden Markenmesser gleich zwei- oder zehnfach angeboten, die am Ende für zehn bis 30 Prozent unter dem normalen Einzelhandelspreis ersteigert werden können.

Für welche Messer Sie sich auch immer entscheiden, ein hochwertiges Gerät zum Messerschärfen ist für Ihren Zufluchtsort ein absolutes Muss. Zu Hause bevorzuge ich das Messerschärfset von *Lansky*. Draußen im Freien benutze ich einen kompakten *Cam-Nu*-Schärfer. Achten Sie darauf, einen diamantbeschichteten Schärfer zu kaufen, falls Sie irgendwelche Messer aus modernem Edelstahl wie zum Beispiel das ATS-34 besitzen. Diese Messer sind gewöhnlich stark gehärtet und erreichen eine hohe Ziffer auf der *Rockwell*-Skala, deshalb werden Sie feststellen, dass sie mit herkömmlichen Schärfgeräten schwer nachzuschleifen sind.

Ein letzter Hinweis

Zum Schluss sei hervorgehoben, dass Sie die besten Waffen oder Messer sowie die allerbesten Holster und Zubehörteile besitzen können, aber diese werden in ungeübten Händen bestenfalls von geringem Nutzen sein. Sobald Sie in Ihre erste Waffe investiert haben, sollten Sie am Ball bleiben und in das beste zur Verfügung stehende Training investieren. Falls es Ihnen mit den Vorbereitungen ernst ist, sollten Sie das beste Training absolvieren. Bedenken Sie: Ohne Übung sind Werkzeuge fast nutzlos. Und denken Sie daran: Halten Sie sich an das Waffenrecht in Ihrem Heimatland!

12

Fluchtfahrzeuge und die gefürchtete Fahrt aus der Großstadt

Eine Schlüsselrolle Ihrer Überlebensplanung sollten Ihre Fahrzeuge spielen; in diesem Kapitel wird von den Fahrzeugen die Rede sein, die Sie vor beziehungsweise nach einer Katastrophe brauchen.

Der »Fuhrpark«

Im Idealfall stehen Ihnen, wenn die Welt, so wie wir sie kennen, zu Ende ist, mehrere Fahrzeuge zur Verfügung, um Ihr Zuhause erfolgreich zu verlassen und die Fahrt zu Ihrem Zufluchtsort zu überleben. Folgendes gilt es zu bedenken:

Ein spritsparender Flitzer

Ein Auto wie ein gebrauchter *Geo Metro* oder *Toyota Corolla* ist für den Alltag geeignet. Für die ernsthaften Vorbereitungsplanungen werden Sie vielleicht die hohen Kosten und die Komplexität eines Hybridfahrzeugs scheuen. Falls Sie ein Auto mit Vierradantrieb benötigen, könnten Sie den Kauf eines gebrauchten *Subaru* in Erwägung ziehen.

Der alte Kombi

Ein Kombi aus den späten 1960er- oder frühen 1970er-Jahren mit großem Motorblock wäre als aufprallbeständiges Fluchtfahrzeug ideal. Leider sind sie echte Spritschlucker, aber sie bieten jede Menge Stauraum wie auch Platz für den Einbau eines Überrollbügels hinter den Vordersitzen. Für relativ leichte Gegenstände, wie zum Beispiel Ersatzreifen, Zelte und Tarnnetze, kann auch ein Dachgepäckträger angebracht werden.

Meiner Meinung nach wäre als benzinbetriebener Fluchtkombi ein mattbrauner *Buick Estate* von 1970 mit 7,5-Liter-V-8-Motor das Nonplusultra. Was für ein Fahrzeug: jede Menge PS, großer Aufprallschutz, günstig im Unterhalt, größtmöglicher EMP-Schutz und sogar ein Hauch von Klasse!

Motorräder

Ziehen Sie den Kauf eines Mopeds oder Motorrads zur Erledigung einiger Ihrer Besorgungen in den gegenwärtig ruhigen Zeiten in Betracht. In einer sich allmählich verschlechternden Situation, in der das Stromnetz noch funktioniert und Recht und Ordnung noch aufrechterhalten werden, könnte ein Motorrad von großem Nutzen sein. Bei hohen Benzinpreisen ist ein Motorrad mit geringem Spritverbrauch für das tägliche Pendeln und die meisten sonstigen Fahrten sinnvoll. Ein Motorrad besitzt gegenüber den meisten anderen Fahrzeugen große Mobilitätsvorteile – vor allem bei Staus oder bei Fahrten durchs offene Gelände –, aber denken Sie stets daran, dass Sie viel verletzlicher sind als in einem geschlossenen Fahrzeug.

Ich bevorzuge im Allgemeinen luftgekühlte Motorräder mit mittlerem Hubraum und Offroad-Federung (auch Geländemotorräder genannt), die auch für den Straßenverkehr zugelassen sind. Etwa 350 cm^3 Hubraum sind ideal, aber leider ist diese Motorenklasse in den USA nicht mehr erhältlich. (Auf dem Markt werden jedoch Unmengen gebrauchter 350er-Geländemotorräder angeboten.) Schwerere Maschinen mit größerem Hubraum (500 cm^3 oder mehr) haben einen deutlich höheren Spritverbrauch und sind sehr schwer wieder aufzurichten, falls Ihnen Ihr Motorrad einmal umkippen sollte. (Für eine Person mit kleiner Statur und begrenzter Kraft im Oberkörper könnte das Limit schon bei 300 cm^3 liegen.)

Die beste Maschine für Personen, die vorbereitet sein wollen, wäre vielleicht eine *Kawasaki* KLR650 Diesel/JP8, die das zivile Gegenstück mit 611 cm^3 zum M1030 darstellt – dem militärischen Motorrad, von dem inzwischen ein paar wenige von der US-Armee, den US-Marines und der US-Luftwaffe eingesetzt werden. Sie sind ein bisschen schwer, aber ziemlich robust.

Falls Sie planen, ein Motorrad als allerletzte Möglichkeit zu nutzen, um sich in Sicherheit zu bringen, dann rate ich, sämtliche Benzinersatzkanister in Gepäcktaschen zu verstecken, um die Wahrscheinlichkeit, Opfer von Plünderern zu werden, zu verringern. Die Firma *Pro Moto* stellt Behelfsgepäckträger für Geländemotorräder her, die man über *CycleBuy.com* bestellen kann.

Genau wie beim Kauf eines Autos ist es am besten, sich ein gebrauchtes Motorrad zu beschaffen, da man so am meisten für sein Geld bekommt. Vergewissern Sie sich vor einem Kauf, dass die Maschine von einem qualifizierten Motorradmechaniker inspiziert wurde.

Natürlich gibt es beim Kauf eines Motorrads keine Einheitslösung. Eine Geländemaschine im Stil einer *Enduro* (sowohl für das Gelände als auch den Straßenverkehr geeignet) ist ein Kompromiss, aber für jene, die sich nur ein Motorrad leisten können, wahrscheinlich die Beste. Einige wenden ein, dass größer gleich sicherer bedeutet (auf der Straße), während andere beteuern, dass das Fallenlassen eines schweren Motorrads für den Betreffenden mit Sicherheit im Krankenhaus endet. Für welche Maschine Sie sich auch entscheiden, stellen Sie sicher, ausreichend zu üben – und tragen Sie natürlich einen Helm und sämtliches Sicherheitszubehör.

Ein mit Propangas betriebener Pick-up aus einem Firmenfuhrpark

Häufig verwenden Versorgungsunternehmen solche Fahrzeuge. Halten Sie nach Auktionsankündigungen Ausschau. Es wäre ideal, wenn Sie sich einen mit Propangas betriebenen Truck mit Vierradantrieb beschaffen könnten. Aber selbst wenn Sie kein Allradfahrzeug finden sollten, besteht die Möglichkeit, einen Gasmotor für ein Allradfahrzeug der gleichen Baureihe wie Ihr mit Propangas betriebener Truck mit Zweiradantrieb zu suchen und die Teile dann zusammenzusetzen, um einen »Frankensteintruck« zusammenzubauen. Eine andere, allerdings kostspieligere Option ist, einen vorhandenen Allradwagen auf Propanbetrieb umzurüsten. Weil Propantanks groß sind, gelingt das mit einem Allrad-Pick-up am besten. Ich habe schon zwei 200-Liter-»Torpedotanks« auf den Radhäusern eines Pick-ups installiert gesehen. Das ermöglicht die fast komplette Nutzung der Ladefläche. Da die Umrüstung auf Propangas eine mögliche Herstellergarantie wahrscheinlich ungültig macht, sollte man eine solche am besten an einem älteren Fahrzeug vornehmen, dessen Garantie bereits ausgelaufen ist.

Biokraftstoff-Fahrzeuge

Angesichts der aktuellen Treibstoffpreise ist es sicherlich klug, mindestens ein Fahrzeug zu haben, das mit Biokraftstoff betrieben werden kann. Diese Flex-Fuel-Fahrzeuge besitzen Benzintanks und Leitungen, die auch mit Alkohol klarkommen, sowie Zündungssysteme, die den Flammpunkt des Treibstoffs automatisch messen und entsprechend reagieren. Deshalb können diese Fahrzeuge mit bleifreiem Benzin, Biokraftstoff und einer Mischung aus beidem fahren. Es ist einfach nur vernünftig, die vielseitigsten Fahrzeuge und Generatoren zu kaufen, die auf dem Markt erhältlich sind, vor allem wenn diese Flexibilität nicht viel mehr kostet als der Kauf eines normalen Autos, das auf einen Kraftstoff festgelegt ist. Anstatt eine Umrüstung vorzunehmen, durch die die meisten Herstellergarantien verfallen und bei älteren Fahrzeugen vielleicht sogar den Austausch des Treibstofftanks erforderlich machen, empfehle ich im Allgemeinen, einfach abzuwarten, bis Sie sich ohnehin ein neues Fahrzeug kaufen. Mit jedem Jahr, das verstreicht, wird die Suche nach einem Flex-Fuel-Fahrzeug einfacher, da diese von nahezu allen großen Auto- und Truckherstellern in immer größeren Stückzahlen produziert werden. Die beste Möglichkeit, ein solches Fahrzeug gebraucht zu finden, ist die Suche über *Edmunds.com* unter den Suchbegriffen »Flex-Fuel« und »FFV«.

Sobald der Preis für Normalbenzin über 4,50 Dollar pro Gallone steigt (und das ist wahrscheinlich), wird, so vermute ich, Biokraftstoff im Mittleren Westen trotzdem unter 3,60 Dollar pro Gallone bleiben, was ihn dann ziemlich kostengünstig macht. Zwar hat E85 100 bis 105 Oktan, trotzdem legt ein mit E85 betriebenes Flex-Fuel-Fahrzeug verglichen mit bleifreiem Benzin 28 Prozent weniger Meilen pro Gallone Sprit zurück.

Wie immer: Ungeachtet der Marke und des Modells, das Sie wählen, können Sie viel Geld sparen, wenn Sie ein Fahrzeug kaufen, das bereits 30 000 oder 50 000 Kilometer auf dem Tacho hat.

Elektrogeländewagen

Falls es Ihr Budget zulässt, sollten Sie den Kauf eines Elektrofahrzeugs in Erwägung ziehen. Ein elektrisch betriebener Geländewagen ist ein ideales Fahrzeug für Ihren Zufluchtsort, insbesondere für jemanden, der eine große alternative Energieanlage mit einer Batterieeinheit besitzt.

Elektrische Golfwagen haben eine begrenzte Reichweite, sind aber sehr leise. Sie sollten zudem bedenken, dass schon die meisten benzinbetriebenen Golfwagen viel leiser fahren als ein Geländewagen vergleichbarer Größe. Falls Sie nicht vorhaben, mehr als ein paar Kilometer zurückzulegen, dann sollten Sie sich einen elektrischen Wagen kaufen. Bausätze zur Erweiterung sind inzwischen für drei beliebte Marken, die Elektrowagen herstellen, erhältlich: *E-Z-Go*, *Club Car* und *Yamaha*. Sie können sogar Kühlergrills und anderes Zubehör im Stil von Geländewagen für Golfwagen kaufen (*garage-toys.com* und *customcart.html*). Über Anbieter wie *Ready Made Resources* kann man Photovoltaikmodule zur Ladung der Batterie sowie Laderegler zur Nachrüstung von Golfwagen beziehen. Ein Laderegler ist bei jeder Anlage, die aus mehr als nur einem kleinen Erhaltungsladegerät besteht, ein Muss. Andernfalls könnten Sie Ihre Batterien überladen und sie damit kaputtmachen. Es gibt auch Elektrowagen, wie den *Cruise Car Sunray*, die schon mit PV-Anlage ausgerüstet vom Hersteller geliefert werden.

Propangasfahrzeuge

Weil Propan unterwegs schwer erhältlich sein kann, empfehle ich diese Fahrzeuge nicht als Fluchtautos, es sei denn, Ihr Zufluchtsort liegt innerhalb der Reichweite einer Tankfüllung. Doch Propan ist für Trucks und Traktoren ideal, die das Gelände Ihres Zufluchtsorts nur selten verlassen. Ich rüste lieber Pick-ups als Geländewagen um, weil Propantanks relativ groß sind.

In manchen Bundesstaaten sind bei der Umrüstung auf Propangas einige Fragen bezüglich der Kraftfahrzeugsteuer zu beachten. Wäre das nicht der Fall, dann wäre diese Umrüstung meiner Meinung nach wesentlich beliebter. Erkundigen Sie sich nach der Gesetzeslage, bevor Sie eine Umrüstung vornehmen.

Der Vielseitigkeit und Flexibilität wegen rate ich dringend, dass eines der Fahrzeuge an Ihrem Zufluchtsort mit Propangas betrieben werden sollte.

Dieselfahrzeuge

Meiner Ansicht nach sollten an jedem Zufluchtsort mindestens ein Dieseltraktor und ein Dieselauto vorhanden sein. Sie sind zwar ziemlich selten, doch meiner Erfahrung nach lohnt es sich, nach einem Mercedes-Kombi der 300D-Reihe aus der Produktion vor 1986 (mit dem W123-Fahrgestell) Ausschau zu halten. Sie haben den gleichen Antrieb wie die viel gängigere viertürige Limousine der 300D-Reihe, deshalb sind Ersatzteile problemlos erhältlich.

Ready Made Resources bietet ein erschwingliches kleines Umrüstungssystem auf Biodiesel an. Der jüngste Anstieg der Dieselpreise wird Ihnen beim Kauf eines Dieselfahrzeugs gute Argumente zum Feilschen bieten.

Ein Dieselmotor kann für den kurzfristigen Energiebedarf mit geringer Stromstärke als Behelfsgenerator dienen. Solange der Motor bei niedriger bis moderater Drehzahl laufen gelassen und dann die Lichtmaschine als Stromquelle genutzt wird – für Gleichstromladung beziehungsweise, um einen kleinen 120-Volt-Wechselstromrichter zu betreiben –, wird das den Motor nicht übermäßig beanspruchen noch Ihre Batterie oder die Lichtmaschine strapazieren. Vielleicht sollten Sie eine manuelle Gasdrosselung anbringen. Behalten Sie die üblichen Sicherheitsvorkehrungen im Gedächtnis, wie zum Beispiel den Kohlenmonoxidausstoß, und vergewissern Sie sich, dass kein Gang eingelegt ist. Um den kostbaren Treibstoff zu sparen, ist es am besten, eine Reihe tiefentladesicherer Batterien (nach Art jener in Golfwagen) zu kaufen, die Sie aufladen können, wann immer Sie den Motor laufen lassen.

Aus Sicherheitsgründen ist es ratsam, das befestigte dicke Batteriekabel und die Anschlussklemmen zu benutzen anstelle der Klemmen vom Starthilfekabel. Verwenden Sie parallel zu Ihren Autobatteriekabeln eine abnehmbare, für hohe Stromstärken geeignete Zwölf-Volt-Gleichstrom-verpolsichere-Pigtail-Steckverbindung. Auf diese Weise können Sie die Kabel schnell abklemmen und ohne zeitaufwändiges Kabelumstecken mit Ihrem Auto losfahren. Im Idealfall wird Ihre Batterieeinheit das Herzstück einer alternativen Energieanlage sein, zu der – falls es Ihr Budget irgendwann erlaubt – auch einige Photovoltaikmodule gehören sollten.

Für Zwölf-Volt-Gleichstromgeräte, die 30 Ampere oder weniger aus Ihrer Batterie ziehen, empfehle ich, generell auf Anderson-Powerpole-Stecker umzustellen statt die anfälligen Zigarettenanzündersteckerund -buchsen zu verwenden.

Notlaufreifen

Notlaufreifen sind für die Autos der BMW-3er-Reihe sowie für den *Toyota Sienna* erhältlich. Inzwischen stellen viele Reifenproduzenten diese für die spätere Montage für eine Vielzahl von Automodellen und leichten Trucks her. Dazu gehören: *Bridgestone RFT* (run-flat-tire), *Dunlop DSST* (*Dunlop* self-supporting technology), *Firestone RFT*, *Goodyear EMT* (extended-mobility-technology), *Michelin ZP* (zero pressure), *Pirelli RFT* und *Yokohama*. Bei allen handelt es sich um »self-supporting«-Reifen, das heißt, dass sie durch ein spezielles Design der Flanken gestützt werden, nicht durch innere Randverstärkung. Letzteres wäre vorzuziehen. Ich vermute, dass sich diese Notlaufreifen in den kommenden Jahren durchsetzen werden, da die Autohersteller gewiss gern den Platz und das Gewicht des Ersatzreifens einsparen möchten.

Für ein Maximum an Mobilität wäre die beste aller denkbaren Lösungen wahrscheinlich ein Fahrzeug mit zentralem Reifendruckregelsystem (CTIS, central tire-inflation system) – wie es beim militärischen *High Mobility Multipurpose Wheeled Vehicle* (HMMWV) und seinem kommerziellen Gegenstück, dem *Hummer H1*, genutzt wird – in Verbindung mit einem Notlaufreifensystem nach Art des *Michelin PAX*.

EMP

Falls Sie sich Sorgen machen, dass elektromagnetische Impulse Ihr Fahrzeug lahmlegen könnten, kaufen Sie sich am besten entweder einen Diesel oder einen Benziner, der vor 1975 hergestellt wurde. Manche Fahrzeuge aus späteren Baureihen können mit traditionellen Zündanlagen ohne Mikrochips nachgerüstet werden. (Erkundigen Sie sich bei Ihrem Automechaniker vor Ort.) Bei Dieselfahrzeugen besteht das Haupt-EMP-Problem darin, dass die neueren Autos bei ihrer Zündelektronik Mikroschaltungen verwenden. Sie sollten sich von einem erfahrenen Dieselmechaniker zeigen lassen, wie Sie den Zündkerzenschalter durch eine Klemmleitung zum positiven Pol Ihrer Batterie umgehen können. Bewahren Sie diese Klemmleitung stets im Handschuhfach auf.

Die großen amerikanischen Auto- und Lastwagenproduzenten in Detroit begannen um 1975, elektronische (»Computer«-) Zündsysteme einzubauen. *Chrysler* war der erste der drei großen Hersteller, der die traditionelle »Zündspule« durch eine elektronische Zündung ersetzte. Das war etwa im Jahr 1974. *Ford* und *General Motors* zogen etwa 1975 bei den meisten ihrer Produktreihen nach. Die Umstellung der Zündanlagen erfolgte normalerweise zuerst bei den Produktreihen der Automobile, später bei den Trucks. Um 1976 oder 1977 hatten buchstäblich alle benzinbetriebenen Autos, die aus Detroit kamen, elektronische Zündanlagen. Um 1978 wurden auch alle Trucks auf elektronische Zündungen umgestellt.

Tarnlackierung?

Im Allgemeinen rate ich, Fahrzeuge erst zu tarnen, wenn Sie es zu Ihrem Zufluchtsort geschafft haben, und auch *nur* dann, wenn tatsächlich ein echter Katastrophenfall vorliegt. Heutzutage wird ein tarnlackiertes Fahrzeug nur unerwünschtes Interesse erregen – entweder bei Bösewichten oder bei den Gesetzeshütern. Eine matte erdfarbene Lackierung wird dagegen keinen Verdacht wecken. Sie sollten die Materialien jedoch zur Hand haben – Farbspray, Tarnfarbe der Marke *Bowflage* und Tarnklebeband –, um alle Chromteile an Ihrem Fahrzeug abzukleben, wenn sich die Lage wirklich verschlimmern sollte. (Die Farbe von *Bowflage* scheint am besten geeignet zu sein, um Infrarotmarkierungen zu verhindern.) Aber in den meisten Teilen des Landes verrät Tarnfarbe einfach nur: »Hier ist ein Kerl vorbereitet!« Denken Sie daran, Kosten und Nutzen abzuwägen.

Abgestellte Fahrzeuge sind bei Einsatz von militärischen Tarnnetzen (mithilfe von Spreizmaterial, das die Wagenkonturen verwischt) und Jutesäcken zum Verdecken von stark reflektierenden Fensterscheiben und Scheinwerfern deutlich weniger sichtbar.

Pferdestärken

Auf wirklich lange Sicht sollten Sie so viel wie möglich über Pferde lernen und Ihre Einkaufspläne entsprechend anpassen, falls dieser Ansatz Ihren Bedürfnissen und der an Ihrem Zufluchtsort zur Verfügung stehenden Weidefläche entspricht. Damit ist vieles verbunden: das Erlernen der Reitkunst, Heuernte (vorzugsweise mithilfe von Pferdestärken), Heulagerung, Umzäunen der Weiden, ein Stall, Sattel- und Zaumzeug, Veterinärvorräte und so weiter. Hier auf der Rawles-Ranch könnte unser Geldgrab namens Reitpferd bald ein paar neue Freunde auf der Weide stehen haben.

Die Heu- und Getreidepreise waren das ganze vergangene Jahr über schwindelerregend hoch, und das hat die Pferdepreise gewaltig gedrückt. Als dieses Buch in Druck ging, wurden in vielen westlichen Teilen der Vereinigten Staaten gute Reitpferde buchstäblich verschenkt. Erkundigen Sie sich einfach. Falls Sie noch kein erfahrener Reiter sind, beschränken Sie Ihre Suche am besten auf ältere, freundliche »bombensichere« Stuten oder Wallache. Sollten Sie ausreichend Weide- und Grasfläche zur Verfügung haben, nutzen Sie die gegenwärtig niedrigen Preise für Pferde. Kaufen Sie welche, solange sie günstig sind. Halten Sie in Zeitungsannoncen und bei *Craigslist* nach Pferden wie auch nach Sattel- und Zaumzeug, Heumähern und einem Pferdeanhänger Ausschau. Neben Reitpferden sollten Sie auch an Arbeitspferde denken. Während Sie nach Sätteln suchen, schauen Sie sich zugleich nach Wagen, einfachen Kutschen, Pferdegeschirr, langen Zügeln, Ketten zum Festmachen und sonstigem Geschirr für Arbeitspferde um.

Treibstoff nach dem Zusammenbruch des Strometzes

Sobald elektrische Pumpen nicht mehr funktionieren, werden Sie irgendwie Zugriff auf unterirdische Benzinlager brauchen. Die Treibstofftanks normaler Tankstellen liegen weniger als viereinhalb Meter unter der Erde, einschließlich der Höhe der Einfüllstutzen, deshalb ist ein viereinhalb Meter langer Schlauch mehr als ausreichend.

An jedem gut ausgerüsteten Zufluchtsort sollte es zumindest eine »erprobte« Zwölf-Volt-Gleichstrompumpe zum Umfüllen von Treibstoff geben. Solche Pumpensets sind bei Fans von Geländemotorrädern, Geländewagen und Schneemobilen sehr beliebt. Sie sind ganz einfach zu bauen. Sie benötigen folgendes Material dazu:

- Eine elektrische Auto- oder Truckbenzinpumpe. (Am billigsten bekommt man sie auf Autoschrottplätzen.)
- Einen viereinhalb Meter langen schweren Gummischlauch – für den Einsatz als Benzinschlauch zugelassen – in für die Anschlüsse der Benzinpumpe passendem Durchmesser.
- Zwei Schellen aus Edelstahl für Treibstoffleitungen (zum Beispiel der Marke *Breeze Aero-Seal* oder einer ähnlichen, die mit einem Schraubendreher befestigt werden).
- Viereinhalb bis fünf Meter zweiadriges Kabel – nach amerikanischer Norm der Stärke 16 oder dicker (das als Stromleitung für die Pumpe dienen wird).
- Einen Zigarettenanzünderstecker (erhältlich in jedem *Radio-Shack*-Laden) für die Stromleitung zur Pumpe.
- Eine Rolle des schwarzen »selbstverschweißenden« Isolierbands oder – besser noch – ein Stück »Schrumpfschlauch«.
- Ein etwa 40 auf 40 Zentimeter großes Stück Sperrholz von mindestens einem Zentimeter Stärke (auf das man die Benzinpumpe stellt).

Wenn Sie möchten, können Sie der Bequemlichkeit halber einen elektrischen Schalter an die Stromleitung anbringen, aber vergewissern Sie sich, dass dieser für hohe Stromstärken und Gleichstrom geeignet ist und dass Sie den Schalter nur wenige Zentimeter vom Armaturenstecker entfernt anbringen, sodass er sich in der Kabine Ihres Fahrzeugs befindet. Auf diese Weise besteht eine deutlich geringere Gefahr, in einer Benzindampfwolke einen Funken zu zünden.

Falls Ihr Fahrzeug eine elektrische Benzinpumpe besitzt, schlage ich vor, dass Sie als Ausgangsteil für Ihr Pumpenprojekt eine identische Pumpe verwenden. Somit werden Sie Ersatzteile zur Hand haben für den Fall, dass die Benzinpumpe Ihres Fahrzeugs oder andere Teile der flexiblen Brennstoffzufuhr Ihrer Kraftstoffanlage einen Defekt erleiden oder ganz kaputtgehen sollten.

Außerdem können Sie einen Kraftstofffilter in Ihre Treibstoffpumpe einbauen. Auch hier ist es am besten, einen Filtersatz zu verwenden, der mit dem Ihres Fahrzeugs identisch ist. (Denken Sie immer daran: »Ersatzteile und Reserve!«)

Eine weitere mögliche Erleichterung würde ein 30 mal 30 Zentimeter großes Sperrholzbrett darstellen, auf das man die Pumpe schrauben könnte. Damit würde sie von Schlamm und Schnee ferngehalten werden. Außerdem bietet ein solches Stück Holz einen praktischen Platz zum Anbringen einiger großer Haken, sodass Sie das Stromkabel und die Treibstoffschläuche zum Lagern ordentlich aufrollen können. Ein viereinhalb Meter langer Schlauch sollte in der Lage sein, jeden Fahrzeugtank und sogar jeden unter der Erde befindlichen Tank zu erreichen.

Es gibt kommerziell hergestellte Gegenstücke zu dieser Kraftstoffpumpe, die aber teurer sind und Ihnen keine kompatible Ersatzpumpe bieten – für den Fall, dass die Originalbenzinpumpe Ihres Fahrzeugs irgendwann den Geist aufgeben sollte.

Wichtige Warnhinweise:

1. Es sind die üblichen vernünftigen Vorsichtsmaßnahmen beim Umgang mit Benzin und Benzinkanistern einzuhalten: Verwenden Sie nur vom TÜV zugelassene Kraftstoffbehältnisse; achten Sie auf Funkenflug; keine offenen Flammen; schalten Sie keine Radiogeräte ein; hüten Sie sich vor elektrostatischer Aufladung usw.
2. Manche jüngeren Automodelle sind mit Einfüllstutzen auf ihren Benzintanks ausgerüstet, die vor Kraftstoffdiebstahl schützen. Prüfen Sie das nach, bevor Sie sich mit einem Geländewagen plus Anhänger in die Provinz aufmachen.
3. Kleben Sie alle freiliegenden elektrischen Kontakte mit Isolierband oder Schrumpfschläuchen ab, um Funkenflug oder einen Kurzschluss zu vermeiden.
4. Behalten Sie mit dem einen Auge die Tankanzeige Ihres Fahrzeugs im Blick, mit dem anderen den Kanister, den Sie füllen (oder aus dem Sie abpumpen). Das Verschütten von Benzin ist nicht nur eine teure Verschwendung. Es ist auch giftig und feuergefährlich!

Höchstwahrscheinlich werden Sie den Tankstellenbesitzer antreffen, um das Benzin zu bezahlen, zumindest, solange noch immer Kraftstoff in den Tanks ist. Falls Sie im Voraus zwei oder mehr solcher Pumpen bauen, könnten Sie die überflüssigen als Tauschobjekte nutzen – höchstwahrscheinlich zum Tausch mit Tankstellenbesitzern gegen ein wenig Treibstoff.

E85

Ich wage zu behaupten, dass E85 in den USA in ein paar Jahren nur noch etwa halb so viel kosten wird wie bleifreies Benzin. Doch die schlechte Nachricht ist, dass bis dahin der Preis einer Gallone Normalbenzin wahrscheinlich bei etwa sechs Dollar liegen wird. Ich hoffe, dass in wenigen Jahren E100-Ethanolfahrzeuge auf dem Markt sein werden. Diese werden mit reinem Ethanol (Gärungsalkohol) oder Methanol (Methylalkohol) laufen. Das wäre für einen Zufluchtsort ideal, wo Sie vermutlich Ihre eigene Brennerei betreiben könnten. Doch vorläufig kann man nur E85-Fahrzeuge empfehlen. Sie sind noch ziemlich selten. Um ein solches in Ihrer Nähe ausfindig zu machen, geben Sie auf der Internetseite *Edmunds.com* den Suchbegriff »Flex-Fuel« ein.

Das E85-Ethanol-Gemisch hat eine längere Haltbarkeit als Normalbenzin, aber es ist entscheidend, dass es in dicht verschlossenen Behältnissen gelagert wird. Andernfalls wird der Alkohol Feuchtigkeit absorbieren. Wenn genügend Wasser aufgenommen ist, wird sich der Alkohol vom Benzin trennen und sich mit dem Wasser verbinden (das heißt, der Treibstoff ist ruiniert, und der Motor wird nicht starten). Deshalb halten Sie die bis oben gefüllten Behältnisse fest verschlossen. Je höher der Feuchtigkeitsgehalt, desto schneller kommt es zu dieser Zersetzung.

E85, das länger als ein paar Monate gelagert wird, kann und sollten Zusatzstoffe wie *Pri-G* (über *Nitro-Pak* erhältlich) oder *Sta-Bil* (das Sie bei Ihrem Autoersatzteillieferanten vor Ort erhalten) zugefügt werden, um die 15 Prozent Benzin in der Mischung zu schützen. Aber natürlich brauchen Sie nur etwa 15 Prozent des Zusatzmittels pro Gallone, welches Sie gewöhnlich zur Behandlung von Normalbenzin verwenden würden. Der Alkoholbestandteil der Mischung braucht keine gesonderte Stabilisierung. Wie bei der Bevorratung von Normalbenzin kauft man auch E85 am besten in den Wintermonaten, wenn man vermutlich eine Wintermischung erhält, der zusätzlich Butan zum Starten bei niedrigen Temperaturen zugefügt wurde. Auch das verlängert die Haltbarkeit.

Falls Sie sich Sorgen machen, Ihr gelagertes E85 könnte mit Wasser verunreinigt sein, können Sie ein wenig des Treibstoffs in ein klares Glasrohr gießen und 30 Minuten warten, bis Sie die Probe untersuchen. Sollte es eine Kontaminierung mit Wasser geben, werden Sie eine Trennung des Ethanolwassers vom Benzin erkennen, wobei das bunte Benzin auf dem klaren Ethanol-Wasser-Gemisch schwimmt.

Befüllen Sie alle Treibstofftanks für die langfristige Lagerung so hoch wie nur möglich, um zu verhindern, dass der Luftraum über dem Kraftstoff Wasser in das Gemisch abgibt.

Treibstofflagerung

Die Lagerung von Treibstoff für Ihre Fahrzeuge hat bei den Vorbereitungsplanungen Priorität. Falls Sie Propangas nutzen, sollten Sie den Kauf eines größeren Tanks in Erwägung ziehen. Je größer, desto besser. Dieser Treibstoff wird wie Geld auf dem Bankkonto sein. Das Gleiche gilt für Benzin und Diesel. Auf diese Weise können Sie einerseits während der gelegentlichen Preissenkungen auf dem Spritmarkt einkaufen und andererseits haben Sie eine Reserve, die Ihnen über mögliche Lieferengpässe oder Preisspitzen hinweghilft. Informieren Sie sich vor Ort über die Lagerbeschränkungen. Im Allgemeinen bevorzuge ich aus Gründen der Unauffälligkeit und Feuersicherheit unterirdische Tanks.

Ich möchte behaupten, dass es eine lange Verzögerung geben wird, bis der Preis von Propangas mit dem für andere Treibstoffe gleichziehen wird. Auch die Stromkosten werden hinterherhinken, vor allem in Regionen, in denen der Strom vorwiegend aus Wasserkraft gewonnen wird. Langfristig werden diese Preise jedoch zweifellos gleichziehen. Nutzen Sie diese Verzögerung, um für Ihren Zufluchtsort eine alternative Energieanlage aufzubauen. Wägen Sie Ihre Optionen gründlich ab, vergleichen Sie die Preise und machen sich dann ans Werk. Bedenken Sie die Vorzüge und Nachteile von Photovoltaik, Wind, Wasser, Biogas, Biodiesel, Geothermie, mit Holz befeuerter Dampfgeneratoren oder Kraftwärmekopplungsanlagen und so weiter. Mehr darüber findet sich in Kapitel 6.

13

Investitionen, Tauschgeschäfte und Heimbetriebe

Wir sehen wirtschaftlich gefahrvollen Zeiten entgegen. Ich rechne in der sich ankündigenden Wirtschaftskrise mit massiven Entlassungswellen und chronischer Arbeitslosigkeit. Die Romanfigur Sarah Connor drückt es treffend folgendermaßen aus: »Niemand ist je sicher.« Jeder kann gekündigt werden. Man kann ein hervorragender Arbeiter in einer vermeintlich »sicheren« Branche sein und in einer Wirtschaftskrise trotzdem den Arbeitsplatz verlieren.

In diesem Kapitel geht es um Strategien zur Gewährleistung Ihrer finanziellen Sicherheit. Ich gebe Ihnen Ratschläge hinsichtlich cleverer Investments, die jetzt vorzunehmen sind, um Ihr Geld zu schützen, und werde Vorschläge für Einkommensquellen und effektive Tauschtechniken unterbreiten, die Sie im Katastrophenfall einsetzen können.

Inflation ist heimtückisch und unaufhaltsam

Neulich half ich älteren Verwandten beim Umzug aus ihrem zweistöckigen Haus, in dem sie viele Jahre gelebt hatten, in ein Apartment in einem Seniorenheim. Bei diesem Umzug räumten wir auch einen Lagerraum aus, in dem seit über 40 Jahren nicht mehr richtig Ordnung gemacht worden war. Viele der Schachteln waren oben mit Zeitungen ausgepolstert. Als unsere Kinder diese größtenteils aus dem Jahr 1958 stammenden Zeitungen herauszogen, wurden ihnen wirklich die Augen geöffnet. Hier einige Beispiele der Preise auf den Reklameanzeigen, die unsere Kinder mit viel Gelächter laut vorlasen:

Friseursalon: modischer Damenhaarschnitt 1 $; Revlon-Maniküre 75 Cents; Shampoo und Spülung 1 $

Geschäft für Fußbodenbeläge: Gummifliesen 12 Cent pro Stück; intarsierte Linoleumfliese 5,5 Cents; Vinylfliese 7,5 Cents

Lebensmittelladen: Lammkeule 65 Cents/Pfund; Lammbrust 15 Cents/Pfund; Picknickschinken 29 Cents/Pfund; ein Fünftel *Johnnie-Walker*-Scotch 6,38 $; *Hills-Bros.*-Kaffee 49 Cents/Pfund

Autohändler: neuestes *Cadillac*-Modell mit Faltverdeck 4395 $; 1957er-*Chevrolet* (ein Jahr alt) 2195 $; 1950er-*Buick*-Limousine – »wirklich schön« – 165 $; 1954er-*Ford-Crown-Victoria*-V-8-Motor 875 $

Die Preise in diesen Werbeanzeigen illustrieren den langsamen, aber unaufhaltsamen Verfall unserer Währung. Vor 1965 bestanden unsere Münzen zu 90 Prozent aus Silber, und Geldscheine waren noch immer gegen Silber einlösbar. Zugegeben, die Löhne waren entsprechend niedriger, doch alle Ersparnisse in Dollar sind seit dieser Zeit von der Inflation Jahr für Jahr unerbittlich aufgefressen worden. Kein Wunder, dass die Sparquote in den USA in letzter Zeit *unter null* gesunken ist. Gegenwärtig geben die Amerikaner von jedem Dollar, den sie verdienen, 1,06 Dollar aus und häufen so Schulden statt Ersparnisse an. Die Inflation der Geldmenge vollzieht sich so allmählich und heimtückisch, dass die Öffentlichkeit nicht einmal alarmiert wird. Weil die Inflation so unaufhaltsam ist, empfehle ich die Investition in Sachwerte – in Dinge wie fruchtbares Ackerland, Gold, Silber, Waffen und Munition in gebräuchlichen Kalibern. Der Dollar wird mit Sicherheit weiter an Wert verlieren, doch die meisten Sachanlagen werden ihren Wert behalten.

Das Schuldenkarussell wird sich nicht ewig weiterdrehen. Wenn der Durchschnittsverbraucher keinen Kredit mehr bekommt, wenn die US-Notenbank selbst nicht mehr als kreditwürdig betrachtet wird und wenn der US-Dollar als das erkannt wird, was er in Wahrheit ist (hübsch bedrucktes Toilettenpapier), dann wird die Lage wirklich schlimm werden. Sobald Sie die Tilgung des Kredits für Ihr Auto einstellen, werden die Banken einen Mitarbeiter schicken, der Ihr Auto abschleppt. Und wenn ganze Nationen ihren Verpflichtungen nicht mehr nachkommen, ist das in der Regel ein Signal für verheerende Umwälzungen. Seien Sie vorbereitet.

Inflation und Grundsteuern

Schleichende Steuererhöhungen sind eine der Ursachen für die Tatsache, dass es heutzutage nahezu unmöglich ist, auf einem kleinen Hof »von seinem Land zu leben«. Selbst wenn Ihr Haus und Ihr Land hypothekenfrei sind – den Grundsteuern entkommen Sie nicht. Deshalb brauchen Sie, selbst wenn Sie autark leben und Ihr Land Sie ernährt, dennoch einen Job, mit dem Sie Geld verdienen, nur um die Steuern bezahlen zu können. Ich bete darum, dass unser Schuldensystem – das die Ursache der Inflation ist – am Ende der bevorstehenden Wirtschaftskrise durch ein System werthaltiger und stabiler Währung ersetzt wird. Das ist die einzige sichere langfristige Alternative zu schleichender Inflation und entsprechend schleichend steigender Besteuerung. – Zwar ist die Gefahr einer lange anhaltenden deflationären Wirtschaftskrise ziemlich gering (zumal ich vermute, dass Ben Bernanke versuchen wird, durch Inflation seinen Weg aus diesem Schlamassel zu finden), dennoch sollten Sie Ihr Bestes tun, um weiterhin für ein ergänzendes Einkommen zu sorgen, selbst wenn Sie von Ihrem Land leben können.

Immobilienbesitz

Angesichts des jüngsten Zusammenbruchs des Hypothekenmarkts rate ich Ihnen, falls Sie ein zweites Haus besitzen, dieses möglichst schnell zu verkaufen. Und falls Sie in den nächsten zwei oder drei Jahren umziehen wollen, verkaufen Sie Ihr Haus am besten jetzt gleich und mieten Sie etwas. Die Scherereien eines Umzugs in eine Mietwohnung sind nichts im Vergleich zur Furcht, auf einem verfallenden Markt Ihren Hypothekenzahlungen nicht mehr nachkommen zu können. In den kommenden fünf Jahren wird man froh sein, wenn man zur Miete wohnt.

Ein ungewöhnlicher Ansatz könnte angeraten sein: Verkaufen Sie Ihr Haus an eine Hausverwaltungsgesellschaft und mieten Sie es dann von ihr zurück. Lassen Sie diese doch zusehen, wie der Wert des Hauses verfällt. In der Zwischenzeit werden Sie ruhig schlafen können.

Krisensichere Jobs

In solch wirtschaftlich unsicheren Zeiten, die von zunehmenden Kündigungswellen gekennzeichnet sind, wurde ich von vielen Leuten nach krisensicheren Jobs gefragt. Falls Ihnen gekündigt wird und Sie keine Arbeit in Ihrem erlernten Beruf finden, dann sollten Sie erwägen, einen Gehaltsverlust zu akzeptieren und einen viel weniger glamourösen Job anzunehmen. In Japan werden diese Jobs »Drei-K-Jobs« genannt: *kitsui* (»schwer«), *kitanai* (»schmutzig«) und *kiken* (»gefährlich«). Wenn Sie bereit sind, eines dieser drei Ks auf sich zu nehmen, werden Sie wahrscheinlich einen Job bekommen, der Ihnen über eine gesamte Rezension oder gar eine Wirtschaftskrise hinweghilft. Manche dieser Jobs beinhalten niedrige Arbeiten im Auftrag der Stadt oder des Bezirks. Müllmänner, Tierretter, Kanalarbeiter und Straßenreinigungskräfte übernehmen in jeder Gesellschaft eine wichtige Funktion. Lassen Sie nicht zu, dass Ihre Familie hungert oder obdachlos wird. Falls Sie einen Job annehmen, der nur die Hälfte Ihres ehemaligen Einkommens einbringt, bedenken Sie, dass Sie genau genommen besser dran sind als Ihre Zeitgenossen, die jährlich sechs Monate arbeitslos sind. Außerdem werden Ihre Sozialleistungsbeiträge – wie zum Beispiel die der Krankenkasse – weiter bezahlt.

Ein Betrieb zu Hause: Ihr Ticket in die Provinz

Die meisten Leute, die sich vorbereiten wollen, erzählen mir, dass sie in Groß- oder Vorstädten wohnen, aber gerne das ganze Jahr über an einem Zufluchtsort in einer ländlichen Region leben würden. Ihre Klage lautet fast immer gleich: »Aber ich bin nicht selbstständig. Ich kann es mir nicht leisten, auf dem Land zu wohnen, weil ich dort keine Arbeit finde, und mein Arbeitsverhältnis lässt keine Telearbeit zu.« Sie haben den Eindruck, in der Klemme zu sitzen.

Im Laufe der Jahre habe ich erlebt, dass viele Leute einfach »den Stecker gezogen haben« und in der Hoffnung in die Provinz umzogen sind, sobald sie erst einmal dort sind, vor Ort Arbeit zu finden. Gewöhnlich funktioniert das nicht. Die Leute stellen fest, dass für die meisten Jobs auf dem Lande normalerweise kaum mehr als der Mindestlohn bezahlt wird und die wenigen Stellen häufig unter der Hand an diejenigen vergeben werden, die in der Gegend geboren wurden und aufgewachsen sind. Neuankömmlinge aus der Großstadt sind nie die Ersten, die man einstellt.

Häufig ermunterte ich Leute, die sich vorbereiten wollen, sich durch einen Heimbetrieb ein zweites Einkommen zu schaffen. Sobald Sie dieses Unternehmen gegründet haben, gründen Sie ein zweites. Dieser Ansatz hat mehrere Vorteile, nämlich:

- Sie kommen aus den Schulden heraus.
- Im Allgemeinen können Sie den Betrieb nach und nach aufbauen, sodass Sie Ihre gegenwärtige Beschäftigung nicht sofort aufgeben müssen.
- Dadurch, dass Sie zu Hause arbeiten, werden Sie Zeit haben, Ihre Kinder zu erziehen, und diese werden etwas über die Führung eines Betriebs erfahren.
- Sie können ganzjährig an Ihrem Zufluchtsort wohnen. Das wird zu Ihrer Autarkie beitragen, weil Sie vor Ort sein werden, um sich um Ihren Garten, Ihre Obst- und Nussbäume sowie um Ihre Nutztiere zu kümmern.
- Falls einer Ihrer von zu Hause aus geführten Betriebe scheitern sollte, können Sie auf den anderen zurückgreifen.

Fragen Sie sich: Was beherrsche ich? Welche Kenntnisse oder Fertigkeiten besitze ich, die ich nutzen könnte? Als Nächstes überlegen Sie, welche Unternehmen in schlechten Zeiten wohl florieren werden. Erfolgreiche Betriebe, die von zu Hause aus geführt werden, konzentrieren sich in der Regel auf unerfüllte Bedürfnisse. Falls Sie in einer ländlichen Gegend leben, fragen Sie Ihre Nachbarn: Gibt es etwas, was man kauft oder mietet beziehungsweise gibt es einen Dienst, den man regelmäßig in Anspruch nimmt und häufig eine 60 Kilometer lange Fahrt in die Stadt erforderlich macht? Das sind Ihre potenziellen Marktnischen.

Ein erfolgreicher, krisensicherer Betrieb zu Hause wird wahrscheinlich einer sein, bei dem die Nachfrage nach Ihren Gütern oder Diensten gleich bleibend ist – selbst wenn die Wirtschaft schwächelt. Dazu gehören das Auspumpen von Sickergruben, Sicherheit rund ums Haus beziehungsweise Schlosserdienste, Betreuung sehr junger und sehr alter Menschen sowie eskapistische Ablenkungen, wie zum Beispiel das Verleihen von DVDs. Es ist bemerkenswert, dass die Filmindustrie in den 1930er-Jahren einer der wenigen florierenden Wirtschaftszweige war.

Eine andere Geschäftsbranche, die in den 1930ern erfolgreich war, war die der Reparaturbetriebe. In wirtschaftlich schwierigen Zeiten versuchen die Menschen offensichtlich, mit dem, was sie haben, so lange wie möglich auszukommen. Deshalb sind Reparaturbetriebe sehr gefragt. Vielleicht gibt es irgendein kleines Gerät, das per Post von und zum Verbraucher geschickt werden könnte und das Sie reparieren könnten. Dazu zählt möglicherweise die Reparatur von DVD-Spielern, Laptops und so weiter.

Eine andere Geschäftskategorie sind Secondhandläden. Leute mit schmalem Budget werden aktiv nach Gütern aus zweiter Hand Ausschau halten, anstatt sich neue zu kaufen. Ein Secondhandladen in einer mittelgroßen Stadt könnte während einer Wirtschaftskrise gute Geschäfte machen.

Eine weitere Idee für Menschen mit mechanischem Geschick, denen anstrengende Arbeit im Freien nichts ausmacht: Beschaffen Sie sich ein oder zwei recht teure Maschinen, die viele Leute sich regelmäßig leihen (oder deren Dienst sie mieten) müssen, die aber so teuer sind, dass sich ihr Kauf nicht wirklich lohnt. Normalerweise handelt es sich dabei um Maschinen, die 2000 bis 3000 Dollar kosten und die Sie in einem relativ unregulierten Betrieb vermieten könnten (für den Sie keine Sondergenehmigungen, keine Innungs- oder Verbandsmitgliedschaft brauchen). Beispiele sind Grabenbaumaschinen (*ditchwitch.com*), auf ein Fahrzeug angebrachte Bohrer für Pfostenlöcher, auf ein Fahrzeug angebrachte Ausrüstung zur Brunnenbohrung, transportable Sägemaschinen, Hebebühnen, die Kirschpflückern die Arbeit erleichtern, kleine Traktoren, schmalspurige Bagger und so weiter. Sobald Sie einen eindeutig unerfüllten Bedarf ausgemacht und sich vergewissert haben, dass in Ihrer Umgebung gegenwärtig niemand bereits eine solche Maschine besitzt und sie vermietet, dann fangen Sie an, nach einer solchen Ausschau zu halten. Im Idealfall wollen Sie eine kaufen, die ein paar Jahre alt (da fabrikneue Maschinen in der Regel zu teuer sind) und in gutem Zustand ist – und darüber hinaus zu einem vernünftigen Preis angeboten wird. Falls nötig, besorgen Sie sich einen Anhänger für den Transport der Maschine. Üben Sie ihren Einsatz auf Ihrem eigenen Grundstück, damit Sie sich damit auskennen, die

Maschine beherrschen und gute Arbeit leisten können. Üben Sie (falls nötig) mehrfach das Aufladen, den Transport und das Abladen der Maschine, damit Sie dabei nicht völlig inkompetent wirken. Vergewissern Sie sich, dass Ihre Haftpflichtversicherung gültig ist, bevor Sie Ihren Betrieb offiziell eröffnen. Danach ist es ganz einfach, für Ihre Dienste im Internet und über Ihre örtliche Handelskammer zu werben und Reklamezettel beim Futtermittelhandel beziehungsweise beim örtlichen Supermarkt auszuhängen. Sie können den Umfang Ihres zweiten Unternehmens durch die Festlegung Ihrer Preise »anpassen« (will heißen, wie beschäftigt Sie sein werden). Wollen Sie viele Stunden investieren, dann legen Sie niedrige Preise fest. Falls Ihnen die Arbeit zu viel wird, erhöhen Sie die Preise, um das Geschäft ein wenig zu drosseln. Und sollten Sie Ihr Haupteinkommen irgendwann verlieren, können Sie die Preise Ihres zweiten Geschäftszweiges spürbar senken, sodass Sie die Einkommenslücke auffüllen können. Beschaffen Sie sich, falls notwendig, um Ihr Unternehmen zu diversifizieren, einen zweiten oder dritten Ausrüstungsgegenstand, den Sie vermieten können.

Andere gute Beispiele für von zu Hause aus geführte Betriebe könnten folgende sein:

- Versand/Internetverkauf/*Ebay*-Versteigerung von Produkten, die der Vorbereitung auf den Katastrophenfall dienen.
- Schlosserarbeiten
- Büchsenmacherarbeiten
- medizinische Dokumentationen
- Buchhaltung
- Reparaturen/Wiederaufarbeitung
- Arbeit als freiberuflicher Journalist
- Bloggen (mit bezahlter Werbung). Falls Sie sich in irgendeiner Nischenindustrie auskennen und es derzeit keinen Blog zu diesem Thema gibt, starten Sie Ihren eigenen. (Bei mir hat es funktioniert!)
- Versand/Internetverkauf von Unterhaltungsprodukten. (Wenn schlechte Zeiten anbrechen, geben die Leute dennoch einen beträchtlichen Teil ihres Einkommens dafür aus, ihren Problemen zu »entfliehen«. Videotheken haben sich in Rezessionszeiten beachtlich gut gehalten.)
- Installation von Alarmanlagen

- Spenglerarbeiten
- Besen- und Korbherstellung
- Herstellung von Rädern und Fässern
- Zinngießerei
- Weben und Spinnen
- Kerzen- und Seifenherstellung
- Lederarbeiten

Behalten Sie im Gedächtnis, dass Sie den nationalen oder sogar globalen Markt bedienen können, wenn Sie etwas publizieren oder den Versandbetrieb eines kompakten und leichten Produkts gründen. Bieten Sie dagegen eine Dienstleistung oder ein relativ sperriges oder schweres handgefertiges Produkt an, dann werden Sie im Wesentlichen auf den heimischen Markt beschränkt bleiben – also wählen Sie klug, welches Unternehmen Sie gründen wollen.

Sachanlagen

Falls Ihnen, nachdem Sie Ihr Lebensmittelvorratsprogramm durchgezogen und ein von zu Hause aus betriebenes Unternehmen gegründet haben, noch immer etwas Geld übrigbleibt, dann sollte dieses entweder dafür genutzt werden, um Ihre Hypothek abzubezahlen oder um in Sachanlagen zu investieren. Sollten Sie mit einer anhaltenden Deflation rechnen, dann verwenden Sie das Geld für Ihre Hypothek. Erwarten Sie dagegen, dass die US-Regierung versuchen wird, durch Inflation aus dem gegenwärtigen wirtschaftlichen Schlamassel herauszukommen (wie ich es tue), dann stecken Sie Ihr Geld in Sachanlagen. Mein Ratschlag: Legen Sie Ihr Geld in fruchtbares Ackerland in dünn besiedelten Regionen an, in denen nach dem Trockenfarmsystem bewirtschaftet wird, in Edelmetalle und Waffen. Im Gegensatz zu Dollar-Investments können diese Geldanlagen ihren Wert durch Inflation nicht völlig verlieren.

Edelmetalle als Absicherung – nicht als Investition

Der aktuelle Preisboom bei Edelmetallen ist, wenn man die vergangenen 50 bis 100 Jahre betrachtet, so etwas wie ein Ausreißer. Edelmetalle sind per se eigentlich kein Investment. Sie sind eher eine Art Schutz vor dem Verfall des US-Dollars. Beim Kauf von Edelmetallen kann man nicht mit einer festen Verzinsung rechnen – mit Ausnahme der gegenwärtigen Situation, die, es sei erneut gesagt, außergewöhnlich ist. Man kann vielmehr davon ausgehen, mit der Inflationsrate Schritt zu halten. Ich empfehle jeder Familie, einen (nicht spekulativen) festen Anteil von fünf bis zehn Prozent ihres Reinvermögens in Edelmetallen anzulegen.

Zur Zeit dieser Niederschrift (2009) befinden wir uns gerade in der Anfangsphase eines Booms an den Börsen; Sie haben den Sprung ins Boot also noch nicht verpasst. Falls Sie irgendwelche Edelmetalle besitzen, empfehle ich Ihnen dringend, diese zu halten, bis der Markt in die Endphase der Hausse eintritt. Es zeichnet sich ein Preisanstieg ab, der wahrscheinlich zu Spitzen von etwa 90 Dollar pro Unze Silber und 2500 Dollar pro Unze Gold führen wird. Das entspricht Gewinnen von etwa dem Neunfachen des gegenwärtigen Kassakurses von Silber und dem 4,4-Fachen bei Gold. In dieser Hausse wird Silber meiner Ansicht nach Gold beträchtlich übertreffen.

Bei einer großen Katastrophe, die zu einem wirtschaftlichen Zusammenbruch führt, werden Edelmetalle als anerkannte Wertanlagen den größten Nutzen beim Tauschhandel in den späten Phasen der Nach-Kollaps-Wirtschaft haben, wenn der normale Handelsverkehr allmählich wieder aufgenommen wird. Davor können Sie davon ausgehen, dass nur Konserven und Munition in geläufigen Kalibern als Tauschobjekte akzeptiert werden. Der freie Markt wird ihren Wert bestimmen, so wie es immer der Fall war. Sollte der Dollar komplett verschwinden, werden die alten Dollars wahrscheinlich für wertlos erklärt, und eine neue Währung wird eingeführt werden – höchstwahrscheinlich an den Goldpreis gekoppelt.

Auf kurze Sicht sind die Edelmetallmärkte – insbesondere von Silber und Platin – tatsächlich ziemlich volatil. Doch es ist wichtig, einen Schritt zurückzutreten und das Gesamtbild zu betrachten. Vergessen Sie die täglichen Schwankungen. Schauen Sie sich stattdessen auf *Kikco.com* die 120-Tages-Durchschnittsbewegungen (DMAs) sowie die Fünf- und Zehn-Jahres-Grafiken an. Die verschwenderischen Ausgaben der US-Regierung und die Verschuldung sowohl der Regierung als auch der Verbraucher deuten auf langfristig fallende Kurse für den Dollar und einen entsprechenden langfristigen Anstieg der

Edelmetallkurse hin. Ich gehe nicht davon aus, dass die US-Regierung in absehbarer Zeit ihre verschwenderische Politik ändern wird, deshalb sollten Sie diesen langfristigen Trend nutzen.

Ich rate eher zum Kauf von Silber statt von Goldmünzen. Gold ist für die meisten Tauschgeschäfte zu werthaltig beziehungsweise nicht hinreichend stückelbar. Falls Sie eine Gallone Benzin, eine Schachtel Munition oder eine Dose Bohnen kaufen wollen, wird Gold als Zahlungsmittel unpraktisch sein. Wie sollte jemand Ihnen »Wechselgeld« für eine Transaktion herausgeben, die ein Hundertstel des Wertes eines American Eagle von einer Unze oder eines Krügerrands ausmacht? Etwa mit einem Flachmeißel?

Ich rate Ihnen, zwei Methoden für den Kauf von Silber anzuwenden, zwei getrennte Aufbewahrungsorte beizubehalten und diese nicht zu vermischen:

1. Ihr Silbervorrat für Tauschgeschäfte. Der für den Tauschhandel vorgesehene Teil Ihres Silbervorrats sollte in kleinen, teilbaren Einheiten angelegt werden, im Idealfall in US-Silverdimes aus der Zeit vor 1965 mit 90 Prozent Silbergehalt. Diese Münzen könnten vermutlich für die alltäglichen Einkäufe in einer Erholungsphase nach dem wirtschaftlichen Zusammenbruch eingesetzt werden. Ihr Tauschsilber sollte als Kernbestand betrachtet und keinesfalls des Profits wegen verkauft werden. Falls Sie es nie für Tauschgeschäfte verwenden müssen, schätzen Sie sich glücklich und vererben Sie es einfach an Ihre Kinder und Enkel, damit diese etwas haben, was sie für den gleichen Zweck einsetzen können. Sollten Sie es sich leisten können, rate ich, für jedes Mitglied Ihrer Familie Silber im Nennwert von 1000 Dollar zu kaufen.

   Häufig werde ich nach den Ein-Unze-Silber-»Trade Dollars« gefragt. Den Kauf dieser Ein-Unze-Münzen kann ich nicht empfehlen. Oft haben Sie einen höheren Aufpreis pro Unze als die vor 1965 im Umlauf befindlichen (»Junk«-)Münzen, und bei Tauschgeschäften geraten sie wahrscheinlich in Verdacht, Fälschungen zu sein.

   Normalerweise lassen Münzhändler Bestellungen von Silbermünzen aus der Zeit vor 1965 durch einen mechanischen Münzzähler laufen. Das gilt jedenfalls für alle Bestellungen, die umfangreich genug sind, dass sie lose oder in Säckchen verkauft werden. (In diesen Säckchen klirren sie gegeneinander, sind also nicht gerollt.) Eine kurze Prüfung wird Ihnen zeigen, ob alle Münzen aus der Zeit vor 1965 stammen. Suchen Sie nach Rändern mit einem Kupferstreifen – ein solcher würde darauf hinweisen, dass Münzen, die ab 1965 geprägt wurden, daruntergeraten sind. Es ist gewiss nicht nötig, dass Sie 10 000 Münzen abzählen. Solange das Säckchen wenigstens 23,5 Pfund wiegt, haben Sie Ihre 715 Feinunzen Silber. (Die Angabe der Feinunzen gilt auch für die in Umlauf befindlichen Silberquarter und Halbdollarmünzen. Doch aufgrund der anderen Legierung der Silberdollars enthalten Säckchen dieser Münzen im Wert von 1000 Dollar etwa 765 Feinunzen Silber.)

Der schnellste Weg, um den Wert eines 1000-Dollar-Säckchens mit dem Kassapreis an irgendeinem bestimmten Tag zu vergleichen, besteht darin, einfach den Kassapreis mit 715 zu multiplizieren. Bei einem Kassapreis von 13,85 Dollar pro Unze Silber ist ein 1000-Dollar-Säckchen Silbermünzen also aktuell 9902,75 Dollar wert (das heißt, das 9,9-Fache seines Nennwerts).

2. Ihr zweiter Silbervorrat sollte Ihr als Investition bestimmtes Silber sein. Die beste Möglichkeit, um diesen Silberschatz anzulegen – mit den geringsten Händlergewinnen pro Unze – ist, mit Seriennummern geprägte Hundert-Unzen-Barren von einem namhaften Hersteller wie zum Beispiel *Engelhard*, *A-Mark* oder *Johnson Matthey* zu kaufen. Für den Wiederverkauf der großen industriellen 1000-Unzen-Barren sind fast immer Metallanalysen erforderlich, die ziemlich teuer und zeitaufwändig sind – ganz davon zu schweigen, dass der Transport dieser Barren äußerst beschwerlich ist.

Dieser Vorrat ist als Zeitmaschine gedacht, um Ihr Vermögen vor allen möglichen Währungskrisen zu schützen. Sie kaufen ihn mit dem heutigen Dollar. Nachdem es zu einem Währungszusammenbruch gekommen ist und eine neue, stabile Währung ausgegeben wurde (die hoffentlich durch etwas anderes als heiße Luft gesichert ist), können Sie einen Teil Ihres Investmentsilbervorrats oder den ganzen Schatz in die neue Währung umtauschen. Aller Wahrscheinlichkeit nach wird durch diese Methode ein großer Teil, wenn nicht Ihre gesamte ursprüngliche Kaufkraft erhalten bleiben. Lassen Sie dagegen Ihr Geld in den nächsten 30 Jahren in Dollarinvestments angelegt – und ich meine *jede* Dollarinvestition –, wird das verheerende Folgen haben. Das liegt daran, dass die Währung selbst das größte Risiko darstellt. Der US-Dollar wird – wie alle anderen ungesicherten Fiatgelder – auf lange Sicht das gleiche Ende finden wie der Zimbabwe-Dollar, also bis zur Wertlosigkeit inflationiert sein.

Silberdollars – selbst in schlechtem Zustand – lassen sich um etwa 20 bis 30 Prozent teurer verkaufen als die entsprechende Menge in Silber-Dimes oder -Quarters – in beiden Fällen aufgrund des etwas höheren Silbergehalts (pro Dollar) und weil selbst ramponierte Silberdollars noch immer einen gewissen Sammlerwert haben. Deshalb ist Ihnen bei Tauschgeschäften wahrscheinlich mit Dimes und Quarters mehr geholfen. Es ist jedoch erwähnenswert, dass US-Silberdollars leichter zu identifizieren sind und man ihnen eher vertraut als den Münzen mit geringerem Nennwert, deshalb sollten Sie, falls Sie im Moment Silberdollars besitzen, diese für Transaktionen mit besonders widerstrebenden Tauschpartnern aufbewahren.

Magazine für Schusswaffen

Neben Silber und fruchtbarem Ackerland, das als Zufluchtsort zum Überleben genutzt werden könnte, stellen Magazine meine persönliche Lieblingssachanlage dar. Ich spreche hier von jener Art von Magazin, die Patronen für Schusswaffen enthalten – nicht etwa vom Magazin *Schöner Wohnen*. Diese Magazine werden Sie nicht nur vor dem weiteren Verfall des Dollars bewahren, sondern im Preis wahrscheinlich rasant ansteigen, sobald von der US-Regierung ein weiteres Magazinverbot erlassen wird. Während des letzten Verbots, das zehn Jahre in Kraft war und dann zum Glück auslief (dank einer »Sunset Clause« im Jahr 2004), stieg der Preis eines Magazins für eine Pistole der Marke *Glock* von 15 auf 75 Dollar. Selbst der Wert von »Allerweltsmagazinen« – wie jenen M16-Legierungsmagazinen der US-Armee – verdoppelte oder verdreifachte sich. Außerdem wären Magazine im Katastrophenfall natürlich sehr gefragte Tauschobjekte. Ich gehe davon aus, dass es beim Inkrafttreten eines erneuten Magazinverbots keine Auslaufklausel mehr geben wird. Deshalb wird es die gleiche Auswirkung haben wie das 1986 in Kraft getretene Verbot der Verwendung von Magazinen für Automatikwaffen mit mehr als acht Patronen durch Zivilisten. Da kein Ende dieses Verbots in Sicht ist, sind die Preise in die Höhe geschossen.

Bedenken Sie, dass einige Bundesstaaten und Ortschaften ein Verbot von Magazinen mit mehr als acht Patronen gesetzlich verfügt haben, deshalb sollten Sie sich vor dem Kauf nach der Gesetzeslage erkundigen.

Meine Orientierungshilfe für den Kauf von Magazinen mit mehr als acht Patronen lautet:

1. Kaufen Sie nur Magazine, die entweder aus originalen Militärbeständen oder von Originalherstellern stammen (keinen Müll vom Nachrüstmarkt). Hüten Sie sich vor Werbebegriffen wie »GI-Art« und »Spitzenqualität«. Falls es kein Original ist, verzichten Sie auf den Kauf, denn sonst handeln Sie sich nur Kummer ein. Diese Magazine werden nicht nur eine mangelhafte Verlässlichkeit besitzen, sie werden auch nur einen geringen Wiederverkaufswert haben.
2. Kaufen Sie als Erstes nur Ersatzmagazine für die Waffen, die Sie bereits besitzen.
3. Als Nächstes kaufen Sie Ersatzmagazine für jene Waffen, die Sie sich definitiv anschaffen wollen. Falls ein Verbot erlassen werden sollte, könnte es allen Halbautomatikwaffen am Ende so ergehen, wie den *Valmet*-Gewehren heute: Die Waffen sind leichter zu finden als die passenden Ersatzmagazine. Das Gesetz von Angebot und Nachfrage ist unausweichlich.
4. Dann kaufen Sie Ersatzmagazine für die Waffen, die Sie hoffen, sich irgendwann zu kaufen, oder von denen Sie annehmen, dass Ihre Kinder sie vielleicht irgendwann brauchen werden.
5. Als Nächstes kaufen Sie Ersatzmagazine für die Pistolen und Gewehre, die die Polizei bei Ihnen vor Ort benutzt. Falls die Polizisten ihre Langwaffen in nicht sichtbaren Gestellen transportieren, erkundigen Sie sich bei ihnen, welches Modell sie im Kofferraum ihrer Streifenwagen mit sich führen.
6. Dann kaufen Sie eine recht große Menge von allgegenwärtigen Magazinen, die sich als Tauschobjekte eignen werden (in erster

Linie M14, M16, Mini-14, M1-Karabiner; *Glock* und *Beretta* M92).

7. Kaufen Sie einen kleineren, aber sorgfältig ausgewählten Vorrat an seltenen europäischen Magazinen (Steyr AUG, HK, SIG, *Valmet* usw.). Irgendwann könnte der Tag kommen, an dem Magazine mit mehr als acht Patronen nicht einmal gegen dicke Geldbündel zu haben sein werden, doch manche Waffenbesitzer werden bereit sein, Tauschgeschäfte für Magazine, die sie haben wollen oder brauchen, einzugehen.
8. Sobald Sie Ihren Magazinvorrat angelegt haben, teilen Sie diesen in drei gleiche Stapel auf und lagern Sie diese an drei verschiedenen Orten, um sich vor Diebstahl oder anderen unliebsamen Vorkommnissen zu schützen.

Ballistischer Zaster: Normalkaliber und regionale Favoriten

Normalkalibrige Munition ist für den Tauschhandel den Edelmetallen vorzuziehen. In den Vereinigten Staaten empfehle ich, einen Vorrat an .308, .223, 9 mm, .40 *Smith & Wesson*, .45 ACP, Kaliber 12 und Kaliber-.22-l.r.-Randfeuerpatronen anzulegen. Sie könnten auch auf einen kleineren Bestand der zwei oder drei in Ihrer Gegend beliebtesten Kaliber für die Großwildjagd setzen. Das variiert von Region zu Region ein wenig. Erkundigen Sie sich bei Ihrem örtlichen Waffengeschäft, welche Kaliber besonders beliebt sind. Da, wo ich wohne, ist es .30-06, in andern Teilen des Landes könnten es .30-30 oder .243 *Winchester* sein.

Pferdegeschirr

Nach einem gesellschaftlichen Zusammenbruch werden Pferde eine sehr große Bedeutung gewinnen. Der Kauf von Sattel- und Zaumzeug ist also eine gute Idee. Sie können diese Einkäufe auch als Ihre Ölpreisversicherung für den Notfall und als weitere Sachanlage verbuchen. Achten Sie darauf, das Leder gut geölt zu halten, es häufig zu überprüfen und es fern von Feuchtigkeit und Ungeziefer aufzubewahren.

Eine Alternative zu Leder stellt das *Biothane*-Nylongeschirr dar, das von manchen Ausdauerreitern inzwischen bevorzugt wird. Für welches Sattel- und Zaumzeug Sie sich auch entscheiden, denken Sie wegen der

Erhaltung voraus. Kaufen Sie Ersatzeisenteile, Rollen von Nylongewebe in verschiedenen Breiten (natürlich in olivgrün und braun), Lederstücke, Werkzeug für die Lederbearbeitung, eine Aale, Rollen mit dickem Nylonfaden, Lederklebstoff, Lederpflegemittel und so weiter. Das alles ist über *Tandy Leather Factory* erhältlich (*tandyleatherfac tory.com*). Ich habe festgestellt, dass man häufig wenig gebrauchte Werkzeuge bei Garagenverkäufen, auf Flohmärkten und über *Ebay* von Leuten kaufen kann, die sich kurzzeitig für das Hobby interessiert, es dann aber aufgegeben haben, als sie feststellten, dass es mit viel Arbeit verbunden ist.

Diese Werkzeuge und Vorräte könnten nach einem gesellschaftlichen Zusammenbruch auch die Grundlage für eine zweite Einnahmequelle oder für Tauschgeschäfte bilden. Wenn die Welt, so wie wir sie kennen, zu Ende ist, wird es auf einmal viele Leute geben, die jeden Tag eine Waffe mit sich tragen wollen, aber keine Holster besitzen.

Strategien für Tauschgeschäfte, zum Feilschen und Überleben

Da es in unserem Land nur eine Währung gibt, kann ausschließlich damit gewirtschaftet werden. Es könnte sich als schwierig erweisen, aber Sie werden Ihre traditionelle Denkweise mit Blick auf die Währung ablegen und sich klarmachen müssen, dass wir uns auf Abwärtskurs befinden. Inflation stellt die herkömmliche Logik auf den Kopf, da Ersparnisse Verluste bedeuten und Investments, wenn die Zinsen niedriger sind als die Inflationsrate, fast damit gleichzusetzen sind, als werfe man sein Geld zum Fenster hinaus. Die einzig beachtenswerte Ausnahme stellt, wie bereits erwähnt, die Investition in Sachanlagen dar.

Hier ein paar Vorschläge, wie Sie sich vor Inflation schützen können, wenn Sie die Kunst des Tauschens beherrschen:

Kaufen Sie in Großmengen

Kaufen Sie die meisten Ihrer Grundnahrungs- und Lebensmittel bei einem Discounter oder Großhändler ein. Vergessen Sie »Sonderverkäufe« und »Räumungsverkäufe« nicht. (Aber achten Sie darauf, keine sich wölbenden Konservendosen zu kaufen oder Dosen mit verbeulten

Rändern.) Legen Sie sich einen Vorrat an unverderblichen Waren an, wann immer diese im Sonderangebot sind: Dinge wie Glühlampen, Papierwaren, Seifen, Putzmittel, Waschmittel, Schmiermittel und so weiter. Solange Sie diese Vorräte vor Diebstahl, Feuchtigkeit und Ungeziefer schützen, sind sie wertvoller als Geld auf der Bank. Das sind zum heutigen Preis erworbene Sachwerte, die Sie viele Jahre benutzen können.

Falls es Ihre örtlichen Flächennutzungspläne und Brandschutzbestimmungen erlauben, kaufen Sie Ihre eigenen Gas- und Dieseltanks. Ziehen Sie auch die Installation überdimensionaler Tanks für Propangas und Heizöl in Betracht. Beim Einholen der Kostenvoranschläge sollten Sie die Tankanbieter bitten, den Preis pro Gallone der ersten Füllung eines jeden Tanks festzulegen. Um mit Ihnen ins Geschäft zu kommen, könnte der Verkäufer bereit sein, sich auf einen Preis einzulassen, der ein paar Cents pro Gallone unter dem aktuellen Marktpreis liegt. (Siehe Kapitel 6 für mehr Details über Treibstoff.)

Lernen Sie, Tauschgeschäfte abzuwickeln

Tauschgeschäfte schützen Sie von Natur aus vor Inflation. Anstatt als Tauschmittel immer stärker entwertete Papierscheine zu nutzen, tauschen Sie einen Sachwert direkt gegen einen anderen Sachwert; beziehungsweise eine Dienstleistung gegen einen Sachwert oder eine Dienstleistung gegen eine Dienstleistung. Ich bin ein vehementer Befürworter der Bevorratung von zusätzlichen Gütern für den Tauschhandel. Doch nur unter der Bedingung, dass Sie sich erst dann daran machen, Waren für den Tauschhandel einzukaufen, wenn Sie die wesentlichen Dinge für Ihre Familie eingelagert haben – Bohnen, Patronen und Pflaster. Und der Einkauf dieser Waren sollte nach einem gut ausbalancierten Logistikplan erfolgen.

Damit Güter für den Tauschhandel von Nutzen sind, müssen sie die meisten oder alle der folgenden sieben Kriterien erfüllen:

1. Reiz bzw. Nützlichkeit für die Mehrheit der Bürger. Fast jede Familie verwendet Seife, aber nur wenige brauchen Nadeln der Größe 7 für Singer-Nähmaschinen.
2. Sofortige Erkennbarkeit. Markennamen brauchen nicht erklärt zu werden. Alle anderen sind suspekt.
3. Langlebigkeit. Denken Sie an die Haltbarkeitsdauer. Falls Sie

nicht alles für den Tauschhandel einsetzen können, bevor es verfällt, dann haben Sie zu viel eingekauft. Selbst Kohle wird irgendwann unbrauchbar.

4. Einfache Teilbarkeit. Streichholzschachteln, Patronenschachteln, Seilrollen, Schnurknäuel und Kerosinkanister sind wunderbare Beispiele. Falls Sie vorhaben, eine Ware für Tauschgeschäfte aufzuteilen, vergewissern Sie sich, dass Sie auch die dafür notwendigen Behältnisse haben.
5. Relative Kompaktheit und Transportierbarkeit zu vernünftigen Kosten. Toilettenpapier hat einen großen Reiz, aber Toilettenpapier im Wert von 500 Dollar würde meine Garage schier blockieren.
6. Gleichbleibende Qualität. Beispielsweise Edelmetalle, Münzen bekannter Reinheit oder Munition von einem großen Hersteller wie *Winchester*, *Remington* oder *Federal.*
7. Begrenzte Verfügbarkeit. In Nordamerika wären Dosen mit gefriergetrocknetem Instantkaffee ideal, in Mittelamerika wären diese wahrscheinlich wertlos.

Eignen Sie sich wertvolle (tauschfähige) Fertigkeiten an

Wie zuvor dargestellt, sollte jede Familie mindestens einen von zu Hause aus geführten Betrieb unterhalten, auf den sie im Fall einer Rezession oder Wirtschaftskrise zurückgreifen kann. Konzentrieren Sie sich lieber auf Fertigkeiten als auf Waren für den Tauschhandel. Das Schöne, Fertigkeiten für den Tauschhandel zu besitzen, liegt darin, dass meist nicht viel Rohmaterial vonnöten ist, deshalb wird es Ihnen im Gegensatz zu Tauschgütern nie ausgehen. Ein Beruf oder eine Fertigkeit, für die man zudem Spezialwerkzeug braucht, ist hervorragend geeignet. Doch falls diese Fertigkeit die Lieferung eines fabrikmäßig produzierten Elements zur Fertigstellung erfordert, sollten Sie sich überlegen, lieber etwas anderes zu tun. Zum Beispiel könnte die Installation von Alarmanlagen profitabel sein, solange Sie eine Bezugsquelle haben und solange Strom- und Telefonnetze funktionieren. Aber wie lange könnten Sie dieses Geschäft nach einer Katastrophe betreiben, wenn das Stromnetz zusammengebrochen ist?

Vermeiden Sie, etwas anzubieten, was nur reiche Kunden zur beliebigen Geldausgabe anspricht. Das sind nämlich die Anschaffungen, die in wirtschaftlich schwierigen Zeiten meist verschoben oder ganz aufgegeben werden. Das Verzieren und Gravieren von Gewehren ist also eine schlechte Wahl, das Auspumpen von Sickergruben dagegen eine gute.

Konzentrieren Sie sich auf ein Unternehmen, das auch ohne funktionierendes Stromnetz geführt werden kann. Es ist bemerkenswert, dass die meisten Betriebe dieser Kategorie schon im 19. Jahrhundert existierten. Wer weiß? Vielleicht werden in der »Zweiten Weltwirtschaftskrise« Hersteller von Peitschen für Pferdewagen ein Comeback feiern.

Tauschhandel

Auf Tauschhandel vorbereitet zu sein, bedeutet nicht, einfach nur einen Haufen »Zeug« zum Handeln parat zu haben. Zwar sind Vorbereitungen zum Handeln und Verschenken wichtig, doch noch wichtiger ist das, was Sie im Kopf haben. Für den Tauschhandel braucht man nämlich Übung. Das Feilschen muss man lernen. Ich schlage vor, dass Sie zu Waffenauktionen, Garagenverkäufen und Flohmärkten gehen und lernen, wie man feilscht.

Üben Sie das Handeln zuerst in sehr kleinem Rahmen, um Ihr Auge für den Wert der Objekte zu schärfen und Ihre Fähigkeit zu schulen, in einer Weise zu feilschen, dass am Ende ein fairer Handel steht, der für beide Seiten angenehm und nutzbringend ist. Ein gelegentlicher Handel, bei dem Sie am Ende über den Tisch gezogen werden, ist kaum Grund zur Sorge, aber wenn Sie das richtige Handeln nicht lernen, werden Sie am Ende immer wieder den Kürzeren ziehen, und Sie werden Ihr Kapital in Form Ihrer Sachwerte verschleudern. Zu den Merkmalen, die Sie in eine bessere Handelsposition versetzen, gehören spezielle Kenntnisse über die Ware, um die gefeilscht wird, Kenntnisse, wer auf der anderen Seite des Tisches sitzt, und natürlich der altbewährte gesunde Menschenverstand.

Handelswissen und Empfehlungen

Je mehr Sie über die Tauschgüter Bescheid wissen, desto besser werden Sie feilschen können. Mit diesem Wissen gerüstet, werden Sie in der

Lage sein, die Vorteile Ihrer Güter ehrlich und trotzdem überzeugend darzustellen und zugleich höflich auf die Mängel der Waren Ihres Handelspartners hinzuweisen. Je umfassender Ihr technisches Wissen ist, desto besser. Lassen Sie sich Zeit, um das Auge eines Sachverständigen hinsichtlich des Zustands gebrauchter Güter, des relativen Werts von Waren eines Herstellers im Vergleich zu jenen eines anderen zu entwickeln und sich einen Überblick über den Markt zu verschaffen. Mit diesem Wissen können Sie darauf hinweisen, wie rar ein bestimmter Artikel in Ihrem Bestand ist. Denn wie bei jedem Geschäftsvorgang auf dem freien Markt ist der Schlüsselfaktor, der den Wert der Ware festlegt, das Verhältnis von Angebot und Nachfrage. Wenn Sie beispielsweise ein Sammlerstück anbieten, kann das Wissen, wie selten dieses ist, Ihnen bei den Verhandlungen einen gewaltigen Vorteil verschaffen. Und Sie müssen genau wissen, nach welchem Hersteller, Modell, Herstellungsjahr, welcher Variante, Güteklasse usw. man Ausschau halten muss.

Dementsprechend ist es sehr wichtig, den Zustand eines gebrauchten Gegenstands richtig einschätzen zu können. Bei gebrauchten Waffen beispielsweise bestimmen im Wesentlichen der Anteil der noch erhaltenen ursprünglichen Brünierung, Risse oder Schrammen am Schaft, der Zustand des Laufs, der Zustand der Patronenkammer, Stoßbodenverschleiß, Toleranzen im System, Verschlussabstand etc. den Wert.

Genaue Kenntnisse sind auch für die Bestimmung des Werts einer seltenen Münze von entscheidender Bedeutung. Für die meisten von uns sind diese Kenntnisse zu speziell, um von großem Nutzen zu sein. Es kann viele Jahre dauern, bis man sich die Fähigkeit, Münzen zu bewerten, aneignet, deshalb kann ein Neuling ganz schnell den Überblick verlieren. Der Unterschied zwischen einer MS-66- und einer MS-68-Münze ist sehr gering, doch dieser Unterschied kann Tausende Dollar Preisdifferenz ausmachen. Deshalb rate ich Neulingen, ausschließlich mit professionell bewerteten Münzen zu handeln, die entweder von einem auf Münzbewertung spezialisierten professionellen Dienst oder einer numismatischen Gesellschaft bewertet und versiegelt (bzw. in Münzkapseln verschlossen) wurden. Die Authentifizierung und Zertifizierung der Münzen (*snipurl.com/hn5a4*) ist für die Einschätzung des aktuellen Werts von Münzen mit bestimmten Prägekennzeichen und Prägedaten jedweder Stufe auf der in den USA genutzten Sheldon-Skala entscheidend. Selbst ein veraltetes Zertifikat ist besser als nichts, da es den relativen Wert von Münzen angibt, der sich nur wenig verändert. Noch einmal: Das ist nichts für Neulinge und Amateure.

Hilfsmittel

Um für den Handel mit Anlagegoldmünzen oder Goldabfall gerüstet zu sein, ist es wichtig, einen Prüfstein, ein Säuretestset, Testnadeln, eine sehr genaue Waage sowie Fischmessgeräte zur Echtheitsbestimmung zu haben.

Wenn Sie um Konserven feilschen, sollten Sie einen Julianischen Kalender besitzen (da manche Hersteller Haltbarkeitsdaten nach dem Julianischen Kalender angeben) und einen Ausdruck der Tabelle von *mealtime.org*, die beim Entziffern der Haltbarkeitskodes verschiedener Konservenfabrikanten und Verpackungsfirmen hilfreich ist.

Bei flüssigem Treibstoff muss man feststellen können, ob dieser kontaminiert oder gepanscht wurde. Wasserteststreifen können über *UR-2B-Prepared.com* bezogen werden.

Für Batterien brauchen Sie ein Spannungsmessgerät. Der Vielseitigkeit halber kaufen Sie lieber ein Multimeter mit Prüfspitzen für Ladungen, statt der normalen Batterietester für zu Hause.

Um die feinen Details an so gut wie jedem Gegenstand untersuchen zu können – wie zum Beispiel Punzen bzw. Echtheitsstempel – ist eine Juwelierslupe (Vergrößerungsglas) ein absolutes Muss.

Zur Begutachtung von Waffen sollten Sie sich ein mindestens 1,8 Meter langes Maßband und eine faseroptische Lampe für die Untersuchung des Laufinneren anschaffen.

Taktiken für das Feilschen

Neben der Aneignung des technischen Wissens spielt die schwer zu beschreibende Geschicklichkeit im Feilschen eine entscheidende Rolle. Es kann Jahre dauern, bis man diese entwickelt. Ein Aspekt besteht darin, die Mimik und Körpersprache der Leute auf der anderen Seite des Tisches lesen zu lernen. Wie begierig ist der Betreffende, etwas loszuwerden, was er besitzt, oder etwas zu erwerben, was Sie haben? Wie schnell er ein Angebot unterbreitet oder eines annimmt, ist ein Schlüsselindikator. Und Sie müssen lernen, ein Pokerface aufzusetzen und nicht preiszugeben, wie aufgeregt Sie sind, dass ein bestimmter Gegenstand angeboten wird, wenn ein gewiefter Händler *Sie* in Augenschein nimmt.

Lassen Sie sich Zeit, jedes Objekt, das Ihnen angeboten wird, sorgfältig zu prüfen. Das bietet Ihnen die Gelegenheit, Mängel, Defekte oder Verschleißspuren an dem betreffenden Gegenstand zu entdecken, und wenn Sie mehr Zeit mit der Prüfung eines Objekts verbringen, wird das den Verkäufer veranlassen, den Wert der Ware, die er anbietet, infrage zu stellen. Wenn Sie ein Angebot für ein Objekt unterbreiten und dieses abgelehnt wird oder das Gegenangebot aberwitzig hoch ist, dann ist es das Allerbeste, Sie legen den Gegenstand wieder auf den Tisch zurück. Das distanziert Sie psychologisch von diesem Objekt und lässt den Verkäufer wieder an dessen Wert zweifeln. Beim Feilschen lautet eine der besten Fragen, die Sie stellen können: »Ist das der niedrigste Preis, den Sie mir anbieten können?« Falls der Verkäufer sich nicht weiterbewegt und Sie einem annehmbaren Preis schon recht nahe sind, könnten Sie den Deal als Nächstes mit einem zusätzlichen Angebot von Waren aus Ihrem Bestand versüßen. Sollten Sie sich mit dem Verkäufer noch immer nicht einigen können, würde es wahrscheinlich nicht schaden, das Objekt, das Ihnen angeboten wird, geschickt schlecht zu machen und den Wert der Objekte, die Sie anbieten, hochzustilisieren. »Das ist ein wirklich schönes Ding. Zu schade, dass es diesen Riss hat und einen so starken Verschleiß aufweist … Hätte es das nicht, wäre der Preis, den Sie verlangen, meiner Meinung nach fair.«

Das Zweitbeste, was Sie lernen können, ist, gar nichts zu sagen. Nachdem Sie ein Angebot gemacht und ein Gegengebot bekommen haben, zählen Sie stumm bis 20. Eine lange Pause hat etwas, was bis auf die unerschütterlichsten Feilscher jeden mit dem Wunsch erfüllt, dieses Schweigen zu brechen. Und in neun von zehn Fällen wird der Betreffende dieses Schweigen mit einem weiteren Angebot brechen, gewöhnlich einem, das vorteilhafter ist.

Als letztes Mittel danken Sie dem Verkäufer und machen sich daran, sich von seinem Tisch zu entfernen. Das wird Ihre letzte Einschätzung sein, wie begierig der Verkäufer diesen Handel abschließen möchte. Wenn Sie hören »Warten Sie, warten Sie, kommen Sie zurück …«, dann wissen Sie, dass der Verkäufer noch immer Verhandlungsspielraum hinsichtlich Preis oder Menge hat. Bedenken Sie jedoch, dass das eine riskante Taktik ist. Sobald Sie sich entfernt haben und der Verkäufer Ihnen nicht nachruft, haben Sie sich, wenn Sie später zurückkehren, auf den zuvor angebotenen Preis festgelegt. Sollten Sie später wegen des gleichen Objekts wiederkommen, wird der Verkäufer wissen, dass Sie es unbedingt kaufen wollen und nirgendwo ein besseres Angebot für einen vergleichbaren Gegenstand erhalten haben, deshalb wird er wahrscheinlich auf seinem Preis beharren.

Wenn Sie etwas verkaufen, denken Sie daran, dass Sie nach unten handeln können, aber nicht nach oben. Setzen Sie Ihren Anfangspreis immer etwas höher, als Sie für den Gegenstand tatsächlich haben wollen. Manche Leute werden selbst bei einem guten Deal nicht zuschlagen, solange sie Ihnen nicht mindestens einen Preisnachlass abringen können. Setzen Sie den Preis also ziemlich hoch und lassen sich dann herunterhandeln.

Falls Ihr Gegenüber Ihnen einen Gegenstand anbietet, der für Sie nicht von Interesse ist, sollten Sie ihm immer für die Zeit, die er investiert hat, danken. »Danke, aber ich bin daran gerade nicht interessiert. Haben Sie vielleicht ein …?« Dann beschreiben Sie ihm, wonach Sie suchen. Bedenken Sie, dass eine Verkaufsveranstaltung eine Gelegenheit ist, um Informationen über andere Güter zu sammeln, die ein Verkäufer vielleicht zur Verfügung, aber nicht mitgebracht hat. Es ist kein Fehler, sich für die nächste Verkaufsveranstaltung zu verabreden und ihn daran zu erinnern, jene Artikel mitzubringen, damit Sie beim nächsten Mal vielleicht handelseinig werden.

Auftreten

Wenn man zu einem Flohmarkt, einer Waffenshow oder Pferdeauktion geht, ist es wichtig, sich nicht zu schick anzuziehen. Sollten Sie eine teure Uhr oder Designerklamotten tragen, wird Ihr Gegenüber Sie bewusst oder unbewusst für einen reichen Menschen halten. Kleiden Sie sich also sehr leger, auch was das Schuhwerk angeht. Lassen Sie Ihren Schmuck, Ihren Füller und die schönen Uhren zu Hause. Tragen Sie bei diesen Ausflügen lieber Ihre billige Plastikdigitaluhr.

Außerdem müssen Sie lernen, Ihr Gegenüber zu beobachten. Ist er ein Sammler, der nur ausnahmsweise etwas verkauft, oder ist er ein fliegender Händler, der von diesem Geschäft lebt? Geht er in Rente und verkauft deshalb seinen Warenbestand? Verkauft er Dinge für einen Freund oder einen Verwandten? Das Entscheidende ist: Wie begierig ist Ihr Gegenüber, den Handel abzuschließen?

Timing und das Knüpfen von Kontakten

Geht man zum ersten Mal auf einen Verkäufer zu, dann ist es wichtig, abzuwarten, bis der Händler mit möglichen anderen Kunden fertig ist. Unterbrechen Sie niemanden, der gerade im Begriff steht, einen Handel abzuschließen! Lächeln Sie, suchen Sie Blickkontakt, und wenn es bei der Veranstaltung angebracht ist, stellen Sie sich vor und schütteln Sie Ihrem Gegenüber die Hand. Falls Sie bei dieser Veranstaltung ebenfalls einen Verkaufsstand haben, tragen Sie Ihre Plakette oder tun Sie auf andere Weise kund, dass Sie hier auch Verkäufer sind. Dadurch geben Sie Ihrem Gegenüber zu erkennen, dass er es mit einem Großhändler, nicht mit einem Einzelkunden zu tun hat. Das kann einen gewaltigen Unterschied bei den Preisverhandlungen ausmachen. Selbst wenn der Verkäufer scheinbar nur einen Haufen wertlosen Plunder (darunter ein paar ganz nette Dinge, die von Interesse sind) anzubieten hat, sollten Sie es sich zum Prinzip machen, Ihre Bewunderung für seine Ware zum Ausdruck zu bringen. Sagen Sie etwas wie: »Sie haben hier aber wirklich nette Sachen« oder »Ich sehe, dass Sie einen guten Geschmack haben«. Es schadet zwar nicht, während des Feilschens um einen Gegenstand auf eine schadhafte Stelle hinzuweisen, aber machen Sie nicht Qualität oder Zustand aller angebotenen Waren schlecht. Damit könnten Sie den ganzen Verhandlungsprozess vermasseln. Scheuen Sie sich nicht, auf schadhafte Stellen an Ihren eigenen Waren hinzuweisen. »Ach, falls Sie es nicht bemerkt haben, da ist eine Delle …« Das gibt Ihrem Käufer auf subtile Weise zu erkennen, dass Sie anständig sind.

Ein weiterer Schlüsselaspekt der Kaufs- und Verkaufspsychologie ist die Phase der Veranstaltung. Zu Beginn einer Verkaufsschau oder eines Flohmarkts kommen die meisten fliegenden Händler mit vielen

Waren und wenig Geld an. Gegen Ende der Verkaufsveranstaltung werden sie wahrscheinlich mehr Geld (oder Edelmetall) haben und deshalb in einer besseren Position sein, um gute Angebote zu unterbreiten. Zwar könnten ein paar der besten Sachen bereits verkauft sein, doch einer der günstigsten Zeitpunkte, um einen Kauf oder Verkauf abzuschließen, ist gegen Ende der Veranstaltung, wenn manche Verkäufer noch nicht viele Waren losgeworden sind. Bei Flohmärkten und Waffenmessen sollten Sie am besten abwarten, bis die Verkäufer sich ans Zusammenpacken machen. Je nach Situation könnte der Verkäufer unbedingt noch einen guten Handel oder ein paar gute Tauschgeschäfte abschließen wollen, damit er das Gefühl hat, die Veranstaltung habe sich für ihn gelohnt. Wenn Sie also zuvor einen Gegenstand gesehen haben, aber keinen annehmbaren Preis aushandeln konnten, warten Sie bis zum Ende der Verkaufsaktion. Das ist eine besonders gute Taktik, wenn der fragliche Gegenstand außergewöhnlich sperrig oder schwer ist. Es ist ein unausgesprochenes Ziel eines jeden Verkäufers, mit leichten Kartons nach Hause zu fahren.

Falls Sie einem Verkäufer begegnen, der die Art von Waren anbietet, von denen Sie glauben, sie könnten künftig für Sie von Interesse sein, dann lassen Sie sich Namen und Telefonnummer geben, damit Sie ihn später kontaktieren können. Schreiben Sie sich das alles auf. Das Gleiche gilt, wenn Sie einem Verkäufer begegnen, der sich auf einem besonders speziellen Gebiet gut auskennt oder einen seltenen Warenbestand hat – insbesondere Ersatzteile. Das sind Leute, mit denen es sich lohnt, in Kontakt zu stehen.

Tauschen Sie niemals hart gegen weich

Behalten Sie beim Tauschhandel stets die unumstößliche Grundregel im Gedächtnis: »Tausche niemals hart gegen weich.« Das bedeutet, dass Sie, wenn Sie bei einem Tauschhandel einen kompakten, wertvollen, haltbaren Sachwert anbieten, der rar und sehr geschätzt ist, niemals den Fehler begehen sollten, diesen für weniger haltbare oder brauchbare Dinge einzutauschen. Andernfalls wird Ihr Gegenüber am Schluss mit den besseren Waren nach Hause gehen. Die einzige Ausnahme dieser Regel ist, wenn Ihr Gegenüber bereit ist, eine viel größere

Menge an Gütern einzutauschen, und Sie wissen, dass Sie dafür einen guten Abnehmermarkt haben. Dann ist es besser, Ihre sperrigen Dinge gegen seine kompakten zu tauschen.

Es braucht Zeit, das Feilschen zu lernen. Nehmen Sie sich diese Zeit. Beachten Sie auch die richtigen Empfehlungen. Und investieren Sie schließlich in einen Vorrat an hochwertigen Tauschgütern, von denen Sie annehmen, dass in einer Welt nach einem Zusammenbruch Nachfrage nach ihnen besteht. Mit den richtigen Waren und dem nötigen Wissen werden Sie und Ihre Familie niemals Hunger leiden müssen.

14

Es liegt an Ihnen

Der »Kommen-Sie-so-wie-Sie-sind«-Kollaps: die richtigen Werkzeuge und Fertigkeiten

Wiederholt und nachdrücklich habe ich darauf hingewiesen, wie wichtig es ist, das ganze Jahr über am geplanten Zufluchtsort zu leben. Aber mir ist natürlich klar, dass dies aufgrund der persönlichen Finanzlage, der familiären Verpflichtungen und der Zwänge, die es mit sich bringt, sich durch einen Job seinen Lebensunterhalt verdienen zu müssen, nicht immer realisierbar ist – mit Ausnahme einiger weniger, vor allem der Ruheständler. Wenn Sie in einer Großstadt leben müssen und planen, sich im letzten Moment in Sicherheit zu bringen, sollten Sie den allergrößten Teil Ihrer Ausrüstung und Vorräte an Ihrem Zufluchtsort lagern. Höchstwahrscheinlich werden Sie nur eine – ich wiederhole: *eine einzige* – Fahrt zu Ihrem Zufluchtsort unternehmen können. Sollte es zu einer großen Krise kommen, wird es wahrscheinlich keine Gelegenheit geben, zurückzufahren, um eine zweite Ladung zu holen. Im Katastrophenfall wird also tatsächlich gelten: »Kommen Sie so, wie Sie sind.«

Wir müssen uns gewärtig sein, dass es heutzutage, mit der schnellen Nachrichtenverbreitung, wohl keine zehn Stunden dauern wird, bis die Supermarktregale leergeräumt sind. Es könnten nur ein paar Stunden vergehen, bis sich vor Tankstellen Warteschlangen bilden, die buchstäblich kilometerlang sind – oder im Fall von Bank-Runs vor Bankfilialen. Schlimmer noch, es könnte nur ein paar Stunden dauern, bis die Schnellstraßen und Autobahnen, die aus den Innen- oder Vorstädten herausführen, hoffnungslos verstopft sind.

Das »Kommen-Sie-so-wie-Sie-sind«-Konzept gilt auch für Ihr persönliches Training. Falls Sie ein paar Dinge vor dem Ernstfall noch nicht gelernt haben, dürfen Sie nicht erwarten, danach vor Ort mehr als ein notdürftiges bis mittelmäßiges Training zu bekommen. Sie haben die Gelegenheit, jetzt eine Topausbildung bei den besten Lehrmeistern zu absolvieren, aber nach einer Katastrophe wird das mit

Sicherheit nicht mehr der Fall sein. Trainieren Sie bei den Besten – bei Organisationen, Vereinen, Verbänden. Eines Tages werden Sie sehr froh darüber sein.

Das »Kommen-Sie-so-wie-Sie-sind«-Konzept ist in jedem Fall auch auf Bevorratung und Ausrüstung anwendbar. Nach einem gesellschaftlichen Zusammenbruch wird die Nachfrage nach diesen Dingen gewaltig sein. Wie könnten Sie auf einem solch leergefegten Markt konkurrieren? Jeder, der möglicherweise irgendetwas übrig hat, wird es wahrscheinlich für ein Mitglied der eigenen Familie oder Gruppe aufbewahren wollen. Nutzen Sie die Ratschläge und Listen in diesem Buch und ergreifen Sie Vorsichtsmaßnahmen.

Legen Sie an Ihrem Zufluchtsort einen ordentlichen Vorrat an. Falls niemand ganzjährig vor Ort lebt, verstecken Sie Ihre Vorräte vor Dieben. Achten Sie bei Ihren Vorbereitungen auf Ausgewogenheit. In einer Situation, in der Sie sich mitten in einem gesellschaftlichen Zusammenbruch tatsächlich an Ihrem Zufluchtsort versteckt halten müssen, könnte es sein, dass es keine Gelegenheit mehr gibt, Dinge, die Sie vergessen haben, einzutauschen. Sie haben dann also nur noch das, was Sie zuvor besorgt haben. Sie werden damit zurechtkommen müssen, deshalb vergewissern Sie sich, dass Sie Ihre Liste der Listen peinlich genau zusammenstellen (siehe Kapitel 2). Falls Ihnen die Mittel zur Verfügung stehen, bauen Sie eine Mischung aus Sturmschutz beziehungsweise Atombunker und begehbarem Tresorraum. Nach einem gesellschaftlichen Kollaps wird es absolut unmöglich sein, etwas so Aufwändiges zu bauen.

Vergessen Sie das »Sie« bei der Prämisse »wie-Sie-sind« nicht. Sind Sie körperlich fit? Gehen Sie zu den empfohlenen Zahnarztbesuchen? Haben Sie neben Ihrer Alltagsbrille zwei stabile Ersatzbrillen zur Hand? Haben Sie einen Vitamin- und Medikamentenvorrat für mindestens sechs Monate angelegt? Ist Ihr Körpergewicht in Ordnung? Falls Sie auf eine dieser Fragen mit Nein antworten, sollten Sie unbedingt etwas unternehmen.

Selbst wenn Ihnen nur ein bescheidenes Budget zur Verfügung steht, werden Sie mit sorgfältigen Vorbereitungen gegenüber dem Durchschnittsstädter im Vorteil sein. Allein schon Ihr Wissen und Ihr Training – das, was Sie im Kopf haben – werden dafür sorgen.

Ein Aufruf zum Handeln

Wenn es Ihnen mit Ihren Vorbereitungen ernst ist, dann ist es an der Zeit, dass Sie sich aus Ihrem Sessel erheben und mit dem Training und den Vorbereitungen beginnen. Das wird seine Zeit brauchen. Es wird Ihnen auch Schweiß abverlangen. Und Sie Geld kosten. Aber sobald Sie Ihre Vorbereitungen getroffen haben, können Sie ruhig schlafen in dem Wissen, dass Sie Ihr Bestes getan haben, um für Ihre Familie zu sorgen und sie zu beschützen, egal, was die Zukunft bringen mag. Bleiben Sie nicht in der Spur hängen, indem Sie sich einfach nur über Vorbereitungen informieren. Solange sich die Regalbretter Ihrer Speisekammer oder Garage nicht mit Vorräten füllen und solange Sie keine richtigen Muckis und Schwielen bekommen, bereiten Sie sich nicht wirklich vor.

Erlernen Sie die entscheidenden Dinge für die Selbstversorgung und Selbstverteidigung. Sobald Sie diese beherrschen, bringen Sie sie anderen bei. Auch die kommenden Generationen müssen diese Fertigkeiten lernen. Erziehen Sie Ihre Kinder zu anständigen, praktischen und sparsamen Menschen. Dieses Vermächtnis wird Bestand haben. Falls irgendwann schwierige Zeiten anbrechen – ob durch Naturkatastrophen oder vom Menschen verursacht –, werden Sie bereit und in der Lage sein, zur Lösung beizutragen. Sie können helfen, dass die Große Maschinerie wieder in Gang kommt, Sie können wohltätig sein und Gesetz und Ordnung wieder herstellen. Ohne Leute wie Sie und mich könnten die Lichter der Zivilisation für sehr lange Zeit ausgehen. Sind Sie der Herausforderung gewachsen? Ich bete darum.

Anhang A

Bücher und Internetadressen

Auf der Blogseite des Autors, *SurvivalBlog.com*, stehen mehr als 7000 archivierte Artikel und Briefe zum Thema Familienvorbereitungen zur Verfügung.

Die Bücher- und DVD-Empfehlungen des Autors finden sich unter *survivalblog.com/bookshelf.html.*

Die vom Autor empfohlenen Websites zu den Themen Vorräte, Trainer und weiterführende Lektüre sind unter *survivalblog.com/links.html* nachzulesen.

Anhang B

Wie Sie Ihre Familie vor einer Grippeepidemie schützen

Die Bedrohung durch das H1N1-Virus (»Schweinegrippe«) und die noch immer virulente asiatische Vogelgrippe haben uns die Verletzlichkeit der modernen, sehr mobilen und technisch hochentwickelten Gesellschaften durch virale oder bakterielle Infektionskrankheiten deutlich vor Augen geführt. Bis die letzte große Grippewelle (H2N2 im Jahr 1957, an der in den Vereinigten Staaten 69 800 Menschen starben) die USA erreichte, dauerte es damals fünf Monate. Inzwischen ist klar, dass heutzutage durch die weltweiten Flugreisen hochansteckende Erregerstämme innerhalb weniger Tage auf die Bevölkerungszentren der ganzen Welt übertragen werden können.

Sie können Maßnahmen ergreifen, um sich und Ihre Familie vor der nächsten Pandemie zu schützen. Zwar ist die Wahrscheinlichkeit, dass H1N1 zu einem bösartigen Erreger mutiert, relativ gering, doch falls dies geschehen sollte, wären die möglichen Auswirkungen verheerend. Der gegenwärtige Virusstamm führt bei Menschen zu geringen Sterberaten, doch selbst wenn sich herausstellen sollte, dass H1N1 vergleichsweise harmlos bleibt, ist die Wahrscheinlichkeit sehr groß, dass in den kommenden Jahrzehnten irgendeine andere Krankheit auftauchen wird. Grippeviren neigen dazu, sich antigenisch zu verändern. Weil die Grippe durch Viren verursacht und von Mensch zu Mensch übertragen wird, könnte die Mehrheit der Weltbevölkerung innerhalb von nur wenigen Wochen oder Monaten infiziert werden.

Hier sind die wichtigsten Dinge, die Sie tun müssen, um sich und Ihre Familie zu schützen und zum Erhalt der Ordnung während einer Epidemie beizutragen:

Stärken Sie Ihr Immunsystem

Im Hinblick auf die Abwehr gegen Grippeviren gibt es zwei Philosophien. Die erste und am meisten verbreitete besagt, dass das Immunsystem zu stärken sei. Die andere fordert, die normale Immunreaktion aufrechtzuerhalten, um einen Kollaps durch Überreaktion zu verhindern – Hyperzytokinemie, im Allgemeinen »Zytokinsturm« genannt. Hyperzytokinemie ist eine Überreaktion des Immunsystems auf eine Infektion, bei der sich eine Rückkopplung zwischen Zytokinen und offenbar hilfreichen Zellen des Immunsystems, wie zum Beispiel den T-Zellen, entwickelt. Sobald dieser Prozess in Gang gesetzt ist, vermehren sich die Zytokine rasant. Genau genommen kommt es zu einer Überreaktion des Immunsystems, das dann anfängt, gesundes Gewebe anzugreifen.

Zwar sind die Meinungen zu diesem Thema geteilt, aber ich tendiere dazu, die Mittel zur Hand haben zu wollen, um eine starke Immunabwehrreaktion auszulösen – vor allem, wenn es darum geht, eine sehr bösartige Krankheit zu bekämpfen.

Um Ihre Krankheitsabwehr zu steigern, sollten Sie dringend mit dem Rauchen aufhören. Falls Sie Raucher sind, sind Sie deutlich anfälliger für Atemwegsinfektionen, und das Risiko ist hoch, dass es bei Ihnen zu Komplikationen kommt.

Treiben Sie häufig Sport, ernähren Sie sich gesund, trinken Sie Alkohol nur in Maßen, sorgen Sie für ausreichend Schlaf und nehmen Sie hochwertige Vitaminzusätze ein.

Sollten Sie übergewichtig sein, müssen Sie Ihre Ernährungsgewohnheiten umstellen und abnehmen, bis Ihr Gewicht nur noch fünf Pfund über dem Normalgewicht liegt. Ungesunde Ernährung schwächt das Immunsystem. Verzichten Sie auf Raffinadezucker. Meiden Sie Süßigkeiten, Junkfood, Softdrinks sowie alle mit Konservierungsstoffen behandelten Lebensmittel, künstliche Süßstoffe und Glutamate. Vermeiden Sie, Fleisch im Supermarkt zu kaufen, weil es häufig mit Hormonen und Antibiotika belastet ist, die in den kommerziellen Futtermitteln eingesetzt werden. Das Fleisch von Wild und selbst gezogenen Nutztieren ist viel gesünder.

Und zu guter Letzt, beten Sie. Warum? Angst ist eine Form von Stress, der das Immunsystem schwächt, und Gebete sind ein bewährtes Mittel gegen Angst und Stress. Und, was noch entscheidender ist, als Christ glaube ich, dass es wichtig ist, Gott um Führung, Vorsehung und Schutz zu bitten.

Seien Sie bereit für den Kampf gegen die Krankheit

Lernen Sie den Feind kennen: Grippeinfektionen gehen in der Regel mit Fieber, Schüttelfrost, Gliederschmerzen, Unwohlsein, Kopfschmerzen und extremer Müdigkeit einher. Erkältungssymptome sind gewöhnlich auf die oberen Atemwege beschränkt, während Grippesymptome meist den ganzen Körper betreffen.

Grippeopfer sterben meistens an zwei Ursachen: Dehydratation und Lungenstauung. Selbst die Vogelgrippe, die eine Atemwegsinfektion ist, beginnt normalerweise mit Symptomen einer Magengrippe. Diese führen in der Regel zu Durchfällen, die das Opfer schnell dehydrieren lassen. Um die Dehydratation zu bekämpfen, müssen Sie einen Vorrat sowohl an Medikamenten gegen Durchfall (wie zum Beispiel Imodium AD, ein Antispasmodikum) als auch an Elektrolytlösungen wie *Pedialyte* anlegen. Letzteres ist palettenweise bei Großhandelsketten erhältlich. Verschiedene Sportgetränke (wie zum Beispiel *Gatorade*) können ebenfalls als orale Rehydratationslösungen verwendet werden. Ich ziehe es jedoch vor, diese mit 50 Prozent Wasser zu verdünnen; sie haben nämlich einen hohen Glucoseanteil, der die Durchfallsymptome verstärkt.

Ich habe gelesen, dass man, falls keine kommerziell hergestellten Rehydratationslösungen zur Verfügung stehen, aus folgenden Zutaten eine Notfalllösung mischen kann:

- ½ Teelöffel Salz
- 2 Esslöffel Honig, Zucker oder Reismehl
- ¼ Teelöffel Kaliumchlorid (ein Ersatz für Tafelsalz)
- ½ Teelöffel Trisodiumcitrat (kann durch Backnatron ersetzt werden)
- 1,14 Liter sauberes Wasser

Imodium ist ein Markenname für Loperamide. Es ist im Allgemeinen relativ günstig zu beziehen. Die Generika und Hausmarken sind genauso gut. Legen Sie sich auch einen Vorrat an Paracetamol und Ibuprofen zur Fieberbehandlung an. Für jede Person sollten Sie ein herkömmliches Fieberthermometer zur Hand haben – oder ein digitales Fieberthermometer mit jeder Menge Einmalhüllen. Diese Thermometer kosten in den meisten Drogerien nur ein paar Dollar. Die Hüllen sind pro 100 Stück für etwa einen Dollar zu beziehen. Sorgen Sie dafür, dass sich die Patienten nicht gegenseitig anstecken.

Weil Grippeinfektionen durch Viren, nicht durch Bakterien hervorgerufen werden, sind die meisten Antibiotika wirkungslos. Sollten Sie das Gefühl haben, dass Sie sich eine Grippe eingefangen haben, halten Sie Bettruhe ein. Zu viele Menschen ignorieren die Symptome, weil am Arbeitsplatz ein Projekt zu Ende gebracht werden muss. Diese Menschen setzen nicht nur ihre eigene Gesundheit aufs Spiel, sondern auch ihre Kollegen der Gefahr einer Ansteckung aus. Viel Flüssigkeit hilft, die Stauung zu lindern und den Schleim zu lösen und ist natürlich für die Rehydratation äußerst wichtig. Schon allein Fieber kann die Geschwindigkeit der Dehydratation des Körpers verdoppeln.

Anmerkung: In Medizinerkreisen ist man über die Fieberunterdrückung bei einer nicht jahreszeitlich bedingten Grippe geteilter Meinung. Die Behandlung ist vom jeweiligen Erregerstamm abhängig. Bevor Sie zu Aspirin (für Erwachsene) oder Paracetamol (für Kinder und Erwachsene) greifen, sollten Sie die Meldungen über den aktuellen Grippeerreger studieren. Falls es umfangreiche Berichte über Zytokinsturmreaktionen gibt, könnte die Unterdrückung des Fiebers angesagt sein. Wie immer sollten Sie einen Arzt konsultieren, bevor Sie irgendwelche Medikamente einnehmen.

Laut Statistik war die größte Gruppe, die der Spanischen Grippe 1918 zum Opfer fiel, die der 16- bis 25-Jährigen – also jene Bevölkerungsgruppe mit dem stärksten Immunsystem. Diese Patienten starben zumeist, weil ihr Körper das Virus durch einen Zytokinsturm zu heftig bekämpfte. Aspirin kann helfen, die Reaktion zu unterdrücken, die zu einem Zytokinsturm führt. Es sei noch einmal betont, dass die Frage der Fieberunterdrückung gegenüber den Risiken einer Zytokinreaktion bei der Behandlung von Grippeinfektionen in der medizinischen Literatur heftig umstritten ist.

Atemwegsinfektionen wie bei der Schweinegrippe und der asiatischen Vogelgrippe führen hauptsächlich durch Lungenstauung zum Tode. Kaufen Sie ein Inhalationsgerät. Legen Sie sich einen Vorrat an Schleimlösern mit dem Hauptinhaltsstoff Guaifenesin an.

Sie werden sorgfältig auf Symptome einer Lungenentzündung achten müssen. Dazu gehören erschwertes und schmerzhaftes Atmen, ein ächzendes Geräusch beim Atmen (deutlich zu unterscheiden vom Keuchen bei einer Bronchitis oder dem »Bellen« bei Krupphusten), äußerst schnelle Atmung, Flattern der Nasenflügel bei jedem Atemzug oder Aushusten von rostfarbenem Schleim. Eine Lungenentzündung kann eine tödliche Komplikation der Grippe sein und ist die Hauptursache für grippebedingte Todesfälle. Es muss festgehalten werden, dass eine Lungenentzündung normalerweise eine Koinfektion ist, die entweder durch Viren oder Bakterien hervorgerufen werden kann. Im Fall einer bakteriellen Lungenentzündung ist die Einnahme von Antibiotika lebensrettend. Handelt es sich dagegen um eine Virusinfektion, kann nicht viel unternommen werden. Zwar können Antibiotika die Infektion beheben, nicht aber die Sekrete entfernen. Der Patient muss sie über den Atemtrakt aushusten. Verabreichen Sie keine Hustenblocker – nichts mit aktiven Inhaltsstoffen wie Dextromethorphan oder Diphemhydramin. Ein feuchter Husten, durch den Schleim ausgehustet wird, *ist etwas Positives.* Vielleicht würde Ihr Arzt eine Medikation mit dem schleimlösenden Wirkstoff N-Acetylcystein empfehlen. Diese Schleimlöser sind auch als recht kostengünstige Generika erhältlich – also legen Sie sich einen Vorrat an. Außerdem sollten Sie sich über Körperhaltungen zum leichteren Abhusten und über Rückenklopftechniken zur Schleimlösung informieren.

Vermeiden Sie Risiken

Auch wenn die Gefahr einer katastrophalen landesweiten Epidemie gering ist, die Möglichkeit besteht jedenfalls. Eine richtige Pandemie, die in großem Umfang Menschenleben zu fordern beginnt, könnte Sie dazu veranlassen, extreme Maßnahmen zu ergreifen, um das Leben Ihrer Familienmitglieder zu retten. Sie können die Ansteckungsgefahr deutlich verringern, wenn Sie sich darauf vorbereiten, längere Zeit isoliert zu leben, sich also eine strenge »Selbstquarantäne« aufzuerlegen. Sie müssen während der schlimmsten Phase der Pandemie bereit sein, jeden Kontakt mit anderen Menschen zu meiden.

Die Geschichte hat gezeigt, dass Infektionskrankheiten in städtischen Gebieten am schlimmsten wüten, also planen Sie, falls Sie es sich leisten können, bald in eine dünn besiedelte Region umzuziehen. Wohin? Auf meinem Blog (*SurvivalBlog.com*) können Sie detaillierte Empfehlungen nachlesen, aber im Allgemeinen rate ich, westlich des Missouri zu wohnen (aufgrund der viel geringeren Bevölkerungsdichte), und zwar in einer ländlichen Agrarregion. Weitere Details zum Thema ideale Zufluchtsorte finden sich in Kapitel 3.

Meist fängt man sich die Grippe dadurch ein, dass man etwas anfasst, worauf ein infizierter Mensch gehustet oder geniest hat, oder man wird von besagtem Menschen direkt angehustet oder angeniest. So könnte etwa der Mensch, der vor Ihnen den Einkaufswagen benutzt hat, an Grippe erkrankt sein. Wenn er beim Husten die Hand vor den Mund gehalten und dann mit eben dieser Hand den Wagen durch den Supermarkt geschoben hat, können Sie sich die Infektion einfangen, indem Sie sich über die Augen oder Nase reiben und so das Virus an Ihre empfindlichsten Infektionspunkte gebracht haben.

Um sich selbst (zumindest ein wenig) vor infiziertem Speichel zu schützen, sollten Sie eine Schutzbrille tragen und jede Menge Gesichtsmasken anfertigen oder kaufen. Bedenken Sie, dass nicht einmal N-100-Gasmaskenfilter in der Luft befindliche Viren filtern, da diese zu klein sind, aber eine Stoffmaske wird Ihnen einen gewissen Schutz vor infektiösem Speichel bieten. Sobald in Ihrer Region eine Epidemie ausgebrochen ist, werden Sie selbst bei einer Fahrt zum Postamt nicht weiter auffallen, wenn Sie Schutzbrille und Gesichtsmaske tragen. Legen Sie sich auch einen Vorrat an Einmalhandschuhen an. Bedenken Sie, dass manche Menschen auf Latex allergisch reagieren, deshalb unternehmen Sie ein paar ausführliche Tragetests, bevor Sie große Mengen Handschuhe kaufen. Tragen Sie Handschuhe, wann immer Sie Ihren Zufluchtsort verlassen, und waschen Sie sich dennoch häufig die Hände. Halten Sie die Hände stets von Nase und Augen fern, da Ihre Schleimhäute besonders infektionsanfällig sind. Halten Sie einen Vorrat an Seife und Flaschen mit Handdesinfektionslösung bereit und verwenden Sie diese häufig, vor allem, wenn Sie öffentliche Toiletten benutzt haben. (Vergessen Sie nicht, auf Ihrem Weg hinaus die Türklinken mit einem Papierhandtuch abzudecken!)

Bevorratung der wichtigsten Dinge

Um eine langfristige Selbstquarantäne aufrechterhalten zu können, werden Sie große Mengen an lange haltbaren Lebensmitteln bevorraten müssen. (Details finden sich in Kapitel 5.) Außerdem werden Sie Treibstoff brauchen. (Details finden sich in Kapitel 6.) Im schlimmsten Fall werden Sie Plünderer mit Waffengewalt vertreiben müssen. (Details finden sich in Kapitel 11.)

Mit Einverständnis Ihres Arztes und mit seinen Rezepten sollten Sie sich zumindest einen kleinen Vorrat an Antibiotika wie Penicillin und Ciproflaxin zur Bekämpfung von Koinfektionen anlegen. Aber diese sollten nur eingesetzt werden, wenn hinreichend geklärt ist, dass eine Koinfektion stattgefunden hat. (Und wieder: Achten Sie auf Symptome einer Lungenentzündung.)

Es gibt ein paar Medikamente, die klinisch erwiesen dazu beitragen, die Symptome einer Virusgrippe zu mindern und die Dauer der Krankheit zu verkürzen. Dazu zählen Relenza (Zanamivir), Tamiflu (Wirkstoff Oseltamivir) und Sambucol. Diese Medikamente werden unmittelbar bei Einsetzen der Grippesymptome eingenommen. Von diesen drei Medikamenten ist Sambucol – ein nicht verschreibungspflichtiger Saft aus schwarzen Holunderbeeren – wahrscheinlich das Beste. Ich sage eine Verknappung dieser Medikamente in den kommenden Monaten voraus, also legen Sie sich einen Vorrat an, solange sie noch erhältlich sind.

Seien Sie bereit, aus sicherer Distanz wohltätig zu sein

Es ist wichtig, einen zusätzlichen Lebensmittel- und Medikamentenvorrat für wohltätige Zwecke anzulegen. Das kann ich nicht oft genug betonen. Schon in der *Bibel* wird gefordert, dass man seinen Mitmenschen beistehen soll, und durch diese Hilfe entwickeln sich gute Freundschaften, auf die man zählen kann. Um das Infektionsrisiko zu vermeiden, müssen Sie bereit sein, aus sicherer Distanz – ohne direkten Kontakt – Dinge zu verschenken. Denken Sie an Planung, Teamwork und Sicherheit. Während die Lebensmittelvorräte für Ihre Familie in großen Behältnissen aufbewahrt werden können (normalerweise in großen, für Lebensmittel geeigneten Plastikeimern), sollten Ihre Wohltätigkeitsvorräte in kleineren Behältnissen gelagert werden. Oder aber Sie kaufen mindestens ein paar zusätzliche kleine Behälter, damit Sie Waren umfüllen und an Flüchtlinge verteilen können. Achten Sie auch darauf, zusätzliches Samengut zum Verschenken bereitzuhalten. Nicht-hybride alte Kultursorten, die sich vermehren, sind über mehrere Anbieter, unter anderen das *Ark Institute* (*arkinstitute.com*) erhältlich. Indem Sie großzügig verschenken, werden Sie zur Erhaltung der Ordnung und zum Wiederaufbau der wichtigsten Infrastrukturen beitragen. Sie werden Teil der Lösung, nicht Teil des Problems sein.

Für weitere Informationen lege ich Ihnen die Lektüre der Monografie von Dr. Grattan Woodson *Preparing for the Coming Influenza Pandemic* ans Herz, die von meiner Blogseite kostenlos herunter geladen werden kann (*survivalblog.com/AvianFlu.pdf*).